U0383488

云斑天牛的危害与生物防治技术

李建庆　梅增霞　夏江宝　杨忠岐　著

科学出版社

北　京

内 容 简 介

本书重点研究了我国重大林业蛀干害虫云斑天牛［*Batocera horsfieldi* (Hope)］的生态习性及其对杨树、白蜡树和核桃树的危害特点，以及天敌昆虫花绒寄甲［*Dastarcus helophoroides* (Fairmaire)］对云斑天牛不同种群的生物防治技术。围绕这一内容，首先介绍了云斑天牛在我国的发生与防治现状，并对其在我国的危险性进行了风险评估；然后调查了云斑天牛不同寄主种群的危害状况和分布特点，在此基础上释放花绒寄甲进行生物防治，统计比较防治效果；最后调查了生物防治效果的影响因子。经本书中生物防治实践证明，花绒寄甲可实现对云斑天牛的可持续控制，是防治云斑天牛的良好天敌。本书以花绒寄甲防治云斑天牛为例进行了技术总结集成，以期对其他蛀干害虫的生物防治提供参考借鉴。

本书内容系统，实用性强，便于学习和操作，可供城市园林生产技术人员，以及植物保护、森林保护、生物学、生态学等相关专业的高等院校师生及科研院所研究人员参阅和借鉴。

图书在版编目（CIP）数据

云斑天牛的危害与生物防治技术/李建庆等著. —北京：科学出版社，2018.2

ISBN 978-7-03-056551-8

Ⅰ. ①云… Ⅱ. ①李… Ⅲ. ①云斑天牛-植物害虫-防治 Ⅳ. ①S433.5

中国版本图书馆 CIP 数据核字（2018）第 026540 号

责任编辑：刘 丹 文 茜 / 责任校对：杜子昂
责任印制：吴兆东 / 封面设计：铭轩堂

科学出版社 出版
北京东黄城根北街 16 号
邮政编码：100717
http://www.sciencep.com

北京中石油彩色印刷有限责任公司 印刷
科学出版社发行 各地新华书店经销

*

2018 年 2 月第 一 版　开本：720×1000 1/16
2019 年 3 月第二次印刷　印张：10 3/4
字数：216 000

定价：68.00 元
（如有印装质量问题，我社负责调换）

前　言

云斑天牛［*Batocera horsfieldi*（Hope）］也称云斑白条天牛，隶属于鞘翅目（Coleoptera）天牛科（Cerambycidae），是我国重要的林木蛀干害虫，分布范围广，危害寄主多。本书作者调查发现，云斑天牛在湖南、湖北、山西、陕西、山东等省对杨树、白蜡树和核桃树等树木造成的危害尤其严重。云斑天牛生活周期长，2年完成一个世代，跨 3 个年度，且其个体大，有天牛中的"巨无霸"之称，危害树木后，常造成树干千疮百孔，树下堆满虫粪，严重影响树木成长，造成树势衰弱，甚至死亡。对杨树、核桃树和白蜡树而言，被云斑天牛危害后，杨树的木材质量、核桃的经济产量和白蜡树园林绿化的景观效应都明显下降，造成严重的经济损失和生态损失。

云斑天牛隐蔽生活，主要以幼虫在树干内部蛀食危害，目前以"插毒签、注农药"等化学防治为主要措施进行防治，从实际效果看，防治效果不佳，且污染环境，还对树体造成伤害。为了实现对云斑天牛的可持续控制，生物防治技术是必然的选择。天敌昆虫花绒寄甲对大型天牛具有较好的防治效果，经滨州学院天敌昆虫课题组多年的研究和试验推广，证明了花绒寄甲是防治云斑天牛的良好天敌。

为了更好地指导生产，为云斑天牛的防治提供理论指导，本课题组将多年来积累的关于云斑天牛危害调查和生物防治技术的研究内容进行了提炼总结，以学术著作的形式予以出版，以期为天敌昆虫的应用技术和蛀干害虫的防治技术增砖添瓦，促进森林昆虫生物防治技术的繁荣和发展。

本书共 7 章，首先对云斑天牛在中国的危险性进行了风险评估；然后调查了云斑天牛不同寄主种群的危害状况和分布特点，在此基础上释放花绒寄甲进行生物防治，统计比较防治效果；最后对生物防治效果的影响因子进行调查，以改进生物防治技术，提高防治效果。本书最后以花绒寄甲防治云斑天牛为例进行总结集成，以期对其他蛀干害虫的生物防治提供参考借鉴。

本书研究内容主要得到了国家自然科学基金项目（31770689）、国家"十一五"科技支撑计划项目（2006BAD08A12）、山东省科技发展计划项目（2010GNC10923）、山东省优秀中青年科学家科研奖励基金项目（BS2013NY014）、山东高等学校科技计划项目（J13LF10）、山东省自然科学基金（ZR2014CL031）、山东省自然科学基金（ZR2015CL043）等科研项目的资助。

本书由滨州学院李建庆副教授、梅增霞副教授、夏江宝教授和中国林业科学研究院森林生态环境与保护研究所杨忠岐教授共同完成。杨忠岐教授对书稿进行了全面审核和学术理论指导，给出了课题设计和研究思路，本书是在杨忠岐教授的关心和指导下完成的。李建庆、梅增霞、夏江宝具体负责文字材料的撰写和统稿工作，其间多次修改，不断充实完善，几易其稿，历时近 10 年完成书稿。

本书的出版得到了滨州学院一流学科建设计划（生态学重点建设学科）的资助，感谢滨州学院提供的经费支持。本书撰写期间，作者李建庆先后在西北农林科技大学昆虫博物馆、中国林业科学研究院森林生态环境与保护研究所，以及滨州学院山东省黄河三角洲生态环境重点实验室、科研处、教务处等单位和部门进行学习和工作，这些单位和部门的各位领导、同事给予了大力支持和帮助，在此感谢他们为本书出版创造的良好学术环境。

本书的撰写和相关研究的开展得到了西北农林科技大学博士生导师张雅林教授的大量指导和帮助，另外，中国林业科学院的王小艺研究员、曲良建副研究员，华中农业大学的王满囷教授，河北大学的魏建荣教授也给予了很多指导和建议。相关研究还得到了湖南省林业科学院、湖北省林业科学院、河南省森林病虫害防治检疫站、滨州市林业局、东营市林业局、晋中市林业局、岳阳市岳纸集团等单位的大力支持和帮助，在此一并表示感谢。

李建庆

2018 年 1 月

目　　录

第1章 云斑天牛的发生与防治现状

云斑天牛［*Batocera horsfieldi*（Hope）］是我国重要的林木蛀干害虫，分布于湖南、湖北、山西、陕西、山东等省，对杨树、核桃树、白蜡树等多种树木造成了严重危害。

杨树是我国大力发展的用材林和纸浆林的重要树种。目前，我国杨树人工林面积约为 7×10^6 hm^2，其中杨树用材林面积为 3.09×10^6 hm^2，占全国杨树人工林面积的 40%左右（寇文正，2006）。近年来，黑杨派南方型杨树在我国南方江汉平原和洞庭湖平原地区的湖区滩地大量种植，由于其适应南方滩涂环境，生长快、质地好，种植面积不断扩大（李媛和邓和平，2006）。随着杨树种植面积的扩大，云斑天牛的危害程度逐年上升，已成为危害杨树的最重要害虫，严重制约了长江中下游及洞庭湖、鄱阳湖地区的杨树工业用材林的发展。核桃树是我国重要的经济树种，栽培历史悠久，是广大山区农民的重要经济来源之一。近年来，随着人们对核桃保健功能的认识加深，核桃的市场需求和种植面积不断扩大，但云斑天牛对核桃的危害也越来越严重，并对核桃产业的发展构成了极大威胁。白蜡树形体端正、枝叶繁茂，具有较强的耐盐碱性，已成为黄河三角洲地区城市园林绿化的首选树种，并大量种植。随着白蜡树种植面积的扩大，云斑天牛的危害也日益严重，已成为白蜡树的主要害虫。该虫主要以幼虫危害，在树干内部形成蛀道、树干表层形成蛀孔，造成树体的韧皮部枯死、表皮干裂，树木千疮百孔，从蛀道中排出大量虫粪堆积在树干基部，严重影响绿化观赏用树的园林景观效果。

由于云斑天牛主要以幼虫在寄主树干内部蛀食危害，目前以化学防治为主的防治措施难以达到可持续控制的效果，因此，调查清楚云斑天牛对杨树、白蜡树和核桃树的危害情况，并在此基础上探索利用天敌花绒寄甲控制云斑天牛的生物防治技术无疑具有重要意义。其一，通过该技术有效控制云斑天牛危害，可提高木材的质量和生长速度，特别是对以用材为主要目的的速生杨树尤为重要，可提高杨树的材级和生长量，进而增加种植杨树农民的经济收入。其二，持续控制云斑天牛对核桃树的危害，可有效地保护太行山等传统核桃种植区处于丰产期的核桃树，使其丰产、稳产，提高山区核桃树种植农民的经济收入。其三，持续控制云斑天牛对白蜡树的危害，可有效地改善白蜡树作为园林绿化树种的生态景观效果，改善城市环境。其四，建立利用寄生性天敌花绒寄甲控制云斑天牛的生物防治技术，可有效减轻使用化学农药所产生的环境污染，减少化学农药造成的蛀孔用药后难以愈合、树液流失、农药残留等情况。另外，以生物防治为主的综合防治技术符合国家总体产业发展趋势和环境政策，以及国家林业局提出的森林病虫害防治要由以化学防治为主转为以生物防治为主的策略。

1.1　云斑天牛的发生与危害

1.1.1　分类地位

云斑天牛也称云斑白条天牛,隶属于鞘翅目(Coleoptera)天牛科(Cerambycidae)沟胫天牛亚科(Lamiinae)白条天牛族(Batocerini)白条天牛属(*Batocera*)(蒋书楠,1989),在部分核桃树受害区也被称为核桃大天牛、铁炮虫、老木匠等(焦荣斌,2003;陈宝强,2005)。

云斑天牛作为重要的林木果树害虫,我国早在20世纪30年代就已有记载(蒋书楠等,1985),过去常用学名为*Batocera lineolata* Chevrolat,1852,至50年代认为它与*Batocera horsfieldi*(Hope),1839为同物异名而改用后者(王文凯,2000)。目前国内的绝大多数农林昆虫学专著多以*Batocera horsfieldi*(Hope)作为云斑天牛的学名。王文凯认为目前在我国分布的有 2 种,即云斑白条天牛(*Batocera lineolata* Chevrolat)和多斑白条天牛[*Batocera horsfieldi*(Hope)],在我国广泛分布的是*Batocera lineolata* Chevrolat。但在已有文献中,采用这一学名的并不多,唐桦等(2004)在《南京林业大学学报》上发表的"光肩星天牛与黄斑星天牛分类地位研究"一文中提到"云斑白条天牛*Batocera lineolata* Chevrolat 1 头,采于陕西柞水县韭菜沟"。根据萧刚柔主编的《中国森林昆虫》描述,以及目前已发表的绝大多数研究论文来看,基本采用了中文名"云斑天牛"及相应学名*Batocera horsfieldi*(Hope)。

1.1.2　形态特征

(1)成虫。体长34~61 mm,宽9~15 mm,黑褐色至黑色,密被灰白色和灰褐色绒毛。雄虫触角超过体长约 1/3,雌虫触角略长于体长,各节下方生有稀疏细刺;第1~3节黑色具光泽并有刻点和瘤突,其余黑褐色;第3节长约为第1节的2倍;有时第9、10节内端角突出并具小齿。前胸背板中央有1对白色或浅黄色肾形斑;侧刺突大而尖锐。小盾片近半圆形,除基部小部分被暗灰色绒毛所覆盖外,其余皆被白色绒毛。每个鞘翅上有由白色或浅黄色绒毛组成的云片状斑纹,斑纹大小变化比较大,一般列成2~3纵行,以外面1行数量居多,并延伸至翅端部。鞘翅基部有大小不等的颗粒状瘤突,肩刺大而尖端略斜向后上方,末端向内斜切,外端角钝圆或略尖,缝角短刺状。身体两侧由复眼后方起至最后1个腹节有由白色绒毛组成的阔纵带1条(肖刚柔,1992)。

(2)卵。长6~10 mm,宽3~4 mm,长椭圆形,略弯曲,一端略细。初产时乳白色,以后逐渐变成黄白色。

（3）幼虫。大型，圆筒状，肥粗多皱。老熟时体长可达 70～90 mm，前胸宽可达 16 mm。体色淡黄白色。头部除上颚、中缝及额的一部分为黑色外，其余皆为浅棕色。上唇和下唇着生许多棕色毛。触角短小。前胸背板略长方形，前缘后方密生短刚毛 1 排或 1 横条；其余后方光滑，并有不规则、大小不等的褐色颗粒；前方近中线处具 2 个黄白色小点，小点上各生刚毛 1 根。头扁，侧缘中部稍凹入，中部以后稍窄，后段弧形；额前缘黑褐色，粗糙，前区多长短刚毛，中额线褐色，额线隐约可见；唇基梯形，黄褐色；上唇横长方形，宽约为长的 2 倍，前区两侧具粗浅刻点，密生刚毛；上颚黑褐色，背面圆隆，有几条横沟，切口几乎平直，中间稍狭，端钝；下颚负颚须节外缘直，下颚须第 1 节长约等于第 2、3 节之和，第 3 节短小，长约为第 2 节的 1/3，与该节之宽近等，下颚叶不超过下颚须第 2 节末端，端部具短刚毛。触角 3 节，基部连接膜很大，触角第 1 节深缩入连接膜内，第 2 节长稍大于基部，顶部锥形主感器短小，稍短于第 3 节触角节，末端具细毛 2 支；侧单眼 1 对，圆形凸出，色素斑不明显；外咽区分界不明显；颊黑褐色，后颊褐色具短毛；口后片前缘黑色，口后缝后段较直。前胸背板前缘后方密生短刚毛，排成一横条，其后方较光滑，后区骨化板前端有 1 横条深黄褐色波形横斑，侧沟前端外侧有 1 个长倒三角形深黄褐色斑，骨化板的后区密布棕褐色颗粒，两侧区的颗粒大而稀，呈圆形的凿点状，中区和后端的颗粒向后渐次细小，近后缘处最细密；无后背板褶；前胸腹板中前腹片明显，横列 4 个深黄褐色大斑，两旁的呈长方形，中间 2 个略偏后，呈三角形，表面密布棕褐色颗粒，向后渐次密但很显著；小腹片褶前半部密布颗粒；中胸气门突入前胸；足退化，仅存黑点状小突起。腹部背泡突具 2 横沟、4 横列念珠状瘤突，每列 20 个左右，两侧各具 1 弧形斜沟，有排列不规则的较小瘤突；腹面步泡突具 1 横沟、2 列念珠状瘤突；各节上侧片突出，侧瘤突斜卵形，两端各 1 个骨化坑且明显，具细长刚毛 2 支，细小刚毛若干支；腹气门椭圆形，围气门片黄褐色，后缘上方具小型缘室 10 个以上，最少仅 2 个或 3 个（黄同陵，1986；李忠诚，1987；蒋书楠，1989）。

（4）蛹。体长 40～70 mm，淡黄白色。头部及胸部背面生有稀疏的棕色刚毛。腹部第 1～6 节背面中央两侧密生棕色刚毛；末端锥状，锥尖斜向后上方。雄蛹第 8 腹节腹板后缘平直，第 9 腹节腹板前缘圆形瘤状突起；雌蛹第 8 腹节腹板后缘呈"∧"形，第 9 腹节腹板后缘中部有生殖孔，生殖孔下方两侧各有 1 颗圆形瘤状突起（严敖金等，1997）。

1.1.3　分布和寄主植物

云斑天牛在国内主要分布于山东（济南）、河南、河北（灵寿、平山、井陉、赞皇、邯郸）、陕西、贵州、四川、云南、湖北、湖南、江西、安徽、江苏（宝应）、浙江、广东、广西、台湾、山西（左权）、重庆（涪陵、丰都、垫江）和福建（寿宁、福安、建瓯、建阳、南平、松溪、尤溪、沙县等闽东和闽北地区）（严敖金等，

1997；黄锋，1998；焦荣斌，2003；王绍林等，2004；陈宝强，2005；胡斌，2005），国外主要分布于越南、印度、日本和朝鲜。

云斑天牛已记载的寄主植物有滇杨、欧美杨、青杨、响叶杨、大官杨、小叶杨、枫杨、核桃、山核桃、白蜡、桑、榆、柳、桦、漆、梓、桉、榕、女贞、悬铃木、无花果、乌桕、麻栎、栓皮栎、板栗、苹果、梨、枇杷、油橄榄、木麻黄、杉木、山毛榉、苦檀、木荷、水青冈、银杏、臭椿、云南松、泡桐、油桐、沧桐、火炬树、锥栗（蒋书楠等，1985；黄同陵，1986；肖刚柔，1992；黄锋，1998；王大洲，2000）。

1.1.4　世代及生活史

云斑天牛在我国 2 年发生一代，跨 3 个年度，以幼虫和成虫在蛀道内和蛹室中越冬。当年四五月成虫咬羽化孔钻出树干，补充营养，六七月交配产卵。小幼虫先在韧皮部取食，随后钻入树干危害，当年以幼虫在树干中越冬，第二年的四五月开始活动危害，一直到八九月开始化蛹。蛹期约 1 个月，在蛹室中羽化为成虫，继续留在树干中以成虫越冬。第三年四五月，结束越冬的成虫从蛹室向外在树干上咬一圆形羽化孔钻出，完成一个世代。由于南方和北方温度的差异，各虫态的发育时间相差大约 1 个月，如在南方成虫 4 月中旬开始出孔，而北方则在 5 月中旬开始出孔。由于 2 年一代，跨 3 个年度，因此一年四季除越冬期外均有幼虫在危害。

在湖北的江汉平原、湖南的洞庭湖平原、四川德阳、江西九江和重庆酉阳等地危害杨树时，2 年发生一代，跨 3 个年度，以幼虫（5～8 龄）和成虫在蛀道及蛹室内越冬。5 月上旬开始在树干基部咬刻槽产卵，5 月下旬为产卵盛期，7 月上中旬卵孵化结束，历时 2～2.5 个月，卵期 6～8 d。5 月中旬初孵幼虫出现，2 d 后蛀入木质部，6 月上中旬为孵化盛期，幼虫在树干木质部蛀食发育 5～8 龄，于当年 11 月至第二年 3 月底越冬；第二年 4 月初越冬幼虫开始活动危害，于 8 月中旬老熟化蛹。整个幼虫期历时 15 个月左右。8 月中旬至 9 月中旬为化蛹盛期，蛹期约 1 个月。9 月中旬至 10 月下旬成虫羽化，并以成虫越冬，成虫在蛹室内静伏约 5.5 个月，于第三年 4 月中旬至 6 月上旬出孔，出孔盛期为 5 月上旬，进入林间补充营养、交配繁殖新一代个体（戴罗，1986；彭自主等，1989；严敖金等，1997；徐素芬，1998；江忠寿，1999；陈京元等，2001；胡斌，2005；唐成，2005；夏剑萍等，2005）。

在山东东营、青岛胶南等地危害白蜡树时，2～3 年完成一代，以幼虫或成虫在蛀道内越冬。成虫于第二年 5 月中旬至 6 月咬一圆孔陆续飞出树干，进行补充营养、交尾、产卵。成虫在林间可生存 40 d 左右。6 月为产卵盛期，卵期 9～15 d，初孵幼虫取食 20～30 d 后蛀入木质部，第一年以幼虫在蛀道内越冬，次年春继续危害，幼虫跨年度两次危害，生命期（包括越冬期）12～14 个月，第二年 8 月老熟幼虫在蛀道末端作蛹室化蛹，蛹期约 1 个月。部分蛹当年 8～10 月就可羽化，成虫第二年在蛀道内越冬，可生活 8～10 个月，第三年 5 月中旬后陆续出孔繁殖下一代（林巧娥等，1998；刁志娥等，2004）。

在山东济南危害核桃树时，2 年发生一代，以幼虫或成虫在树干蛀道内或蛹室内越冬。4 月下旬越冬成虫开始出蛰，6 月上中旬为出蛰盛期，8 月上旬为出蛰末期，出蛰时间长，不集中。6 月中旬开始产卵，6 月下旬至 7 月中旬为产卵盛期，8 月中旬为产卵末期。6 月下旬初孵幼虫开始蛀入，7 月上旬至下旬为初孵幼虫蛀入盛期，8 月下旬为蛀入末期，9 月下旬至 10 月上旬进入越冬期。次年春 3 月下旬幼虫开始活动取食，危害至 8 月下旬或 9 月上旬幼虫老熟后在蛀道末端作蛹室化蛹，9 月下旬至 10 月上旬成虫羽化，在蛹室内越冬（王绍林等，2004）。

在河北中南部、山西晋中和四川的丹巴、康定、泸定等地危害核桃树时，成虫 6 月上旬开始羽化出孔，持续到 8 月中旬。成虫经 30～40 d 的补充营养后，6～7 月开始交尾产卵。幼虫在木质部危害至 10 月开始越冬，次年春核桃树发芽后继续危害。9 月羽化为成虫停留在蛹室内越冬，第三年 5 月下旬钻出树干（焦荣斌，2003；刘素云，2003；刘旭等，2003；陈宝强，2005）。

在湖南隆回，以及福建闽东和闽北的寿宁、福安、建瓯、建阳、南平、松溪、尤溪、沙县等地危害板栗树时，2 年发生一代，以幼虫或成虫在蛀道和蛹室中越冬。越冬成虫第二年 4 月出孔，6 月开始产卵，7 月初幼虫孵出，当年即以幼虫越冬。越冬幼虫第二年 8 月上旬老熟化蛹，9 月上中旬成虫羽化，10 月下旬成虫在蛹室中越冬。5 月成虫大量出孔，3～5 d 后进行交尾。成虫寿命约 9 个月，而在林间活动时间仅 40 d 左右。产卵盛期在 6 月中下旬。卵经 14～23 d 孵化。幼虫在树皮下蛀食 22～30 d 后钻入木质部并在其钻蛀的隧道中越冬。第二年 8 月幼虫老熟后化蛹，蛹期约 1 个月。成虫羽化后在蛀道中越冬，次年再飞出危害（黄锋，1998；段志坤，2003）。

在浙江嘉兴、重庆涪陵危害桑树时，2 年发生一代，跨 3 年完成，以成虫或幼虫在近地面树干坑道内越冬。6 月中旬开始发现少数成虫，6 月下旬至 7 月上中旬最多，最迟可在 9 月中旬看见成虫。7 月上中旬为产卵盛期。卵经 15～20 d 孵化，7 月下旬至 8 月上旬为孵化盛期。当 10 月气温下降后即开始蛀入木质部越冬。越冬幼虫在第二年春暖后开始活动，在八九月化蛹，蛹期约 25 d。羽化的成虫静伏在树干内越冬，待来年六七月钻出树干（吴开明等，1995；蔡玉根等，2001）。

1.1.5　生态习性

1.1.5.1　危害杨树时的生态习性

1. 生物学习性

云斑天牛的卵分批成熟后分批产出，每批成熟的卵为 8～10 粒。成虫交尾一次产一次卵，雌虫一生要产 5～6 次卵。在产卵期间，成虫白天集中于虫源地附近的蔷薇、桤木、梨树、柘木上取食嫩枝叶以补充营养，晚间飞回杨树林交尾或刻槽产卵；交尾时间一般在晚上7时至凌晨1时。每次产卵周期为8～10 d。卵多产于离地50～100 cm树干刻槽的韧皮部与木质部之间，位于刻槽中心上方0.8～2.0 cm处（陈继成，1987；石宗佑等，1989；徐素芬，1998；江忠寿等，1999；唐成等，2005）。

产卵后成虫以口器在卵上涂抹一层分泌物，在刻槽下卵粒周围韧皮部和边材上形成20 mm^{2}范围的桃红色晕斑，以此保护卵不受病菌感染。这是雌虫产卵时分泌物造成的，能使刻槽周围树皮及边材溃烂，利于初孵幼虫取食，寻找蛀入点，并减轻速生杨树愈伤组织对卵的挤压。因此，卵和初孵幼虫感病死亡率很低。在雌虫产卵末期，刻槽内无足够分泌液，卵周围无明显桃红色晕斑，卵多被愈伤组织挤死。生长旺盛的树木，愈伤组织形成快，是造成卵未孵化即被挤出或挤死的主要原因（严敖金等，1997；江忠寿等，1999）。

卵历期6～12 d，平均10 d，在林间孵化率为30%～60%，在室内可达90%。林间卵孵化率及初孵幼虫的死亡率与刻槽的密度有一定关系，刻槽密度大时孵化率较低，初孵幼虫死亡率高，刻槽密度太高时形成刻槽环，还容易遭受树干四周的甲虫对刻槽及卵的破坏（孙巧云等，1991；严敖金等，1997）。孙巧云等（1991）测定幼虫头壳宽度与龄期的关系，确定幼虫期为8龄，各龄幼虫头宽的数值为1龄1.4～1.8 mm，2龄1.9～2.4 mm，3龄2.6～3.7 mm，4龄3.8～4.7 mm，5龄4.8～5.7 mm，6龄5.8～6.7 mm，7龄6.8～8.1 mm，8龄8.2～8.9 mm。

初孵幼虫先取食刻槽韧皮部的木质纤维，后逐步扩大取食范围，取食约20 mm^{2}面积（约2 d）后蛀入木质部，低龄幼虫排出鲜白色木屑，幼虫蛀道从树干下部向上延伸，达髓心后上行，且上、下、左、右弯曲，平时以虫粪、木屑堵塞孔口，粪渣较粗，呈烟丝状，一条完整的蛀道一般长25～50 cm（严敖金等，1997；江忠寿等，1999）。2龄幼虫蛀入后，先横向蛀数厘米深的蛀道，然后向上蛀食，形成典型的虫道，并从仅有的1个排粪孔排出虫粪、木屑。幼虫在蛀道内的活动呈明显的日节律变化，15～17时为幼虫排粪高峰期，即此时幼虫多在排粪孔附近活动。幼虫将堵塞洞口的原有虫粪、木屑推出，使蛀道内空气与外界交换并逐渐以新木屑堵塞洞口以御天敌。幼虫在洞口附近的活动时间与气温有关，高温季节在洞口逗留时间较长。高龄幼虫性情凶猛，夏日黄昏以铁丝伸入将其激怒后，常以口器紧咬铁丝，可被钓出蛀道（嵇保中等，1996）。近老熟时幼虫以木丝紧密堵塞虫道，并在其中筑肾形蛹室化蛹。

2. 成虫出孔和产卵习性

越冬成虫出孔前在蛹室靠树皮方向咬凿圆形羽化孔，咬凿声清晰可辨，一般需咬凿10 d左右完成。在孔口树皮咬通前，孔口周围树皮略隆起，有褐色树液流出。成虫喜在晴朗高温天气出孔，昼夜均可出孔，以19～23时居多。

产卵前，雌虫在树干上缓缓爬行，不断用触角和下唇须触探树皮，选择到合适部位后，头部向下，用口器咬出唇形、椭圆形或不规则形刻槽，刻槽长 16～21 mm，宽 7～15 mm，深 3～4 mm。刻槽咬好后，成虫调头向上，将产卵器插入刻槽内，以尾尖为圆心，虫体以 30°～180°来回转动，同时生殖孔有透明黏液泌出。往复旋转数次后，在刻槽上方 4 mm 左右的树皮下方产 1 粒卵。抽出产卵器后，用尾尖夯实产卵孔周围的木屑才离去。从咬刻槽至产卵完毕需时 30～50 min。据夜间对 20 头雌成虫的跟踪观察，雌成虫一夜最多可咬 12 个刻槽，产 10 粒卵（Gorton，1959；严敖金等，1997）。

　　成虫产卵的选择行为有其特殊规律。产卵刻槽在杨树树干上的分布高度，随树龄的增长而逐渐上移。当成虫在 3 年生的幼树（即胸径在 10 cm 以下）上产卵时，将卵分散产于植株根茎部，且每株产卵 1～3 粒，成虫在胸径 20 cm 以上的大树上产卵时，则是一次性产在同一株上，且产卵刻槽集中为一片或两片，很少单产，其刻槽有规则地竖排或横排。这种行为与其后代的营养空间相关（江忠寿等，1999）。

　　雌虫产卵部位的选择与树皮厚度有关，产卵处树皮厚为 4.70～10.82 mm，但大多在 6～9 mm 厚的树皮处产卵，树皮太薄或太厚则形成空槽。因此在幼龄杨树林卵主要产在树干基部，随着树龄增大，树皮增厚，产卵部位上移（严敖金等，1997）。

　　3. 出孔成虫的发育与行为

　　出孔成虫雄虫历期 28～82 d，众数历期 40～45 d；雌虫历期 30～146 d，众数历期 60～65 d。出孔成虫经历生殖前期、生殖期、生殖后期三个发育阶段。从其出孔到首次产卵为生殖前期，历时 3 周左右，其间主要进行营养补充和促进性腺的发育，以完成成虫（尤其是雌成虫）的性成熟。成虫出孔后，在孔口附近休息片刻即爬向树冠。成虫昼夜均可取食，具有受惊即坠落的假死习性和弱趋光性。生殖前期成虫主要在补充营养寄主植物上活动。成虫出孔后 2～3 d 即可交配，交配前雄虫以触角轻敲雌虫头部和触角求偶；交配体姿为"背负式"（嵇保中等，1995；严敖金等，1997）。

　　生殖期是出孔成虫一生的主要时段，雄虫历时约 40 d，雌虫历时 45～75 d，这期间频繁进行取食和交配，雌虫卵渐次成熟和产出。成虫活动场所大致呈现在成虫和幼虫寄主间转换的昼夜节律，白天主要在成虫寄主上进行取食和交配，夜间则在幼虫寄主上产卵。种群中卵近成熟待产的个体，前述行为节律明显。而体内新的卵尚未成熟的个体，表现为昼夜取食和交配。由于成虫出孔时间和个体发育差异，在虫口密度较大的林分，整体上呈现昼夜均有取食、交配的状况，而且交配场所多样，唯取食场所一直为成虫寄主，产卵场所一直为幼虫寄主，这也是造成补充营养寄主植物附近林木虫害严重的原因（严敖金等，1997）。

　　生殖后期即成虫衰老期，雄虫从末次交配到死亡历时 7～10 d，雌虫自末次产卵至死历时 30～35 d。雌雄成虫出孔及生殖后期的差异是林间成虫性比变化的原因。在成虫出孔初期，雌雄性比为 1∶1.06；盛期为 1.05∶1；末期林间则以雌虫为多。生殖后期成虫的主要活动是取食，一直持续到濒死，停食后则迅速失水死亡（严敖金等，1997）。

1.1.5.2　危害白蜡树时的生态习性

成虫羽化出孔后，取食新鲜的白蜡树叶片和新枝嫩皮补充营养，从羽化孔飞出的可生存 40 d 左右，成虫受惊动时会坠落地面并发出"吱吱"声。成虫大多将卵产于胸径 10～20 cm 的树干离地 1.5 m 以下或主干分叉处，周围可连续产卵3～10 次或转圈产卵。产卵时在树皮上咬圆形或椭圆形直径 1 cm 左右的刻槽，然后将卵产入刻槽上方。每刻槽产卵 1 粒，每头雌虫可产卵 40 粒左右，分批次产下。初孵幼虫先在韧皮部或边材蛀成三角状蚀痕，20～30 d 后蛀入木质部，先向下蛀食，后向上蛀食，不久由此排出木丝，黏结在蛀孔上，多时掉落到地面而布满树干周围。幼虫蛀食能力强，蛀道较粗大，长约 25 cm，略弯曲。第一年以幼虫在蛀道内越冬，次年春继续危害，然后在蛀道末端作蛹室化蛹并羽化为成虫，以成虫在蛀道内越冬（刁志娥等，2004；刁志娥，2005）。

1.1.5.3　危害核桃树时的生态习性

越冬成虫在春天核桃树发芽时咬一圆形羽化孔从树干钻出，在羽化孔处或其附近停息一会儿，再爬向树冠，喜栖息于树冠较庞大的核桃树上。出孔后多在上午或傍晚取食核桃树当年生枝条的皮层、叶柄、叶片及果皮补充营养，取食 15～40 d 后，开始交尾产卵。成虫爬出羽化孔至死亡前能进行多次交尾（多在夜间），每次交尾完后一般都要再次补充营养。成虫产卵时，从树冠顺枝干向下爬行，到主干寻找适宜的产卵部位，多产在胸径为 15～30 cm 的结果树 2 m 以下范围的主干上，7～8 min 即可咬出 1 个长度为 1.2～1.5 cm 的月牙形刻槽，然后调头把产卵管从刻槽中央小孔中插入寄主皮层内，将卵产在与刻槽垂直的树皮下，通常在每一刻槽内产卵 1 粒，有时不产卵。有卵的地方树皮隆起、纵裂，从外部看呈倒"丁"字形，该处树皮变成褐色。卵产出后，随即分泌黏液将刻槽周围的木屑粘合在孔口处。平均每头雌成虫产卵 41 粒，最多可产 60 多粒；卵粒分批产下，分批成熟，每批可产 3～12 粒，一般每株树上可产卵 1～5 批。成虫昼夜均能飞翔，但以夜晚活动为主，有趋光性。成虫寿命包括越冬期在内约 9 个月，但在林内生存的时间仅 40 d 左右。成虫受惊动即坠地面。雌雄性比在整个活动期间约为 1∶1（焦荣斌，2003；刘素云，2003；刘旭等，2003；冯斌，2004；王绍林等，2004；陈宝强，2005）。

成虫多产卵于干高 50 cm 以下树干基部，占总产卵量的 91.9%，50～100 cm 处占 5%，100 cm 以上占 3.1%。成虫出孔也集中在干高 50 cm 以下树干基部，占总数的 87.1%，51～100 cm 处占 7.2%，100 cm 以上占 5.7%。树干方位对成虫出孔无明显影响，各方位所占比例为 24.4%～25.2%（王绍林等，2004）。

卵初产时黄白色，最后变成红褐色，掀起刻槽上部开裂的树皮即可看到。卵孵化成幼虫后先在皮层下蛀成三角形蛀痕，经 20～30 d 后逐渐蛀入木质部，并不断向上蛀食，虫道长约 25 cm，虫道内无木屑、虫粪，但幼虫入口处有大量粪屑排出；被害处树皮外胀纵裂，呈黑色，可见排出黑褐色的木屑、粪便和树液。幼虫在边材危害一段时间就钻入心材，在虫道中越冬。第二年幼虫老熟后，在虫道顶端作一宽大的椭圆形蛹室，化蛹，蛹期 1 个月左右；羽化后，以成虫在蛹室内越冬，第三年越冬成虫咬破羽化孔外出（焦荣斌，2003；刘素云，2003；刘旭等，2003；王绍林等，2004；陈宝强，2005）。

1.1.5.4　危害板栗树时的生态习性

成虫大量从羽化孔爬出，先啃食嫩枝、树皮补充营养，然后进行交尾。一生交尾 2～3 次，成虫昼夜活动，以晚间活动居多。当腹内卵粒成熟后，雌成虫即在树干上选择适合部位产卵，卵多产在离地面 2 m 以内的树干上；产卵时先在树皮上咬成黄豆大的凹槽，然后将产卵管从小孔插入槽中产卵 1 粒。产卵多在气温较高时进行。成虫具假死性，一旦受惊扰便坠落地面。初孵幼虫先在韧皮部或边材蛀食，被害处树皮外胀，不久即纵裂。幼虫在树皮下蛀食 22～30 d，然后逐渐进入木质部，蛀入髓心后转向上蛀食，此时可见伤口流出树液，排出木屑。大龄幼虫在木质部迂回蛀食，虫道内充满木屑，有的掉落地面。将化蛹时，幼虫排出的木屑呈条状。老熟幼虫在蛀道末端作蛹室化蛹。成虫羽化后在蛀道中过冬，次年再飞出危害（黄锋，1998；段志坤等，2003）。

1.1.5.5　危害桑树时的生态习性

成虫产卵多选择主干较粗的成年桑，在 1～3 年生的幼龄桑树上罕有发现。产卵位置在离地 5～40 cm 的桑树主干上，以离地 10～30 cm 处最多。产卵时，成虫先在树皮上咬一个椭圆形或长方形深痕，然后将卵产于其中，一般每株桑树只有一个产卵痕。成虫喜在主干光滑处产卵，产卵前，用上颚先将树皮咬成"一"字形的产卵痕，深达木质部，然后用头在"一"字形中央拱破树皮，产卵于其中。痕长 2～3 cm，1 痕 1 卵，少数 2 卵，每雌产卵量为 20～60 粒，分批产下；但在中、高干桑上每株桑主干有产卵痕 2～4 个，甚至 6 痕以上。产卵数多少因树干粗细而有所不同：初成林桑一般每株产 1～2 粒卵，而主干较粗的老龄桑树一般每株产 2～5 粒卵。对 50 株受害桑树的调查结果表明，在高干桑上产卵者 21 株，占 42%；中干桑上产卵者 27 株，占 54%；低干桑上产卵者仅 2 株，占 4%。产卵痕平均离地高度：低干桑为 15 cm，中干桑为 32.28 cm，高干桑为 53.97 cm（吴开明等，1995）。

幼虫孵化后产卵痕颜色变深，转为褐色，并有树液流出。孵化后的幼虫大部分向下蛀食内皮层及木质部表面，也有部分先向上蛀食，5～10 cm 后迂回向下。在到达主根后，即在主根及近地面主干的树皮内迂回蛀食。粪便为潮湿的木屑状，并堆积在蛀道内，一般不排出树体外（不像桑天牛一样每隔 3～7 cm 蛀一通气排泄孔），故难以发现。当 10 月气温下降后，即开始蛀入木质部，在钻蛀坑道时，有时咬下的木屑会被推出至树干基部周围。越冬幼虫在第二年春暖后结束蛰伏，开始蛀食，仍主要蛀食内皮层。幼虫老熟后在近地面树干内蛀一较大的孔洞作为蛹室化蛹，羽化的成虫就静伏在树干内越冬（蔡玉根等，2001）。

根据对被害桑树蛀道的剖查分析，刚孵化的幼虫蛀食无方向性，成长到一定大小后，则迂回环切地向下蛀食。由于多虫长时间蛀食，致使首尾衔接，迂回环切直至根部，甚至将皮层吃尽，导致桑株枯死；通常蛀食面积占主干皮层的 3/5，导致树势早衰，产叶量低。成虫在椭圆形隧道中越冬，蛹穴纵向长 10 cm 左右，中空直径 3 cm 左右，内壁光滑，附有少量粉状排泄物，并有一由粗糙木丝所填塞的通向干外的羽化孔。从解剖处于越冬状态的虫态看，越冬成虫占 70.2%，幼虫占 29.8%（吴开明等，1995）。

1.1.6 补充营养

云斑天牛成虫一般不太活泼，其飞行多属于被迫行为，一次飞行的距离较近；但成虫因补充营养的需要，具有相对较强的飞行能力。据测定，每头成虫平均单次飞行距离为 168 m，平均持续飞行时间为 43.4 s，平均飞行速度为 3.1 m/s（钱范俊等，1994）。雌成虫的平均扩散距离和最大扩散距离均大于雄虫，这与其补充营养量大、觅食活动频繁及寻找产卵场所有关。云斑天牛有转主补充营养的习性，补充营养寄主和产卵寄主属于不同的植物种类，成虫完成发育需在取食寄主和产卵寄主之间穿梭，其扩散方向明显偏向补充营养寄主植物多的方位，飞行的最终落点多在补充营养源树木的枝干上（钱范俊等，1994；嵇保中等，2002）。

成虫刚羽化时生殖系统尚未成熟，不具备交尾产卵的能力，必须经过取食积累营养物质才能繁殖后代，因此补充营养对云斑天牛的正常生长发育和繁殖都十分重要。在 1000 m 范围内没有成虫食物源的杨树林，则无该虫危害；成虫食物源充足的地方，杨树受害重，虫口密度也高。四川德阳白马关的杨树行道树，因周围山地生长大量栀木，以致杨树植株受害率达 100%（江忠寿等，1999）。成虫在林间的扩散与补充营养源植物的分布密切相关，向有野蔷薇等补充营养源植物方向扩散的数量最多，产卵刻槽的数量也与林下野蔷薇等补充营养源植物的多少正相关，与补充营养源植物距离负相关，即距离野蔷薇越远的杨树林上的产卵刻槽越少（钱范俊等，1996）。

高瑞桐等（1995）在湖北嘉鱼县调查了云斑天牛成虫的补充营养情况，发现在蔷薇、旱柳、枫杨、棠梨、葡萄、白榆、白蜡等多种木本植物上都能捕捉到正在取食的成虫，而薄荷、狭叶青蒿等植物上也捕捉到少量栖息的成虫，但无取食痕迹。将多种寄主树的枝条混合饲养，蔷薇的取食量和取食次数均最多。单一寄主植物枝条饲养成虫，平均每头每天取食面积从大到小依次为蔷薇、旱柳、白蜡、白榆、枫杨、I-69 杨。用蔷薇饲养的成虫的平均寿命在 41 d 以上，其他树种饲养的多数在 10 d 左右，最多也只存活 17 d。用蔷薇饲养的雌虫的产卵量平均每头

25.71 粒，白蜡饲养的为 20.4 粒，其他树种均未产卵。这表明，蔷薇为云斑天牛最喜欢取食的树种，取食蔷薇和白蜡的成虫均可产卵且寿命长。此外，对不同寄主植物嫩枝的营养成分的分析表明，植物体内糖含量与成虫取食、寿命、产卵量正相关。白蜡嫩枝内含糖量明显高于蔷薇，但多种树种混合饲养时云斑天牛不取食白蜡的原因，高瑞桐认为是白蜡嫩枝内酚酸含量明显高于蔷薇，酚酸含量过高会产生苦涩味道，因此在可以选择的情况下，成虫仍不愿取食。

孙巧云等（1991）在江苏观察发现，云斑天牛成虫主要在柘树、美国山核桃上补充营养，然后到杨树及果树上产卵。室内分别用柘树、美国山核桃、麻栎、杨、柳等的嫩枝条饲养成虫，发现以柘树补充营养的雌虫平均寿命为 53 d，雄虫寿命为 43 d，平均产卵量 28 100 粒；以美国山核桃补充营养的雌虫平均寿命为 35 d，雄虫平均寿命为 23 d，平均产卵量 23 100 粒；以杨、柳、枫杨、枫香等补充营养的雌虫平均寿命为 9～14 d，雄虫平均寿命为 5～14 d，雌虫不产卵。

成虫嗜食寄主种类与各地植被区系有关，在湖北、湖南的江汉平原一带成虫嗜食野蔷薇，而在江苏宝应则为梨树（严敖金等，1997），在四川德阳主要为桤木、梨树、柘木（江忠寿等，1999）。

总之，成虫补充营养寄主植物主要有蔷薇、梨树、山核桃、枫杨、旱柳、桑树、构树、白蜡、桤木、柘树、棠梨、葡萄、白榆、青冈、美国山核桃、杏树、板栗、麻栎、月季（孙巧云等，1991；高瑞桐等，1995；江忠寿等，1999；陈京元，2005；胡斌，2005）。

1.1.7　危害特点

1.1.7.1　对杨树的危害特点

在江汉平原地区，云斑天牛以危害旱柳、构树、桑树、榆树、枫杨、梨树、山核桃、野蔷薇等乡土树种为主。自 20 世纪 70 年代末开始大面积引种欧美杨以来，云斑天牛食性迅速向杨树转移，逐步适应，进而变为嗜食性；随着杨树面积的发展，云斑天牛不断扩大其危害范围，已成为杨树最重要害虫，制约当地杨树速生丰产林的发展。

云斑天牛在杨树上危害呈梯形放射状分布，先危害树干基部，然后从下而上逐年向上发展。每根树干上可见产卵刻槽 5～30 个，平均有 10～15 个，有卵刻槽占 80%以上。初见排出木屑时间是 5 月下旬，7 月上中旬至 9 月下旬是危害最严重的时期，也是排出木屑最多的阶段（胡斌，2005）。受害处树皮变黑膨胀，树干基部向外明显突起，并有褐色粪便和木屑排出。随着虫体的增大，逐渐蛀入木质部，然后再达髓心。大龄幼虫主要在树干与地面交界处的主干及根部取食，危害严重时可导致整株树死亡或风折（王绍林等，2004）。

云斑天牛的危害部位因树龄不同而有差异，1～4 年生的树木受害轻或基本不受害；5～8 年生杨树普遍受害较重，受害部位多在树干 1 m 以上及中部；8 年生以上树木受害稍轻，受害部位多在树干中上部（唐成等，2005）。5 年生以下的杨树产卵刻槽 90%以上分布在树干离地 1.5 m 以下（钱范俊等，1994）。俞云祥等（1999）在江西上饶余干县洪家中学调查发现，5 年生杨树林受害率达 63.4%。

云斑天牛的危害与林分类型关系密切。徐素芬（1998）在湖北潜江调查发现，村屯四旁绿化杨树受害最重，受害株率为 74.2%，平均虫口密度为 2.43 头/株；其次为公路林和渠道林，受害株率分别为 54.7%和 45.3%，平均虫口密度分别为 1.42头/株和 1.55 头/株；片林最轻，受害株率为 24.3%，平均虫口密度为 0.82 头/株。片林中林缘树及与其他树种林分的相邻地带受害较重，而纯林的核心地带受害较轻。对潜江 3 块 3 年生人工林标准地调查表明，林缘和林间杨树受害株率分别为61.8%和 30.6%，平均虫口密度分别为 2.86 头/株和 0.78 头/株。云斑天牛在同龄林分中危害时，树体胸径越小，受害率越高，而胸径越大，受害率则越低。据在江西九江的调查发现，胸径 10 cm 的有虫株率为 45.83%，胸径在 10～20 cm 的有虫株率为 12.50%，而胸径在 20 cm 以上的有虫株率则降为 2.63%（徐素芬，1998）。云斑天牛对不同杨树品种的危害存在一定差异，钱范俊等（1994）对潜江市兴隆林场的 8 个杨树品种调查发现，I-69 杨和潜 2 杨受害最重，受害株率分别为 24.2%和 25.0%，平均虫口密度分别为 1.03 头/株和 0.99 头/株；潜 1、潜 3、I-63、I-72等品种受害相对较轻，受害株率为 11.9%～15.7%，平均虫口密度在 0.31～0.73头/株。云斑天牛的危害程度与距虫源地（虫害特别严重的林地）距离成正比，潜江杨市乡距虫源地 20 m、50 m、100 m、200 m 的 3 年生意杨的受害株率分别为11.0%、49.3%、61.3%、73.3%，其平均虫口密度分别为 0.11 头/株、1.18 头/株、1.53 头/株、4.50 头/株。

1.1.7.2　对白蜡树的危害特点

云斑天牛主要以幼虫危害胸径 8 cm 以上的白蜡树，多在根基部和主干的分叉处蛀食危害，每处可达 3～5 头，多的可达十几头，常与木蠹蛾混合发生，引起木材根基部中空、风折、致使树木死亡。据观察，其幼虫一般先在根基部危害，然后分布到主干分叉处，能钻到树干木质部，深达髓心，破坏树体的输导组织，初期树木仍可正常生长，蛀虫也不易被发现。在蛀孔处排出大量粗木丝，黏结在蛀孔上，在树干根基部或主干分叉处，可以转圈布满虫孔，或上下排列1 个到 10 多个虫孔，排出的木丝在地面上堆积，甚至布满树干周围。刁志娥等（2004）首次描述了云斑天牛在山东省东营市对白蜡树的危害，东营市白蜡树的受害株率已达 20%，受害株的虫口密度平均为 4～8 头/株，单株解剖头数最多的为 28 头。

1.1.7.3　对核桃树的危害特点

云斑天牛主要危害核桃树的主干和大枝，成虫还可危害嫩枝、叶和果实，幼虫在皮层及木质部钻蛀隧道，破坏树体营养器官，使树势衰弱，核桃减产，甚至绝收。其对核桃树的危害随着树龄的增加，受害株率迅速上升，对核桃的发展构成极大威胁。嫁接后的早实核桃品种（香玲、鲁光等）的受害株率，5 年生树约为 43%，18 年生树约为 90%，明显高于本地实生的晚实核桃品种（家核桃等）的受害株率，比同龄晚实品种高 20%～40%。例如，在山东省章丘市曹范镇高产优质核桃生产基地的有虫株率为 68%，致死株率为 17%，每年造成 1.8 万株核桃树死亡（王绍林等，2004）。在山西左权，现有核桃种植面积 13 000 hm²，受害株率达 25% 以上，重点产区的产量下降 50%，个别地方绝收（陈宝强，2005）。

此外，云斑天牛也危害桑树，主要以幼虫在桑树近地面主干及地下主根的内皮层及木质部内蛀食，破坏桑树的输导组织，从而影响桑树正常的养分和水分传导。成虫取食新梢皮层作为补充营养，长达 2 个月以上，造成枯枝和折枝，影响叶产量。危害初期症状较轻时，桑树生长不良、树势减弱、枝条变细、叶形小、叶肉薄、叶色变浅变黄；严重时主干上常有数十头幼虫蛀食，直至蛀尽皮层，桑树整株枯死，造成缺株，严重影响桑叶的产量、质量。桑株枯死后，树皮表面一般完好，无排粪孔，敲其树干，有空响声，剥其树皮可见粗屑状排泄物阻塞其中。例如，在嘉兴地区的桐乡、海宁、秀洲、秀城等地，一般桑树的有虫株率在 1.7%～7.3%，个别老桑园有虫株率达 20% 以上（蔡玉根等，2001）；在重庆涪陵地区平均受害株率为 17.3%，个别地区可达 57.78%（吴开明等，1995）。

云斑天牛还在不断扩大危害树种范围，在秦巴山区（四川广元、达州等地）对油橄榄造成了毁灭性灾难，当地现存的油橄榄挂果成年树中受害率达 100%。在甘肃两当县杨树大量砍伐后，云斑天牛转而危害苹果树，80% 的苹果园受害，其中 10% 的果园有虫株率达 100%（张振刚，1998）。在江汉平原地区幼虫蛀食无花果近地面树干，成虫取食嫩枝，对当地的无花果生产造成严重危害（潘佑找等，2005）。王大洲等（2000）首次报道了云斑天牛对火炬树的危害，在河北省石家庄市河北林业学校校园内一株高 4.5 m、胸径 21 cm、16 年生的火炬树在距地面 65 cm 范围内被蛀食危害，致使树木枯死。

1.1.8　空间分布格局

云斑天牛的空间分布型是其生物学特性与特定条件相互作用、协同进化的结果，是种群的重要属性之一，揭示其种群个体在空间相对静止情况下，某一时刻的行为习性和空间结构异质性。掌握云斑天牛的空间分布型对估计种群密度、确定某些试验统计数据和决定防治指标等具有重要意义。

梅爱华（1997）采用聚集度指标法测定了杨树云斑天牛幼虫的空间分布型，分别测定了扩散系数 C、m^*/m 指数、负二项分布 K 值、Darid 和 Moore 指标（I）等评价指标；这些指标计算结果，表明云斑天牛幼虫在林间呈聚集分布。根据 Iawao 模型测定的结果，云斑天牛幼虫种群呈聚集型，为一般负二项分布，分布的基本成分是个体群。分别采用平行线、对角线、五点式、"Z" 字形及随机抽样 5 种方式对幼虫分布型抽样技术的比较分析表明，平行线和五点式抽样最佳。吴开明等（1995）对重庆涪陵桑树采取三点隔行跳株抽样法计算云斑天牛幼虫的空间分布型，应用平均拥挤度与平均密度比值（m^*/m）、扩散系数（C）、聚集指标（I）、C_a指数、K值等指标计算出云斑天牛幼虫在桑树上空间分布型为聚集型。张世权等（1992）对河北获鹿县（现鹿泉区）核桃树上云斑天牛幼虫的空间分布做了统计分析，确定云斑天牛幼虫在核桃林间的空间分布型为聚集分布的负二项分布型。在不同寄主树上云斑天牛幼虫种群均呈聚集分布，分布的基本成分是个体群。

1.2　花绒寄甲的生物学习性与应用

1.2.1　分类及分布

花绒寄甲〔*Dastarcus helophoroides*（Fairmaire）〕，同物异名为 *Dastarcus longulus* Sharp，原隶属鞘翅目（Coleoptera）坚甲科（Colydiidae），后独立出来成为穴甲科（Bothrideridae）昆虫（Slipinski et al.，1989；王希蒙等，1996），杨忠岐（2004）认为这种甲虫为寄生性昆虫，故将其中文名称改为更能反映其生物学习性的名称——寄甲科（Bothrideridae），该种也相应地改为花绒寄甲，因此在本研究中采用的是花绒寄甲〔*Dastarcus helophoroides*（Fairmaire）〕。

花绒寄甲在不同的文献中也称为花绒坚甲、花绒穴甲、木蜂寄甲和缢翅寄甲等（魏建荣等，2007），是蛀干害虫天牛、吉丁虫和象甲等的重要天敌昆虫（Smith et al.，1996；Okamoto，1999）。花绒寄甲分布于东经105°～135°、北纬30°～40°的范围内，已知为我国和日本所特有。国内已知在辽宁、上海、山东、江苏、广东、四川、安徽、浙江、湖北、北京、山西、河北、河南、内蒙古、陕西、天津、宁夏和甘肃东南部均有分布（王希蒙等，1996；黄大庄等，2008）。

1.2.2　形态特征

根据不同学者对花绒寄甲形态特征的描述（Faimaire，1881；Sharp，1885；竹常明仁，1982；秦锡祥等，1988；周亚君，1989；王卫东和小仓信夫，1999；陈志麟，2000；黄焕华等，2003），各虫态的形态特征如下。

（1）卵：梭形，乳白色，近孵化时黄褐色，长0.8～1.0 mm，宽0.2 mm。

（2）幼虫：初孵幼虫蛃式，头部、胸部和腹部分节明显；胸足3对，腹部10节，每节两侧都生有1根长毛，臀节的第二根最长；初孵幼虫胸足发达；从2龄开始，幼虫变为蛆形，体长2～14 mm。老熟幼虫胸足变小退化，腹部肥大。

（3）蛹：老熟幼虫吐丝作茧，在茧内化蛹。茧丝质，长卵形，长6.3～14.6 mm，宽2.6～5.4 mm。刚结成的茧灰白色，后变成深褐色。蛹为裸蛹，蛹体黄白色，足和翅折于胸部腹面，羽化前颜色变深。

（4）成虫：体长5～11 mm，体宽2～5 mm。体扁平，深褐色；头大部分藏入前胸背板下；复眼黑色，卵圆形；触角短小棒状，11 节，端部膨大呈球形；足粗短，跗节 4 节，端部有 2 爪；腹节 7 节，基部 2 节愈合；头部、前胸背板和鞘翅上密布刻点。前胸背板两侧缘弧形，最宽处近中部；背面中线光滑无鳞片；鞘翅表面有 6 个棕褐色或灰褐色鳞片斑和 4 条灰褐色鳞片形成的沟槽或纵脊。

花绒寄甲成虫性别较难识别。唐桦等（2007）通过对其形态特征的仔细观察，从中选取几个主要特征（肛板顶角角度及其长宽比，鞘翅端角区等），可对花绒寄甲活体雌雄性成虫进行无损伤鉴别，用放大倍数 10 倍以上的放大镜观察鞘翅端角区，若明显为纵向边长于或等于横向边（或纵向边比横向边短），则可初步判定为雌虫（或雄虫）。这种方法的鉴别准确率一般可达到 95%以上，适用于野外快速鉴别，这在人工繁殖及释放花绒寄甲进行生物防治中具有重要应用价值。

1.2.3　生物学习性

1.2.3.1　寄主
文献记载花绒寄甲的已知寄主有 2 目 3 科 12 种，主要包括黄斑星天牛（*Anoplophora nobilis*）、光肩星天牛（*Anoplophora glabripennis*）、星天牛（*Anoplophora chinensis*）、锈色粒肩天牛（*Apriona swainsoni*）、云斑天牛、桑天牛（*Apriona germarii*）、松褐天牛（*Monochamus alternatus*）、合欢双条天牛（*Xystrocera globosa*）、六星吉丁虫（*Chrysobothris succedanea*）、十斑吉丁虫（*Melanophila decastigma*）、桃红颈天牛（*Aromia bungii*）和黄胸木蜂（*Xylocopa appendiculata*）等（王希蒙等，1996）。高峻崇等（2003）在吉林省梅河口市吉乐乡卧龙村发现花绒寄甲还可寄生栗山天牛（*Mallambyx raddei*），因此，其寄主现已扩大为 13 种。

1.2.3.2　世代及生活史
对于花绒寄甲的生活史，原先的记录为北京市 1 年发生 1～2 代（秦锡祥等，1988），在甘肃天水地区 1 年发生 1 代（周嘉熹等，1985），在上海市 1 年发生 1 代（Piel，1938），在广东省 1 年可能多于 2 代（王小东，2004；王小东等，2004）。雷琼等（2004）通过长期的饲养观察，得出了不同的观测结果：花绒寄甲成虫寿命 3 年以上，3 年内可连续发生 6 代及 21 对姐妹代，世代重叠。从卵发育至羽化为新的成虫一般只需 40 d 左右，且一年有 2 次产卵高峰期（秦锡祥等，1988；雷琼等，2003），至于成虫寿命，室内连续饲养 6 年仍可产卵（杨忠岐等，2002）。

雷琼等（2003）室内观察了陕西省寄生于光肩星天牛的花绒寄甲的生活世代，结果表明，花绒寄甲成虫于 10 月上旬开始在虫道内越冬，次年 3 月上旬开始活动。越冬成虫 1 年产卵 2 次。第一次产卵期为 4 月 27 日至 7 月 2 日，第二次为 7 月 9 日至 9 月 6 日。第一次产的卵发育为第一姐妹代，第一姐妹代幼虫 5 月上旬至 7 月中旬出现，5 月中旬至 7 月下旬结茧化蛹，成虫于 6 月中旬开始羽化，8 月下旬羽化结束；第二次产的卵发育为第二姐妹代，第二姐妹代幼虫 7 月中旬至 9 月下旬出现，7 月下旬至 10 月上旬结茧化蛹，成虫 8 月下旬开始羽化，9 月下旬羽化结束，成虫当年不产卵。第一姐妹代的部分成虫于当年 8 月上旬开始产卵，9 月下旬产卵结束；8 月中旬至 10 月上旬出现第二代幼虫，8 月下旬至 10 月上旬该代幼虫开始结茧化蛹，9 月下旬第二代成虫羽化，10 月上旬所有成虫在虫道内越冬。花绒寄甲各个发育阶段的种群日增长规律符合 Logistic 模型，为典型 r 型生态对策昆虫（杨忠岐等，2002）。

1.2.3.3 生态习性

花绒寄甲是寄生性天敌，喜寄生于中大型天牛的高龄幼虫、蛹和刚羽化的成虫体内。1 头松褐天牛幼虫可寄生 1～30 头花绒寄甲，但寄生 1 头者居多，当寄生数量超过 4 头时，花绒寄甲个体发育不整齐，有的个体不能完成发育。花绒寄甲幼虫最喜寄生体长 2.5～3.0 cm 的松褐天牛幼虫，个体较小的一般不寄生。花绒寄甲以成虫在树皮缝、树洞和蛀道等处越冬。次年春出蛰活动，补充营养，开始交配产卵。成虫的产卵能力与虫体的大小有一定关系，卵巢管的数量与雌虫体长呈线性相关（Togashi et al.，2005）。卵产于寄主蛀道壁上或粪屑中，产卵量为 33～419 粒，几十至上百粒排成一片，排列比较规则。幼虫孵化后，初孵幼虫胸足发达，到处爬动，寻找寄主；找到寄主后，先将寄主麻痹，再钻入体内取食，然后胸足退化，变成蛆型幼虫。幼虫 6 龄，体外寄生，老熟后，在寄主残体所在的蛀道内结茧化蛹，随后羽化为成虫，并在茧内停留 1～2 d，然后咬破茧壳钻出。花绒寄甲刚刚羽化的成虫以茧壳为食，大约 3 d 将茧壳食尽。成虫白天隐蔽，傍晚和夜间活动，不善飞行，爬行迅速，有较强的假死性和弱趋光性（秦锡祥等，1988；Inoue，1991，1993；Miura，2000；Ogura，2002；雷琼等，2003；王小东等，2004）。

魏建荣等（2008）用自行设计的昆虫行为观测箱，研究了花绒寄甲成虫的日活动节律、趋光性、交配行为以及黑暗对成虫活动的影响。结果发现，成虫多在黄昏至第二天上午活动，其活动节律可被连续的黑暗处理所打破。交尾形式呈"一"字形，有较弱的趋弱红光性；在弱红光的条件下，花绒寄甲成虫视觉对寻找寄主幼虫作用不大；同时，在成虫的活动高峰期，其活动、飞翔能力较强。

李孟楼等（2007）调查了自然状态下花绒寄甲对光肩星天牛的寄生规律和控制效果。结果表明，花绒寄甲在 4 月至 7 月中旬的第一姐妹代，对天牛大幼虫的寄生率增长较慢；在 7 月下旬至 9 月下旬由第二姐妹代与当年第二代组成的混合世代，其寄生率增长较快；当被害立木蛀道数达 30～45 条时，蛀道内花绒寄甲的种群数量最大；光肩星天牛蛀道内花绒寄甲的种群密度随天牛幼虫数量的增加而增大，其关系为正密度反应型，符合指数关系，其寄生率模型符合负加速型。在自然状态下，1 头花绒寄甲从春季第一代开始到秋季混合世代结束，最多可以寄生光肩星天牛幼虫 10～12 头，80% 的天牛幼虫被寄生后可供繁育 1～4 头花绒寄甲；当光肩星天牛与花绒寄甲种群数量比例为 1：1.2 时，花绒寄甲对光肩星天牛幼虫的寄生致死率基本稳定在 50%～70%。

林间调查和研究表明，花绒寄甲成虫的分布格局为聚集分布中的核心分布型，在群体密度较大时，由于个体间具有竞争寄主的排斥行为，其分布则转变为嵌纹分布；花绒寄甲在进入新的分布区后，首先是建立大小不等的聚集群，再以聚集群体的形式向周围扩散（李孟楼等，2002，2007）。陈向阳等（2006）对花绒寄甲与松褐天牛在林间的三维空间分布格局进行了研究，认为二者在空间格局上遵循同样的分布规律，此外，还研究了不同松树林地内花绒寄甲与松褐天牛的种群数，得出在纯林中花绒寄甲的数量是马尾松＞黑松＞湿地松，而在混交林中则是黑松＞马尾松＞湿地松。这有可能为进一步研究在不同林分条件下利用花绒寄甲控制松褐天牛提供新的思路。

1.2.4 人工饲养技术

花绒寄甲自发现以来，国内就断断续续地开始了人工繁殖花绒寄甲的研究工作，以期利用其防治天牛类害虫。最早的人工繁殖尝试始于 20 世纪 80 年代秦锡祥与周嘉熹等，他们从野外采集天牛虫害木，然后室内接种寄甲成虫，繁育出了花绒寄甲。90 年代初，宁夏森林保护研究中心王卫东等与日本森林综合研究所小仓信夫等先后对花绒寄甲成虫、幼虫的室内人工饲养开展了研究，并开发出了花绒寄甲的一些人工饲料（王卫东等，1999b，1999c；Ogura et al., 1999），但繁育成功率较低，而且在日本所做的防治试验也并不很成功（Miura et al., 2003；Urano et al., 2003）。其后，孔晓凤等（2002）又对花绒寄甲幼虫、蛹的饲养以及成虫的产卵进行了进一步研究，但效果也不甚理想。以西北农林科技大学李孟楼教授为首的课题组对寄生于光肩星天牛的花绒寄甲的饲养做了很多研究，找到了较好的饲料配方，但未找到有效替代寄主，大量繁殖仍受到限制（雷琼，2003；雷琼等，2005；李生梅等，2005）。近年来，以中国林业科学院杨忠岐教授为首的课题组根据对白蛾周氏啮小蜂（Chouioia cunea）、管氏肿腿蜂（Scleroderma guani）、大唼蜡甲（Rhizophagus grandis）、白蜡吉丁柄腹茧蜂（Spathius agrili）等天敌昆虫的饲养经验（姚万军，2001；王小艺，2005；张翌楠，2006），找到了花绒寄甲人工繁殖的有效替代寄主，并制订了可供生产应用的繁殖技术规程，解决了花绒寄甲大量人工繁殖的技术难题（张翌楠，2006），达到了低成本、人工规模化大量繁殖花绒寄甲的目的，这为利用花绒寄甲大面积防治我国天牛类重大林业害虫打下了基础。近年来已繁殖多种花绒寄甲生物型，应用于防治光肩星天牛、栗山天牛、锈色粒肩天牛和松褐天牛，均取得了较好的防治效果。

1.2.5 应用

1938 年，法国学者 Piel 最早发现了花绒寄甲寄生黄胸木蜂，但未引起足够重视。1973 年罗河山首次报道了花绒寄甲在湖北省寄生光肩星天牛的情况；周嘉熹等于 1985 年报道了花绒寄甲在甘肃省对黄斑星天牛的寄生情况；秦锡祥等于 1988 年报道了花绒寄甲在北京市的发生情况。以上学者都对花绒寄甲应用前景作了描述，认为花绒寄甲可用于控制光肩星天牛，但更进一步的利用研究开展得很少。近年来，随着天牛类蛀干害虫危害的加重和人们环保意识的加强，生物防治的重要性日益凸现，许多学者提出了利用花绒寄甲生物防治天牛的设想（秦锡祥等，1996；唐桦等，1996；徐福元，1998；王卫东等，1999a；吴建梁等，2004；周秋菊等，2004；赵秀莲等，2005；许志宏等，2005）。

卜敏等（1998）、秦锡祥等（1988）进行了一些天敌保护利用实验，王卫东等（1999a）则利用室内繁殖的花绒寄甲成虫在光肩星天牛的危害区进行了防治试验。在日本主要利用花绒寄甲防治松褐天牛，不仅做了室内的寄生效果试验，也做了在野外林间释放花绒寄甲防治效果的研究（Kayoko，2000；Miura et al.，2003；Urano et al.，2003；Urano，2004）。但由于他们繁殖花绒寄甲成虫的成本高，难以在生产上大面积应用。杨忠岐（2004）、李孟楼等（2007）又提出了释放花绒寄甲卵来控制天牛危害的新策略。释放花绒寄甲卵林间防治云斑天牛、松褐天牛、锈色粒肩天牛和栗山天牛的试验表明，释放花绒寄甲卵是控制天牛的一个良好策略（李建庆等，2009）。

1.3 云斑天牛的防治技术

1.3.1 营林技术措施

营林技术措施主要包括杨树抗虫无性系筛选、营造混交林或隔离带、加强集约经营管理、择伐（皆伐）虫源树等措施。

栽植诱饵树在光肩星天牛的防治上已有了较为成功的经验。孙金钟等（1990）在中原地区的杨树片林中栽植糖槭诱饵树，可使 3 年生杨树无性系有虫株率下降 58.6%，虫口密度下降 64.77%。高瑞桐等（1998）在湖北省嘉鱼县连续两年在 I-69 杨防护林内用蔷薇作诱饵，对云斑天牛成虫进行人工捕杀，使有虫株率由 94.4% 降为 17.8%，防效达 76.6%。范爱保等（2003）在河北省涉县北岗村核桃林用蔷薇诱集成虫并捕捉至云斑天牛成虫绝迹，核桃树的有虫株率由 20% 降为 3%。

1.3.2 化学防治

天牛成虫期在树干喷药或用涂干剂在树干上涂一毒环，可有效杀死成虫。"绿色威雷"触破式微胶囊剂能克服缓释性微胶囊在短时间内释放剂量不足的缺点，在天牛踩触时立即破裂，并释放出高效原液即刻黏附于成虫足部跗节，通过节间膜渗入天牛体内杀死天牛，是防治天牛成虫较为理想的农药（张炳峰等，1991）。在云斑天牛成虫羽化期采用"绿色威雷"200 倍液对杨树 4 m 以下主干喷雾，虫株减退率可达 68.4%，虫口减退率达 91.0%（罗治建等，2004）。在成虫产卵初期用1%"绿色威雷"2号200倍液喷布核桃树干,药后20 d对成虫的毒杀率达97.4%,有虫株率仅为8.5%,防治效果显著(王绍林等,2004)。朱正昌等(1995)研制的5%溴氢菊酯微胶囊、8%氰戊菊酯微胶囊、20%杀螟松微胶囊,在被害杨树林喷洒防效可达58.9%~100.0%。

对已侵入树干的天牛幼虫目前普遍采用的化学防治方法主要是用磷化铝片剂、敌敌畏药棉及磷化锌毒签堵孔、注射器推注久效磷乳油等(李东鸿,1993)。使用时先清除虫道中的木屑、虫粪,将毒签塞入,或直接用注射器注入药液,然后用潮湿的泥土封堵蛀孔,从而将蛀道中的幼虫、蛹或成虫熏蒸致死。将填充剂加入菊酯类农药制成灭蛀灵毒膏,每蛀道用药1 g,幼虫死亡率达100%,用药0.5 g防效在92%以上(孙巧云等,1991)。用80%敌百虫晶体与黄油按1:5混合塞入虫道并封住虫孔,幼虫死亡率为36%;40%氧化乐果乳油与50%敌敌畏乳油原液等量混合用注射器注入虫道,死亡率为31.6%;而用药签插入虫道,防治效果最好,死亡率为88%(俞云祥等,1999)。用棉花蘸50%甲胺磷原液塞入板栗树上幼虫蛀孔,防效可达94.74%,80%敌敌畏原液次之,防效可达90%(黄锋,1998)。用40%氧化乐果2倍液在四川省绵竹市剑南春森林公园打孔注射防治小幼虫,防治效果在85%以上(唐成,2005)。用灭幼脲3号10倍液和80%敌敌畏乳油10倍液防治危害核桃树的云斑天牛,幼虫死亡率在87%,但利用敌敌畏后树体用药部位有黑色液体流出,会产生轻微药害(王绍林等,2004)。用2.5%的溴氰菊酯和80%硫磷乳油制成的灭幼膏在山东省胶南红石崖林场防治白蜡树上的云斑天牛,灭幼膏对卵的防效可达97.4%,对初孵幼虫的防治效果可达92.9%(林巧娥等,1998)。

根部埋药,在树干根基部环施或五点穴施"5%神农丹"或"3%克百威"颗粒剂,每株70~100 g,后覆土、灌水,也可收到较好的防治效果(刁志娥等,2004)。树干注药,在树干基部钻孔,按胸径每厘米注入0.3~0.9 mL药液(如吡虫啉)对杀死补充营养的天牛有良好效果,对幼虫也有一定效果。

钱范俊等(1994)在湖北洪湖用2.5%溴氰菊酯柴油(1:10)点涂产卵刻槽防治杨树云斑天牛的卵和幼虫,防治效果较好,校正死亡率可达95.7%,生产防治效果可达90%以上,剖查后发现,处理部分的卵出现变色、干瘪、霉烂等症状,即使幼虫孵出也因受药而死。用排毛蘸40%氧化乐果5倍液涂于树干外表皮有新鲜树液渗出处防治初孵幼虫,防治效果可达96.0%(俞云祥等,1999)。在重庆市涪陵用杀蛀膏SⅢ型涂桑树的云斑天牛卵痕,杀虫率达94.8%(吴开明等,1999)。

嵇保中等(1999a,1999b)报道了灭幼脲对云斑天牛的不育作用及效应期,认为不同浓度的灭幼脲液处理补充营养寄主植物饲喂出孔初期的成虫,可致其子代卵孵化率降低,抑制卵孵化率36%~65%,指出灭幼脲对卵孵化率抑制作用的效应期为10~20 d。在山东省章丘市用灭幼脲5倍液防治核桃云斑天牛,幼虫死亡率可达到 96.6%（王贞文等，2001）。

1.3.3　生物防治

　　云斑天牛一生除成虫活动期外各虫态都在树干内营隐蔽性生活，受外界天敌侵害和病原微生物侵染较少。据在四川省德阳地区的杨树上调查发现，初孵幼虫感病死亡率仅为 2.1%，卵寄生率为 3.99%（江忠寿等，1999）。孙巧云等（1991）调查了野外采回的 332 粒卵，其中正常孵化卵为 316 粒，占 95%，霉变卵 16 粒，占 4.8%，寄生者仅 1 粒，为一种跳小蜂。还发现了两种卵寄生蜂，分别为短跗皂莫跳小蜂（*Zaommoencyrtus brachytarsus*）和白条天牛卵跳小蜂（*Oophagus batocerae*）（Ferriere，1936；廖定熹等，1987；许志宏等，1998；张彦周等，2006）。

　　线虫制剂在云斑天牛生物防治中应用较多，用小卷蛾斯氏线虫（*Sterinernema carpacapsae* BJ）5000 条/mL 的浓度防治危害核桃树的云斑天牛，幼虫死亡率可达 97.0%（王绍林等，2004）。用 DD-136 线虫 1000 条/mL 的浓度室内和野外接种于老熟幼虫，室内接种 10 d 后 100%死亡，野外防效为 57.9%（孙巧云等，1991）。利用病原线虫 *Sterinernema feltiae* A24 防治幼虫，线虫浓度为 110 万头/孔，防治效果达 86%；线虫浓度为 118 万头/孔，防治效果达 94%（卢希平等，1996）。用芜菁夜蛾线虫 Beijing 品系 *Sterinernema feltiae* Beijing、Mexican 品系 *Sterinernema feltiae* Mexican 和毛蚊线虫 Otio 品系 *Sterinernema bibionis* Otio、T319 品系 *Sterinernema bibionis* T319 防治危害板栗树的云斑天牛，结果表明，芜菁夜蛾线虫的两个品系感染力强，幼虫的死亡率分别为 97.4%和 100%，在施药方法上注射线虫法比海绵块塞虫法效果好（黄锋，1998）。王贞文等（2001）在山东省章丘市用致病线虫 *Sterinernema bibionis* BJ 品系防治核桃树云斑天牛，按 5000 条/mL 的浓度注入蛀道，幼虫死亡率可达 97%。

　　川硬皮肿腿蜂（*Scleroderma sichuanensis*）是近年来在四川省发现的一个肿腿蜂新种，是杉棕天牛（*Callidium villosulum*）和松墨天牛等钻蛀性害虫的优势天敌（肖刚柔，1995）。肖银波等（2003）首次利用川硬皮肿腿蜂对幼虫进行室内及林间寄生试验，结果表明，川硬皮肿腿蜂可以对 1 龄幼虫寄生，其室内攻击天牛幼虫致死率为 100%，林间防治有效率为 61.11%，室内寄生产卵率为 62.50%，子代蜂的出蜂率为 20.83%，对低龄幼虫具有一定的防治效果；而对个体较大的接近老熟的幼虫则无法寄生。程惠珍（1997）利用天牛肿腿蜂防治核桃树云斑天牛也取得了一定的效果。

　　此外，大斑啄木鸟可取食天牛、小蠹虫、吉丁虫、透翅蛾、刺蛾、舟蛾等数十种林木害虫，对天牛有较好的控制效果，人工成功招引 1 对啄木鸟可控制 33.3 hm^2 杨树片林天牛的危害（张仲信，1986）。赛道建等（1994）对黑枕绿啄木鸟、大斑啄木鸟及小星头啄木鸟的繁殖生态位进行了研究，认为多种啄木鸟栖息在同一林区比一种啄木鸟能更有效控制蛀干害虫的危害。

巨云为等（2003）用印楝提取物处理野蔷薇枝条，然后饲喂成虫，结果发现，云斑天牛的成虫对 50 μg/mL 印楝提取物处理过的野蔷薇枝条表现出显著的拒食反应，可以用低浓度的印楝提取物处理其补充营养植物，利用其泛靶作用降低当代及其子代的虫口密度。例如，在补充营养期间，用高浓度的印楝提取物喷雾处理其补充营养植物，使天牛产生拒食而导致营养缺乏，从而影响其繁殖力，降低下一代虫口密度，可以达到生态防治的目的。此外，白僵菌代谢物对云斑天牛也有一定的毒杀作用（李建庆等，2008）。

1.3.4 其他措施

（1）严格检疫。天牛成虫的飞行能力不强，主要靠木材的运输来传播，因此做好检疫是防治天牛远距离传播的重要措施。药剂处理有虫木材，对春夏季节砍伐的有虫树木进行密封，用硫酰氟 60 g/m³ 或磷化铝药片 9～12 g/m³ 熏杀 9～12 d，可使 100%的幼虫死亡，对防止扩散有重要作用（陈京元等，2001）。

（2）加强预测预报。掌握云斑天牛的各个发生阶段，抓住成虫发生及产卵期及时防治至关重要。严敖金等（1997）总结了杨树各虫态发生与节气及物候的关系："清明"越冬幼虫开始出蛰活动；"谷雨"越冬成虫开始出孔；"立夏"为成虫出孔盛期；"小满"为成虫咬刻槽产卵盛期；"霜降"之后成虫、幼虫开始越冬。相应的物候为：油菜花盛开时为越冬幼虫出蛰活动盛期；野蔷薇含苞时为越冬成虫始出孔期；野蔷薇花盛开时为成虫出孔盛期，野蔷薇花谢时为成虫产卵盛期。

（3）成虫捕捉法。成虫个体较大，相对笨重并有一定的假死性，在其白天补充营养和晚间到虫源地杨树干上活动期间，能捕捉到大量正在交尾、刻槽或寻找配偶的成虫。试验表明，捕捉成虫后的样地与未捕捉地相比刻槽数可下降64.2%～65.8%（江忠寿等，1999）。重庆涪陵市珍溪区 1993 年春夏就收捕 8 万头云斑天牛，其中桑树占 30%（吴开明等，1997）。该法简单易行，只需组织一定人力实施，但可能不彻底。

（4）捕杀幼虫。发现树干上有粪屑排出时，用刀将树皮剥开挖出幼虫，也可将铁丝的一头弯成小钩，顺着虫孔直接刺入，刺死或钩出幼虫（刘素云，2003；焦荣斌，2003）。

（5）砸卵法或锤击法。成虫刻槽后及时用石块或铁锤敲击刻槽砸卵，但易损伤树木皮层，对树木生长不利（江忠寿等，1999；刘素云，2003）。

第2章　云斑天牛在中国的风险评价

联合国粮食及农业组织 1999 年出版的《国际植物检疫措施标准第 5 号：植物检疫术语表》对有害生物风险分析（pest risk analysis，PRA）的定义是："评价生物学或其他学科、经济学证据，确定某种有害生物是否应予以管制，以及管制所采取的植物卫生措施力度的过程"。PRA 主要包括有害生物风险评价（pest risk assessment）和有害生物风险管理（pest risk management）两部分，是当前国际公认的植物检疫决策的重要环节，也是评价检疫是否科学合理的重要标志，日益受到世界各国的普遍关注和高度重视。随着经济的发展和物流量的加大，有害生物异地传播的风险也日益增大，开展 PRA 工作，对有害生物的风险性进行评价，并据此采取有效的早期预警和防范措施，可降低有害生物传播风险，对有害生物的可持续控制有重要指导意义（Royer，1989；Podleckis，1991；FAO，1996，2002；IPPC，1997；刘红霞等，2001；陈洪俊等，2002；刘海军等，2003；沈佐锐等，2003；刘海军，2003，2006）。

目前，PRA 工作已被引入植物保护领域，用于对有害生物进行风险评价，然后将评价结果用于指导病虫害的防治工作。国内已对红脂大小蠹（*Dendroctonus valens*）、华山松木蠹象（*Pissodes punctatus*）、云南木蠹象（*Pissodes yunnanensis*）、松突圆蚧（*Hemiberlesia pitysophila*）、萧氏松茎象（*Hylobitelus xiaoi*）、红火蚁（*Solenopsis invicta*）、美国白蛾（*Hyphantria cunea*）、西花蓟马（*Frankliniella occidentalis*）、三叶草斑潜蝇（*Liriomyza trifolii*）、加拿大一枝黄花（*Solidago canadensis*）、紫茎泽兰（*Eupatorium adenophora*）等多种有害生物做了风险分析，对防范这些有害生物的传播和控制其危害起了极其重要的指导作用（宋玉双，2000；宋玉双等，2000；黄振裕，2001；黄振裕等，2005；冉俊祥，2001；魏初奖等，2002；雷桂林等，2003；邓铁军，2004；陈洪俊，2005；刘海军等，2005；郑华等，2005；兰星平等，2006；徐洁等，2006）。

天牛是一类重要的林木蛀干害虫，国内种类较多，其分布和危害也不尽相同，一些已异地扩散传播并造成严重危害，因此急需对其进行 PRA 分析。目前仅对松褐天牛、锈色粒肩天牛、黄斑星天牛、光肩星天牛等进行过风险分析（马晓光，2000；陈鹏等，2005；闫卫明等，2005；张力，2005；王艳平，2006）。而对农林生产造成严重危害的云斑天牛尚未进行 PRA 分析，由于不是外来入侵种，相关部门对其重视程度不够，但其传播速度和对寄主植物造成的危害相当严重，并且还有可能传入新的地区而对某一寄主植物造成毁灭性灾害。为了防范云斑天牛在我国境内的进一步扩散蔓延，在深入了解其国内分布状况、潜在的危害性、寄主植物的经济重要性、传播扩散的可能性以及管理难度等方面的基础上，通过定性和定量分析，对云斑天牛的危险性做出综合评价，对指导云斑天牛的防治无疑具有重要意义。

2.1　风险分析的起点

1. 风险分析的起因

云斑天牛在国内部分地区造成严重危害，其寄主广泛，传入一新地区后会对当地大量存在的某一寄主形成嗜食性，并对其造成严重危害，具有较高的风险性，具备潜在检疫性有害生物特征。

2. 有害生物鉴定

同其他近似蛀干害虫有明显的差异，可根据其形态特征鉴定到种。

3. 早期的风险分析

以前没有对云斑天牛的相关风险分析。

4. PRA 地区

中国。

2.2　云斑天牛风险的定性分析

2.2.1　云斑天牛的国内分布状况（*P1*）

目前已知云斑天牛在国内主要分布于山东、河南、河北、陕西、贵州、四川、云南、湖北、湖南、江西、安徽、江苏、浙江、广东、广西和台湾 16 个省（自治区）。后来，又有新地区发现其危害，1995 年吴开明记载了云斑天牛在重庆涪陵、丰都、垫江对桑树的危害；1998 年黄锋记载了云斑天牛在福建的闽东、闽北地区对板栗树和锥栗树的危害；1998 年张振刚记载了云斑天牛在甘肃两当县对苹果树的危害，2006 年徐或记载了云斑天牛在甘肃成县对核桃树的危害；2005 年陈宝强记载了云斑天牛在山西晋中对核桃树的危害。可见，云斑天牛在国内仍处于不断扩散传播过程中，其发生地已扩散至山西（左权）、重庆（涪陵、丰都、垫江、酉阳）、福建（寿宁、福安、建瓯、建阳、南平、松溪、尤溪、沙县等闽东和闽北地区）和甘肃（成县、两当）4 个省（直辖市）。

综上所述，尽管有分布的省份较多，但分布主要集中在北方的核桃产区和南方的杨树种植区，因此，在国内实际分布面积约为国土面积的 20%。

2.2.2　潜在的经济危害性（*P2*）

云斑天牛在我国 2 年发生一代，跨 3 个年度，以幼虫和成虫在蛀道和蛹室中越冬。当年 4～5 月成虫出孔，6～7 月交配产卵，幼虫孵化后钻入树干危害，当年以幼虫在树干中越冬，第二年的 4～5 月开始活动，一直危害到 8～9 月开始化蛹。蛹期约 1 个月，在蛹室中羽化为成虫，并以成虫越冬。第三年的 4～5 月结束越冬的成虫从蛹室向外在树干上咬一圆形羽化孔钻出，完成一个世代。

云斑天牛主要以幼虫在树干木质部取食钻蛀危害，形成大量蛀道，严重降低木材品质，同时还容易造成"风折木"致使树木死亡；同时也蛀食韧皮部的边材形成一面积较大的活动场所，在此推出虫粪和蛀屑，从而造成大面积树皮枯死、树液外流，影响树木的养分运输，造成生长衰弱，最终死亡。对于胸径在 8 cm 以上的幼树，仅在树干基部危害，蛀空树干基部的木质部和韧皮部，造成基部分蘖枝条丛生，基部以上乃至整株枯死，危害极其严重；而比较高大的多年生树木，云斑天牛主要寄生在树木主干，随危害的加重和单株虫口密度的增大，危害部位逐渐上移，主枝也受危害，严重时也可致整株树木死亡。尽管云斑天牛的寄主广泛，但据作者调查，在南方受危害最重的主要是杨树，在北方主要是核桃树和白蜡树。由于上述三种树木的种植较为集中，对这三种树木已经形成嗜食性，并已造成大量树木死亡，成为危及其生存的主要害虫，若不采取有效防治措施，将可能产生毁灭性灾害，个别防治不及时的林区（路段）受害率达 100%，死亡率达50%以上。

在江汉平原地区，云斑天牛原本主要危害旱柳、构树、枫杨、桑树、榆树等乡土树种，自 20 世纪 70 年代末开始大面积引种欧美杨以来，杨树面积不断扩大，天牛食性逐步适应杨树，并逐渐取代桑天牛危害，成为杨树上的主要蛀干害虫。在甘肃两当县云斑天牛原本主要危害 5 年生以上的箭杆杨、大官杨，当这些树种由于被危害严重而大量砍伐后，云斑天牛便转而危害苹果树，造成80%的苹果园受到不同程度的危害，其中10%的果园有虫株率达100%（张振刚，1998）。在黄河三角洲地区随白蜡树大量用于城市绿化，云斑天牛逐渐嗜食，现成为白蜡树的主要蛀干害虫。云斑天牛还在不断入侵新的寄主，2000 年在河北石家庄河北林业学校的校园内一株高 4.5 m、胸径 21 cm 的 16 年生火炬树被危害致死（王大洲等，2000）。以上事例不难看出，云斑天牛本身寄主广泛，若不采取有效防范措施，在其原分布区很可能由原来次要害虫而上升为主要害虫对某种寄主植物产生严重危害，也可能入侵异地对当地大量存在的某种寄主植物产生适应并嗜食而造成严重危害，同时云斑天牛 2 年一代大部分时间在树干内隐蔽危害，一旦发现，往往为时已晚，因此，云斑天牛在我国具有相当大的潜在经济危险性。

2.2.3　寄主植物的经济重要性（*P3*）

目前已知的寄主植物有滇杨（*Populus yunnanensis*）、欧美杨（*P.×euramericana*）、青杨（*P. cathayanna*）、响叶杨（*P. adenopoda*）、大官杨（*P. simonii ×nigra*）、小叶杨（*P. simonii*）、枫杨（*Pterocarya stenoptera* ）、核桃（*Juglans regia*）、山核桃

（*Carya cathayensis*）、白蜡（*Fraxinus* spp.）、桑树（*Morus alba*）、榆树（*Ulmus pumila*）、柳树（*Salix* spp.）、桦树（*Betula platyphylla*）、漆树（*Toxicodendron vernicifluum*）、梓树（*Catalpa ovata*）、桉树（*Eucalyptus* spp.）、榕树（*Ficus microcarpa*）、女贞（*Ligustrum lucidum*）、悬铃木（*Platanus acerifolia*）、无花果（*Ficus carica*）、乌桕（*Sapium sebiferum*）、麻栎（*Quercus acutissima*）、栓皮栎（*Quercus variabilis*）、苹果（*Malus domestica*）、梨（*Pyrus sorotina*）、枇杷（*Eriobotrya japonica*）、油橄榄（*Olea europaea*）、木麻黄（*Casuarina* spp.）、杉木（*Cunninghamia lanceolata*）、山毛榉（*Fagus* spp.）、苦檀（*Millettia pachycarpa*）、木荷（*Schima superba*）、银杏（*Ginkgo biloba*）、臭椿（*Ailanthus altissima*）、云南松（*Pinus yunnanensis*）、泡桐（*Paulownia fortunei*）、油桐（*Vernicia fordii*）等。1998 年黄锋记载了在福建的闽东、闽北地区对板栗树（*Castanea mollissima* Bl.）的危害；2000 年王大洲新记载了在河北石家庄对火炬树（*Rhus typhina*）的危害。

这里主要介绍受害最为严重的杨树、核桃树和白蜡树的经济价值。

2.2.3.1　杨树的经济价值

杨树是杨柳科（Salicaceae）杨属（*Populus*）植物的泛称，是我国大力发展的用材林和纸浆林的重要树种。它可以分为大叶杨（*Leucoides*）、白杨（*Populus*）、青杨（*Tacamahaca*）、黑杨（*Aigeiros*）、胡杨（*Turanga*）等五大派。杨树是地球上分布很广的一种树种，欧洲、亚洲、北美洲都有它的足迹。我国处于世界杨树的中心分布区域，世界杨树天然种类 100 余种，我国就有 53 种。京津地区适宜栽种毛白杨、加拿大白杨、214 杨；华北和豫东的沙荒地带宜种小黑杨、小叶杨，东北西部干旱地区可种小青杨和小黑杨；西北和内蒙古平原地区选栽新疆杨和箭杆杨（秦光华等，2006）。

杨树是一种难得的速生丰产用材树种，10 年左右就能成为梁椽之材。杨树木质轻松细密，是制造家具、火柴杆、胶合板、包装箱和纸浆的好材料。杨树除树干作为木材需要外，杨树的叶、皮、花均有重要价值。杨树花中所含无机元素的种类及数量都很丰富，与其他饲料混喂可弥补其他饲料无机元素的不足。鲜杨叶粗蛋白含量在 12.97%～13.56%，高于大麦秸、玉米秸，可直接作为饲料饲喂兔、羊等。杨树在加工过程中剩余的树皮，还可用于生产树皮人造板和建筑材料。杨树芽可作防腐剂，每年的 12 月至次年 2 月，休眠的杨树芽中含有丰富的芳香类树脂，芽提取物中含丰富的抗氧化物，芽提取液可以在常温下存放 1 年以上都不会腐烂。北美的土著居民印第安人将杨树芽放在动物油中以防止动物油脂腐烂变质。杨树芽含丰富的挥发性油，如苹果酸、甘露醇、萜烯类物质，可以治疗发热、头痛等（寇文正，2006）。

杨树是绿化祖国、荒山造林的"先锋"，是我国北方城市重要的园林绿化树种。目前，北京大概有杨树 500 万株，在首都绿化美化中发挥着重要作用。此外，杨树人工林的种植可满足我国日益短缺的木材需求，减轻了其他林木的砍伐压力，对我国森林资源的发展和生态环境的保护起到了重要作用。

近年来，黑杨派南方型杨树在我国南方江汉平原地区的湖区滩地大量种植，由于其适应南方湖州滩涂环境，生长快，质地好，用途广，种植面积不断扩大，目前，我国杨树人工林面积约为 $8×10^6 \mathrm{hm}^2$，其中 70% 以上是黑杨派品种（李媛等，2006）。杨树种植已成为当地农民的重要致富途径，杨树收购、杨树加工等产业也成为了当地重要的经济产业链，成为当地政府的重要税收来源。杨树大量种植在增加农民收入的同时，还产生了重要的生态效应，改善了当地的生态环境，特别是在湖州滩涂地区大量种植杨树的"兴林抑螺"工程（汤玉喜等，2006），改变了钉螺的生存环境，较好地控制了钉螺的发生，切断了血吸虫的传播媒介，从而有效地降低了血吸虫病的发生，改善了当地人民的生存环境。

2.2.3.2 核桃树的经济价值

核桃树隶属胡桃科（Juglandaceae）胡桃属（*Juglans*），是一种重要的经济价值很高的木本油料果树，我国核桃树栽培面积达 100 万 hm^2、2 亿株，居世界首位（钟海燕，2002；李月文，2005）。核桃树树体高大，枝干挺立，树冠枝叶繁茂，多呈半圆形，具有较强的拦截烟尘、吸收二氧化碳和净化空气的能力，在国内外常用作行道树或观赏树种。核桃树根系发达，分布深而广，可以固结大片土壤，缓和地表径流，防止侵蚀冲刷，因而是绿化荒山、保持水土的优良树种，可作为西部大开发退耕还林、再造秀美山川工程中的先锋树种之一。

核桃全身都是宝，核桃的木材质地坚硬、结构细致、纹理美观、抗压、耐冲击、不弯曲劈裂、抗虫蛀，是制造精密仪器和高级家具的好材料。由于其抗冲击和可支持连续振动，又是制造飞机、军械的最好用材（钱向明，2002）。特别是美国黑核桃的材质，属目前世界最高级的木材之一。树皮、叶子、核桃青皮可提取鞣酸，鞣酸可在棉纺、毛绒或制革业中作为染料。

核桃果仁营养丰富、味道隽美，脂肪含量为 60%～75%，脂肪中的不饱和脂肪酸占 90% 以上，其中对人体最具医疗保健作用的亚油酸占 65% 以上（凌育赵等，2007），蛋白质含量为 15%～22%，其中人体可吸收性蛋白与大豆、花生、杏仁、榛子、鸡蛋相比是最高的，在 96% 以上，所含的 18 种氨基酸总量占核桃仁的 20% 左右；矿物质元素有磷、钾、钙、镁、锰、铜、铁、锌等，维生素有胡萝卜素、硫胺素（维生素 B_1）、核黄素（维生素 B_2）、烟酸、抗坏血酸、维生素 A、维生素 E 等。每千克核桃仁的营养价值，相当于 5 kg 鸡蛋，4 kg 牛肉或 25 kg 牛奶，所以人们又称核桃为"养人之宝"（杨虎清等，2002；孙龙生，2007）。

核桃仁还是很好的滋补品和中药材，可促进儿童身体和智力发育，保持青壮年的活力及免疫力，预防老年人心血管疾病。据载核桃具有补气养血、润燥化痰、温肺润肠、散肿消毒之功用，对高血压、高脂血症、心血管疾病、肠肺疾病等都有良好的疗效，而且还有健脑、明目、延缓听力衰退、润肤、乌发、防癌等作用，是人们生活中不可多得的保健、美容食品（孔凡真，2000；王丽芳，2002；严贤春, 2003; 王利华, 2007)。

核桃的含油量很高, 一般为 60% 左右, 高的可达 75%~80%, 每 50 kg 核桃仁可榨油 25~30 kg, 油味清香, 营养丰富。核桃油与花生油相似, 但亚油酸含量比花生油高 50%, 核桃油不但油脂更好而且更容易被人体吸收, 是高血压及高胆固醇患者的最好食用油 (孔凡真, 2000; 王丽芳, 2002)。

核桃树抗旱耐瘠、适应性强, 山区、丘陵、平原或沙荒地区都可栽培。核桃树管理粗放, 结果年限长, 百年以上核桃树仍然正常结果, 是一年栽多年收的"铁杆庄稼"。核桃病虫害少, 易于管理, 省工省力, 用工量仅为果树的 1/5, 投资成本为果树的 1/10。因此, 核桃在地广人稀、交通不便的山区发展特别适宜, 是广大贫困山区脱贫致富的首选树种之一。地处太行山深处的河北省涉县, 把发展核桃列入小康工程, 作为农民脱贫致富的支柱产业, 全县 (1994 年) 人均核桃树 4 株, 核桃总产量达到 300 万 kg, 产值达到 1900 万元, 其中后寨村年产核桃 8 万 kg, 产值 48 万元, 全村人均核桃收入达 3000 元 (朱俊玲等, 2003)。目前河北省核桃集中产区, 有不少村靠核桃生产已脱贫致富。

2.2.3.3　白蜡树的经济价值

白蜡树隶属木犀科 (Oleaceae) 白蜡树属 (Fraxinus), 约 70 种, 主要分布于北温带, 我国产 20 余种, 各地有分布, 北方城市大量栽培的有白蜡树 (F. chincnsis)、美国白蜡 (F. americana)、绒毛白蜡 (F. velutina)、水曲柳 (F. mandshurica)、洋白蜡 (F. Pennsglvanica) 等 (李雪梅, 1999; 李艳, 2006)。白蜡树生长快、寿命长、材质好, 是一种用途广的用材树种, 其根系发达, 防冲固土作用强, 是良好的水土保持树种。该树形体端正、树干通直、枝叶繁茂而鲜绿、秋叶橙黄, 是城市园林绿化所选用的优良行道树和遮阴树, 其又耐水湿, 抗烟尘, 可用于湖岸绿化和工矿区绿化。成型的球形白蜡树适合于厂区、校园和绿地的路旁列植, 于草坪上和草地的边缘丛植, 于居住区入口和小型建筑物前独植, 也可以与其他植物搭配造景, 为京津地区主要的园林绿化树种 (许福金, 2002; 李艳, 2006; 王丽等, 2006)。

白蜡树适应性广、抗逆性强, 在地势低洼、土壤贫瘠、含盐量为 0.3%~0.5% 的立地条件下, 可正常生长, 因此, 白蜡树 (尤其是绒毛白蜡和美国白蜡) 特别适合沿海湿地的造林绿化, 已成为全国盐碱地区生态造林和城市绿化的重要树种 (王玉珍, 2005; 董必慧, 2006; 吴永波等, 2006)。在滨海盐碱地区的城市街道上, 白蜡树被大量广泛种植, 为当地的城市绿化和生态环境改善做出了重要贡献。

2.2.4　传播扩散的可能性 (*P4*)

云斑天牛的扩散传播包括自然扩散和人为传播两种途径。除成虫期外, 云斑天牛其他虫态均固定生活, 因此, 自然扩散主要发生在成虫期。成虫具有相对较强的飞行能力, 据测定每头成虫平均单次飞行距离为 168 m, 平均持续飞行时间为 43.4 s，平均飞行速度为 3.1 m/s（钱范俊等，1994）。成虫为完成补充营养的需要，需在取食寄主和产卵寄主之间飞行穿梭，从而完成其自然扩散，扩散方向明显偏向补充营养寄主植物多的方位。

苗木运输是人为传播的重要途径，远距离的苗木调运，极大加快了云斑天牛的扩散速度和传播范围。外运未经检疫部门处理的带皮原木、薪材和绿化树种中，云斑天牛有较高的成活率，一些新的疫情发生区就是通过苗木调运而引入的。同时，云斑天牛一生中有 90% 以上的时间生活在木质部，受树干的保护，因此其生活环境极为稳定安全，在调运苗木过程中其存活率非常高。云斑天牛的这一传播途径需要以检疫手段来控制其扩散蔓延。

木材加工点、集材场是重要扩散发生地。杨木的加工利用，促进了杨树造林的发展，而在江汉平原到处分布的临时加工点、集材场和木材加工厂，形成了一个个无法控制的新的云斑天牛虫源地。例如，湖北省石首市吉象木业公司内部集材 3 万余立方米，且每天都有新的杨木进厂。据调查，每天从杨木上飞出的云斑天牛成虫多达几千头，全部飞到厂内的绿化树种、杨树幼林和厂外的树木上，每个植株上可捕 4~5 头；由于木材量大，企业也无法顾及治虫，因而形成新的虫源，每天都在向外扩散。类似的小型加工厂、收购点和集材场，共同组成了一个个移动的虫源地（陈京元等，2001）。

云斑天牛在我国分布范围广泛，另外也分布于越南、印度、日本和朝鲜，因此，目前尚未发生的区域被入侵的风险极大。

2.2.5 危险性的管理难度（*P5*）

云斑天牛一生中有 90% 以上的时间生活在树干中，除卵和初孵幼虫短暂在皮层内，其幼虫、蛹、越冬成虫均处于树干木质部的严密保护之下。幼虫蛀道向上延伸较深，且上、下、左、右弯曲，平时均以虫粪、木屑堵塞孔口，使目前常用的"喷、插、熏"等化学防治措施效果不佳。另外，以虫道施药为主的幼虫期防治，一般应用于外观受害明显、孔口较大的虫道，此时幼虫多已进入高龄期，即使杀灭幼虫，木材受到的破坏已难以恢复，因而不能满足工业用材对木材品质的要求。卵及初孵幼虫期是云斑天牛生命中薄弱的一环，但其历期短暂，初孵幼虫 1~2 d 后就蛀入木质部，而且成虫出孔、交配产卵时间很不一致，卵散产，目标分散，需在幼虫蛀入前逐株进行人工锤击刻槽或施药防治，在整个产卵期要重复数次，大面积进行也难以实施。因此一旦传入并且定殖，就目前的防治方法很难根除。

2.3 云斑天牛风险的定量分析

根据有害生物危险性评价指标体系，借鉴其他有害生物评判标准（蒋青等，

1994，1995；季良，1994；范京安等，1997；李鸣等，1998；张平清等，2006），将上述定性指标作为评判指标赋分（表 2-1）。

表 2-1 风险性评判指标赋分表

序号	评判指标	评判标准	算法	权重	赋分
1	国内分布状况（P1）	国内无分布，P1＝3 国内分布面积占 0～20%，P1＝2 国内分布面积占 20%～50%，P1＝1 国内分布面积大于 50%，P1＝0	迭加	等权	P1＝2
2.1	潜在的经济危害性（P21）	受害株死亡率 20%以上，P21＝3 受害株死亡率 5%～20%，P21＝2 受害株死亡率 1%～5%，P21＝1 受害株死亡率 1%以下，P21＝0	迭加	0.6	P21＝2
2.2	是否为其他检疫性生物的传播媒介（P22）	可传带 3 种以上检疫性有害生物，P22＝3 可传带 2 种检疫性有害生物，P22＝2 可传带 1 种检疫性有害生物，P22＝1 不传带其他检疫性有害生物，P22＝0	迭加	0.2	P22＝0
2.3	国外重视程度（P23）	有 20 个以上国家将其作为检疫对象，P23＝3 有 10～19 个国家将其作为检疫对象，P23＝2 有 1～9 个国家将其作为检疫对象，P23＝1 没有国家将其作为检疫对象，P23＝0	迭加	0.2	P23＝0
3.1	受害寄主植物种类（P31）	寄主植物 10 种以上，P31＝3 寄主植物 5～9 种，P31＝2 寄主植物 1～4 种，P31＝1 无寄主植物，P31＝0	替代	等权	P31＝3
3.2	受害寄主植物种植面积（P32）	种植总面积 350 万 hm² 以上，P32＝3 种植总面积 150 万～350 万 hm²，P32＝2 种植总面积 150 万 hm² 以下，P32＝1 没有种植，P32＝0	替代	等权	P32＝3
3.3	受害寄主的特殊经济价值（P33）	根据其经济价值，由专家进行判断定级	替代	等权	P33＝2
4.1	截获难易程度（P41）	经常被截获，P41＝3 偶尔被截获，P41＝2 从未被截获，P41＝1	连乘	等权	P41＝2
4.2	运输中有害生物的存活率（P42）	存活率 40%以上，P42＝3 存活率 10%～40%，P42＝2 存活率 0～10%，P42＝1 存活率 0，P42＝0	连乘	等权	P42＝3
4.3	国外分布状况（P43）	50%以上的国家有分布，P43＝3 25%～50%的国家有分布，P43＝2 0～25%的国家有分布，P43＝1	连乘	等权	P43＝1
4.4	国内适生范围（P44）	国内 50%以上的地域能够适生，P44＝3 国内 25%～50%的地域能够适生，P44＝2 国内 0～25%的地域能够适生，P44＝1 国内没有适生的地域，P44＝0	连乘	等权	P44＝3

序号	评判指标	评判标准	算法	权重	赋分
4.5	传播能力（$P45$）	自然传播，$P45=3$ 由活动能力很强的介体传播，$P45=2$ 土传或由活动能力很弱的介体传播，$P45=1$	连乘	等权	$P45=3$
5.1	检疫鉴定的难度（$P51$）	现有鉴定方法可靠性低，费时，$P51=3$ 现有鉴定方法非常可靠，简便快速，$P51=0$ 介于二者之间，$P51=2，1$	连乘	等权	$P51=2$
5.2	除害处理的难度（$P52$）	现有方法不能杀死有害生物，$P52=3$ 除害率在50%以下，$P52=2$ 除害率在50%～100%，$P52=1$ 除害率为100%，$P52=0$	连乘	等权	$P52=1$
5.3	根除的难度（$P53$）	效果差，成本高，难度大，$P53=3$ 效果好，成本低，简便易行，$P53=0$ 介于二者之间，$P53=2$	连乘	等权	$P53=3$

按有害生物风险性定量分析计算公式（蒋青等，1995；宋玉双等，2000），分别进行各项评判指标（Pi）和风险性 R 值计算，按如下公式计算：

$$P1=2 \tag{2-1}$$
$$P2=(0.6P21+0.2P22+0.2P23) \tag{2-2}$$
$$=0.6\times2+0.2\times0+0.2\times0$$
$$=1.2$$
$$P3=\max(P31,P32,P33) \tag{2-3}$$
$$=\max(3,3,2)$$
$$=3$$
$$P4=\sqrt[5]{P41\times P42\times P43\times P44\times P45}$$
$$=\sqrt[5]{2\times3\times1\times3\times3} \tag{2-4}$$
$$=\sqrt[5]{54}$$
$$=2.22$$
$$P5=(P51,P52,P53)/3 \tag{2-5}$$
$$=(2+1+3)/3$$
$$=2$$

将 P 值代入有害生物风险性定量分析计算公式，求出云斑天牛的风险性 R 值为

$$R=\sqrt[5]{P1\times P2\times P3\times P4\times P5}$$
$$=\sqrt[5]{2\times1.2\times3\times2.22\times2} \tag{2-6}$$
$$=2.00$$

根据以上分析，参照我国其他有害生物的风险性综合评价标准（林伟，1994；

陈克等, 2002; 雷桂林等, 2003), 将风险程度分为 4 级: $R=2.50\sim3.00$ 为特别危险; $R=2.00\sim2.49$ 为高度危险; $R=1.50\sim1.99$ 为中度危险; $R=1.00\sim1.49$ 为危险。

经计算, 云斑天牛的风险性 R 值为 2.00, 在我国属于高度危险的林业有害生物。

2.4　云斑天牛风险分析的结论

通过对云斑天牛风险性的定性分析表明, 该虫寄主范围比较广, 存活率高, 适生范围较大, 对林业生产危害严重, 传入后扩散快、根除困难, 是高度危险的林木有害生物; 定量分析确定云斑天牛在我国的风险性 R 值为 2.00, 属高度危险的林业有害生物, 两种评价方法的结论是一致的。目前, 对南方的杨树、北方的核桃树和白蜡树造成了严重威胁, 还新入侵了火炬树, 这都表明云斑天牛有明显的扩散蔓延趋势, 对林业构成了较大的潜在风险, 相关部门必须采取相关措施, 控制其危害, 防止进一步传播和蔓延。

有害生物风险性分析是一项复杂的系统工程, 其信息的不完全(灰色的)、不分明(模糊的)、不确定(随机的)给定性和定量分析及综合评价工作带来了许多困难。不同的研究人员对同一有害生物做出的风险性 R 值可能存在一定差异。例如, 宋玉双等(2000)分析的红脂大小蠹的 R 值为 2.0, 刘海军等(2005)对红脂大小蠹计算出 R 值则为 2.46。另外, 许多与云斑天牛相关的生物学、生态学、防治、检疫等方面的认识和研究还不够深入。因此, 目前关于云斑天牛 PRA 的分析结果只是初步的, 更进一步的深入研究还有待完成。

2.5　管 理 对 策

加强监测和检疫工作, 逐步建立健全监测网络, 控制云斑天牛的扩散传播。将云斑天牛治理区划分为核心区(即天牛发生中心区域)、防御区(即核心区外围 1 km 内的带状区)和预防区(即未发生天牛的区域)。严格执行检疫制度, 对苗木、木材的调运强化检疫力度, 特别要杜绝核心区苗木、木材的外流, 并及时清除核心区虫害木。

营林技术措施主要包括杨树抗虫无性系筛选、营造混交林或隔离带、加强集约经营管理、择伐(皆伐)虫源树等措施(秦锡祥等, 1985; 杨雪彦等, 1991; 周章宜等, 1994; 王克胜等, 1995; 孙丽艳等, 1995)。在杨树片林中栽植野蔷薇诱饵树, 诱捕成虫进行捕杀, 可有效降低虫口密度。

化学防治方面, 在天牛成虫期对树干喷药或用涂干剂涂一毒环, 可有效杀死成虫。"绿色威雷"触破式微胶囊剂能克服缓释性微胶囊在短时间内释放剂量不足的缺点，在天牛踩触时立即破裂，并释放出高效原液即刻黏附于成虫足部跗节，通过节间膜渗入天牛体内杀死天牛（张炳峰等，1991），是防治天牛成虫较为理想的农药。对已侵入树干的云斑天牛幼虫目前普遍采用的化学防治方法主要是用磷化铝片剂、敌敌畏药棉及磷化锌毒签堵孔、注射器推注久效磷乳油等（李东鸿，1993）。使用时先清除虫道中的木屑、虫粪，将毒签塞入，或直接用注射器注入药液，然后用潮湿的泥土封堵蛀孔，从而将蛀道中的幼虫、蛹或成虫熏蒸致死。

　　对于化学防治措施很难达到有效和持续控制其危害的情况，生物防治是控制其危害的根本性措施。花绒寄甲是目前所发现的控制大型天牛的最主要天敌，它可以主动搜索幼虫并成功寄生。但要在林间应用，需要在林间释放大量的花绒寄甲，才能达到较高的控制效果。最近，中国林业科学院生物防治课题组在经过了几年的研究探索后，通过利用替代寄主和人工饲料，解决了利用花绒寄甲生物防治的瓶颈难题，成功地繁育出了大量的花绒寄甲成虫，并能诱使成虫常年产卵，每头雌虫的产卵量比其在自然界增加了 80 多倍，能够做到按需按量人工繁殖生产花绒寄甲，而且研究出了通过释放卵和成虫两种防治技术，尤其是释放花绒寄甲卵进行防治的技术，显著降低了成本，为应用花绒寄甲开展大面积防治提供了保障。此外，花绒寄甲发育历期较短，完成一个世代需 30～40 d，其中幼虫期约 7 d，在幼虫期可将 1 头天牛幼虫取食殆尽。因此一年可以发生多代，而其寄主云斑天牛 2 年一代，跨 3 个年度完成一个世代，世代重叠现象严重。这样，适合花绒寄甲寄生的大龄幼虫在林间常年存在，保证了花绒寄甲能够在这些寄主上不断寄生繁殖，从而保持其较高的种群数量，达到对云斑天牛长期而有效的控制效果。因此，以利用天敌花绒寄甲为主的生物防治技术前景十分广阔。

第3章 云斑天牛的生态习性及危害调查

云斑天牛危害寄主多，分布广泛，但20世纪80年代以前多为零星发生，并未对某一寄主植物造成毁灭性灾害。自20世纪90年代以来，随着我国南方杨树的大面积种植，云斑天牛对杨树的危害逐渐加重，成为我国南方杨树上危害最重的害虫。近几十年来，我国黄河三角洲地区营造了大面积的白蜡林，但随着全球气候变暖，云斑天牛也逐渐北移，分布范围从我国的华中地区蔓延到华北地区，天津市近年来也发现了该天牛。云斑天牛已成为黄河三角洲地区危害白蜡树的最主要害虫。云斑天牛也危害核桃树，是我国危害核桃树最为严重的害虫之一。近年来，云斑天牛对核桃树的危害呈加重趋势，在太行山区有数十年树龄且处于挂果盛期的核桃树也因其危害而大量死亡，造成核桃严重减产，甚至没有任何收益。云斑天牛的危害使我国陕西、河南、山西、河北等地山区的核桃产业遭受重大损失，许多以种植核桃树为主要经济来源的农民损失惨重。

调查云斑天牛在白蜡树、核桃树和杨树上的危害状况是林间释放花绒寄甲生物防治的前期基础工作，查清其生态习性和危害状况对掌握花绒寄甲的释放时间和释放方法有重要的指导意义。云斑天牛的生态习性和危害特点，经多年的研究已基本清楚，特别是云斑天牛危害杨树时的生态习性和危害特点已研究得很详尽；危害核桃树的报道也较多，主要是关于其危害特点及防治方面的，深层次的研究较少；危害白蜡树的报道则很少，仅见有刁志娥等（2004）报道了山东省东营市云斑天牛在白蜡树上的发生与防治技术和林巧娥等（1998）报道了在山东省青岛胶南用灭幼膏防治试验，对其危害特点及生态习性的报道则较简单。因此，本研究对云斑天牛在杨树、白蜡树和核桃树上的生态习性及危害特点进行了细致的调查和研究，以便为释放花绒寄甲进行生物防治的试验奠定基础。

3.1 调 查 地 点

云斑天牛生态习性及危害状况的观察、调查通过定期或不定期到林间实地踏查和室内观察记录相结合的方法在以下地点展开调查。

白蜡树被害情况主要调查地点：山东省东营市东营区的南二路、东营品酒厂、图书馆、胜利大街泵站、东营宾馆、黄河路、东二路等地，广饶县花官镇的辛河路段，垦利县董集镇的六杆桥；滨州市滨城区的蒲园、渤海七路、渤海十八路、新立河两岸、滨州学院校园、黄河三路等地，博兴县陈户镇的陈户中学等地。

　　杨树被害情况主要调查地点：湖南省岳阳市君山区柳林洲镇的新洲村、岳华村，广兴洲镇的合兴村、五一村，西城镇望城居委会，岳阳市城陵矶通海路段，岳阳市华容县宋家嘴镇的甘阳村；湖北省大冶市金牛镇的金牛村，荆州市公安县斗湖镇的高强村等地。

　　核桃树被害情况主要调查地点：山西省晋中市左权县桐峪镇下武村的牛耳沟里堰和神凹地、芹泉乡西黄漳村的青铜山、拐儿镇的秦家庄等地；河南省林州市；四川省德阳市等地。

3.2　云斑天牛对白蜡树的危害状况调查及生态习性

3.2.1　云斑天牛在黄河三角洲地区对白蜡树的危害状况

　　在黄河三角洲地区云斑天牛主要取食危害白蜡树，2年完成一个世代，跨3个年度，以幼虫在蛀道或成虫在蛹室内越冬。每年的5月底至6月，云斑天牛成虫交配产卵，7月初仍能见到个别成虫活动。卵期大约10 d，幼虫孵化，初孵幼虫在韧皮部取食危害，随虫龄的增加，逐步向木质部钻蛀，并形成蛀道，蛀道沿树干方向向上延伸并向树干髓心靠拢，幼虫取食所剩的木屑和排出的虫粪堆积在蛀道开口处的韧皮部，幼虫定期将虫粪推出，并形成一固定排粪孔。7~9月为云斑天牛幼虫活动盛期，大量取食，生长较快，对树木的危害也重。10月幼虫开始逐步停止取食活动，用虫粪和木屑堵住排粪孔，在蛀道末端越冬。第二年4月开始活动，一直在树干内部取食危害，8月幼虫老熟，逐渐停止取食，在蛀道末端用木屑围一蛹室，并化蛹，蛹为裸蛹，蛹期约1个月。9~10月，在蛹室内羽化为成虫，并以成虫在蛹室内越冬。第三年的5月中旬开始，从越冬的蛹室位置开始向树干外部沿水平方向咬一圆形羽化孔，钻出树干，成虫具有补充营养的习性，以白蜡树的嫩枝条为食，然后交配产卵，成虫活动期约40 d，交配完成后，雄虫很快死去，雌虫产完卵后死去。

　　云斑天牛喜欢蛀食多年生树干粗大的白蜡树，多在树干基部木材结实部位危害。一般随虫口密度的增大，或人为在树干基部注药防治的干扰，云斑天牛的危害部位逐渐上移，扩散至整个树干及比较粗的枝干，但其危害部位主要集中在树干的基部和树干分叉处（图3-1）。低龄树，特别是胸径8 cm以下的树基本不受危害，因为高龄幼虫很难在8 cm以下树干钻蛀适合其身体反转活动的蛀道，而且容易将树木危害至风折死亡，不能完成其正常的世代发育。云斑天牛危害树干较细的白蜡树时，其蛀道一般在树木髓心沿树干向上钻，其羽化孔距排粪孔距离较大；而树干粗大的白蜡树，其蛀道多沿树干的边材螺旋上升，逐步钻入树干心材，其羽化孔与排粪孔的距离较近。

图 3-1　白蜡树树干分叉处的受害状（山东东营）

　　成虫在白蜡树树皮上咬一弯月形刻槽，产卵于刻槽内，卵白色，长椭圆形，产卵时分泌化学物质，在卵周围形成一长椭圆形红色或浅黄色晕圈，抑制韧皮部的生长，以免卵被挤压死亡。卵孵化后先就地取食韧皮部，然后逐步钻入木质部危害。云斑天牛一生只有一个排粪孔，且蛀道沿树干逐步向上，其羽化孔位于排粪孔的上面。低龄幼虫取食边材时排出的木屑多为白色新鲜的短细木丝；随虫龄增大钻入心材后，排出木屑多为褐色的粗长木丝，这主要与取食危害的木材部位有关。平时幼虫在蛀道内取食，形成大量蛀道，蛀道纵横交错，将树干木质部蛀食一空（图 3-2）。当虫道内木屑较多时，幼虫调头将木屑和虫粪从排粪孔推出，由于经常来回于排粪孔和髓心部位，需在排粪孔部位调头，因此在排粪孔处的韧皮部形成一面积很大的取食部位，蛀道也不断来回被取食，变得宽而扁平，而且多数蛀道是逐步螺旋到达心材，被严重危害的白蜡树树干某一部位的韧皮部会被大量蛀食甚至全部蛀空，呈"环割"状（图 3-3），严重阻断树木的养

图 3-2　受云斑天牛危害的白蜡树树干（山东东营）

分运输。受害严重的树木在树干根基部或主干分叉处，可以环形布满虫孔，或上下排列 10 多个虫孔。在排粪孔处排出大量木丝，黏结在蛀孔上，或掉落堆积在地面上，能布满树干周围的整个地面（图 3-4）。老熟幼虫进入 8 月中下旬后不再向外排出虫粪和木屑，而是用其填堵蛀道，构筑蛹室；此时取食所剩木屑已呈木丝状，粗而长，长可达 3～4 cm，蛹室大小为长约 4 cm，宽约 2 cm，高 7.5～9 cm。成虫当年在蛹室中羽化并越冬，次年 5 月中旬开始陆续咬一圆形水平通道——羽化孔钻出树干，羽化孔为圆形，直径一般在 1.5～2 cm，与虫体大小有一定关系。正常情况下，贴近树干能够听到成虫出孔前撕咬树干时头部活动所发出的"吱吱"声。

图 3-3　白蜡树树干韧皮部被蛀空（山东东营）　图 3-4　云斑天牛危害白蜡树时排出的虫粪（山东滨州）

　　调查发现，成虫产卵有一定的聚集性，喜欢在树势健壮、树体粗大的树干基部围绕树干转圈产卵。成虫产卵对寄主树具有一定的选择性，一般不在胸径较小的树干上产卵，即便产卵也不会多产；一般也不在受害严重、树势衰弱的树上产卵，因为这些树干已基本被蛀空，树干内无多少木材可食。调查还发现，由于多年人工在树干上注药防治，成虫的产卵部位逐渐向高处移动至粗大枝干。

　　本研究剖查了部分受害树。其中剖查一棵主干高 2.2 m、胸径 24 cm、树龄 12 年的白蜡树，主干有排粪孔 32 个、蛀孔 4 个、羽化孔 1 个；由于入侵该树时间不长，树势受影响还比较小，往年受害留下的蛀孔和羽化孔基本被新生组织所愈合，故调查时蛀孔数量较少，但排粪孔的数量却很多，若不加防治该树 2～3 年后则可能风折或死亡。另剖查一棵主干高 2.5 m、胸径 20 cm、树龄 11 年的白蜡树，主干有排粪孔 1 个、蛀孔 43 个、羽化孔 14 个，该树严重受害，长势极度衰弱，树干多数被蛀空。由于该树已极度衰弱，濒临死亡，成虫已基本不选择在该树产卵，故只有 1 个排粪孔。4 月 30 日剖查一棵主干高 1.5 m、胸径 8.5 cm 的白蜡树，有 20 个蛀孔、4 个羽化孔，表明该树先后遭受 20 头云斑天牛危害，但由于人工注药防治，仅有 4 头羽化为成虫并出孔，且由于该树胸径较细且已严重受害，濒临死亡，故其上已无活虫在排粪。

在东营市林业局院内砍伐并剖查一棵胸径 8.5 cm、严重受害、濒临死亡的白蜡树（图 3-5），树干内部蛀道密布，已被严重蛀空，测量了该树内部的蛀道长度（蛀孔至羽化孔之间的距离），由于胸径小，蛀道较长，平均为 22.75 cm（测量了 4 个蛀道，长度分别为 21.5 cm、24 cm、22 cm、23.5 cm）。另外，测量了一棵胸径 26 cm 的受害树，由于胸径较大，蛀道盘旋上升，长度较难测量，原排粪孔处受害韧皮部（图 3-6）的面积为 43.67 cm^2。

 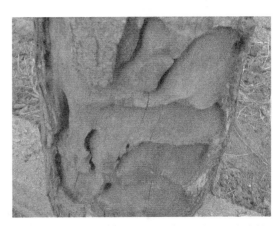

图 3-5　蛀空的白蜡树树干（山东东营）　　图 3-6　白蜡树树干排粪孔处受害韧皮部（山东广饶）

在受害严重的东营市广饶县某路段，白蜡树有虫株率达 83.96%，株均虫口达 4.58 头/株。在东营品酒厂附近公路两侧的白蜡树有虫株率达 88.24%，株均虫口达 7.59 头/株。在东营市垦利县沿省道 228 的六杆桥附近的一白蜡片林，有虫株率达 73.13%，株均虫口达 2.94 头/株。

3.2.2　成虫性别的辨别特征及性比调查

《中国森林昆虫》（第二版）记载的云斑天牛雌雄成虫的区别特征为：雄虫触角长，超过体长约 1/3，雌虫触角短，仅略比体长。由于该描述较为定性，因此随个体的差异其性别往往难以区分。在研究中为了找到更容易区分雌雄成虫的辨别特征，作者于 2007 年 4～5 月于山东省东营市广饶县花官镇辛河路两侧伐倒的被害白蜡原木上采集越冬成虫，通过观察发现，雄虫触角鞭节的第一节明显长于雌虫，还发现两个较为明显且容易观察的其他特征：①雄虫腹部末节端部平截，基本不向下弯曲，且腹板末端中间有一弧形凹陷。②雌虫腹部末节端部管状延伸，突出，向下弯曲，腹板末端中间略有凹陷；腹部末节腹板基部中间有一瘦长的"V"形区域，黑色光亮，无棕褐色绒毛分布，雄虫无该特征。区别特征见图 3-7 和图 3-8。为了验证该区别特征的准确性，对通过该特征识别为雄虫的腹部进行了解剖验证：用镊子夹住腹部末端，使劲一拉，即可扯出骨化的雄性外生殖器，随机验证 10 头成虫，准确率为 100%。

图 3-7　雌成虫腹部末端

图 3-8　雄成虫腹部末端

利用成虫上述识别特征，对越冬成虫的雌雄性比做了调查，共调查了 118 头，其中雌虫为 58 头，雄虫为 60 头，雌雄性比为 1∶1.03。

3.2.3　成虫的交配行为观察

云斑天牛雌虫和雄虫的单次交配时间持续 3～5 min，交配完成后，雌虫立刻转移，多爬至枝条端部，静伏片刻后，展翅飞走，飞行 1 m 多，遇到障碍物即栖居；雄虫则多在原地静伏休息 2～3 min 后开始活动，若身体比较强健，也可能分开后不休息，立刻开始活动。观察中发现一对成虫有多次交配现象，可能是上次交配不成功，继续交配，直至成功。

交配过程具体如下：两雌虫相遇，触角短暂接触后，很快分开各自沿原来方向前行；两雄虫相遇经触角接触后，也很快分开，背道而行。一般情况下，雄虫主动去寻找雌虫，两虫相遇后，经触角接触后，雌虫前行，雄虫爬至雌虫后面；雌虫有时也主动去寻找雄虫，先跟在雄虫后面，经触角探知为雄虫后，迅速爬行至雄虫前，吸引雄虫随其爬行。经触角接触交流后，雄虫下颚须在雌虫上颚"亲吻"，"亲吻"部位逐步后移至颈部，然后雄虫爬到雌虫背上进行交配；若交配地点不适宜，两虫会暂时分开，但不会走远，找到适宜地点后，两虫很快会爬行至一块，雄虫再次爬到雌虫背上，但这次爬到雌虫背上前无"亲吻"行为。交配过程中雌虫可能静伏，也可能不断地慢慢爬行，雄虫前足抱住雌虫鞘翅肩角，中足抱住鞘翅中央，后足支撑身体，下颚须"亲吻"雌虫的鞘翅基部。雌雄从相遇到分离的完整交配过程持续时间可长达 30 min。

观察还发现，未交配成虫爬至枝条端部多静伏不动，而交配后的成虫则静伏片刻后展翅飞走。其原因可能是交配后雌虫需飞行寻找适宜寄主树产卵，雄虫则需去寻找寄主补充营养，准备再次交配。

3.2.4　成虫的补充营养观察

多数资料记载云斑天牛成虫对蔷薇科植物特别是野蔷薇有取食偏好，多以其为补充营养源，特别是危害杨树时还要迁飞至适宜寄主完成营养补充。研究中对危害白蜡树的云斑天牛的补充营养行为进行了观察，发现成虫羽化出孔后，就地以白蜡嫩枝条作为补充营养源，对蔷薇也无取食偏好。例如，东营市的南二路大街白蜡树绿化带，年年发生严重虫害，但该路两侧 1000 m 范围内并无蔷薇种植；在东营宾馆严重受害的白蜡树附近同时也种植着蔷薇，但调查中并未发现取食蔷薇的天牛和天牛取食蔷薇的症状，只是天牛羽化盛期偶尔能发现部分天牛在蔷薇上栖居，这些栖居的天牛可能已经交配完毕，无力远距离飞行，濒临死亡。

为了进一步验证危害白蜡树的云斑天牛对蔷薇有无取食偏好，作者在室内做了相关试验研究：取 1000 mL 烧杯 30 个，10 个一组分成三组，第一组放入新鲜的白蜡枝条，第二组放入新鲜的白蜡和蔷薇枝条，第三组放入新鲜的蔷薇枝条。三组的每个烧杯内放入刚羽化出孔的成虫各 1 头，5 月 16～19 日连续观察 4 d，分别观察其取食情况。结果表明，第一组白蜡枝条一直被取食，第三组蔷薇枝条一点也没有被取食，第二组白蜡和蔷薇混合枝条，只有白蜡枝条被取食而蔷薇枝条未被取食。因此，危害白蜡树的云斑天牛只取食白蜡不取食蔷薇。同时还做了一个试验，5 月 16 日将刚羽化出孔的成虫放入 1000 mL 的烧杯中饲养，第二天发现，云斑天牛仅在蔷薇枝条上栖居，蔷薇枝条未发现取食刻点，然后保留蔷薇枝条再放入新鲜的白蜡嫩枝，云斑天牛立刻转移至白蜡枝条并开始取食。

观察发现，云斑天牛最喜欢取食绿色表皮的当年生嫩枝，其次是 2～3 年生具褐色光滑表皮的小枝条，但只取食枝条的表皮及韧皮部而不取食木质部。此外，还取食叶柄，但基本不取食叶片。成虫经过取食后很快就排出粪便，初排出时为绿色（可能与取食绿色枝条有关），很快变为黑色。

高瑞桐等（1995）在室内用多种树种混合和单一树种的嫩枝饲养危害杨树的云斑天牛成虫，发现只有用蔷薇、白蜡饲养的云斑天牛才产卵。但本研究发现，白蜡树上羽化出孔的云斑天牛没有取食蔷薇的嗜好，对蔷薇的枝条和叶片基本不取食，而对白蜡的嫩枝和嫩叶的嗜好明显强于蔷薇。室内用蔷薇和白蜡枝条饲养的试验，进一步验证了白蜡树上的云斑天牛对蔷薇基本无趋性，而是以白蜡枝条作为其补充营养源。据此，作者推断，蔷薇和白蜡树都是云斑天牛的重要补充营养源，在南方白蜡树种植少，危害杨树的云斑天牛不能以白蜡树作为补充营养源，因而其对蔷薇的趋性加强；而北方危害白蜡树的云斑天牛，以白蜡树的嫩枝作为补充营养源有着更为便利的条件，自然对白蜡树的依赖和趋性更强，而对还需要飞行寻找的蔷薇的趋性也就逐渐减弱，最终不再对其取食。

3.2.5 越冬状况调查

在山东省东营市广饶县花官镇剖查伐倒的被害白蜡原木，分别统计云斑天牛成虫和幼虫的数量及存活情况，结果显示，处于越冬状态的成虫数量较幼虫略多，成虫占51.7%，幼虫占48.3%（成虫共62头，幼虫共58头）。在成虫中活成虫占74.2%，白僵菌寄生者占3.2%，细菌寄生者占3.2%，死因不明者占19.4%（活成虫46头，白僵菌寄生2头，细菌寄生2头，其他死因12头），不明死因很可能是树体注射农药熏蒸致死。活幼虫占93.1%，健康虫占89.7%，感病虫占3.4%，细菌寄生占3.4%，天敌寄生占3.4%（活幼虫54头，健康虫52头，感病虫2头，细菌寄生2头，不明死因2头）。感病致死者表现为虫体收缩，但仍活动。死因不明者表现为虫体少量收缩，体色变化不大。细菌寄生者表现为虫体黑褐色，软化，扁平，未收缩。

3.2.6 发生危害与环境条件的关系

1. 与白蜡树胸径的关系

实地调查发现，胸径8 cm以下的白蜡树不受害，胸径8～15 cm的白蜡树一般只基部受害，胸径15 cm以上的白蜡树受害部位逐步上移至整个树干，胸径20 cm以上的白蜡主枝也受害。

2. 与林分类型及结构的关系

云斑天牛的危害与林分类型关系密切，对白蜡树的受害情况调查表明，公路林受害最重，庭院绿化林次之，片林受害较轻。在东营市广饶县某路段两侧单行种植的白蜡树绿化带，有虫株率达83.96%，株均虫口达4.58头/株。东营品酒厂附近公路两侧的单行白蜡树绿化带，有虫株率达88.24%，株均虫口达7.59头/株。东营市东营宾馆院内绿化用白蜡林，有虫株率达46.88%，株均虫口达1.86头/株。东营市东营图书馆院内的白蜡片林的受害率为21.23%，株均虫口为0.63头/株。

3. 与林中位置的关系

云斑天牛在片林中对林缘树及与其他树种林分相邻的地带危害较重，而对纯林的中心地带危害较轻。对东营市胜利干渠附近的白蜡片林的调查表明，林缘和林间白蜡树有虫株率分别为82.6%和47.8%，平均虫口密度分别为3.42头/株和1.48头/株。

3.3 云斑天牛对太行山区核桃树的危害状况

在太行山区云斑天牛喜欢危害多年生老核桃树，成虫在树皮上咬一月牙形刻槽（图3-9），产卵刻槽多分布在树皮表面受伤部位新形成的愈伤组织处，因为几十年生甚至上百年生老树的树皮厚，产卵刻槽很难到达韧皮部。产卵刻槽多密集分布且排列整齐，胸径40 cm以上的老树，因胸径大，刻槽多分布于树干的背阴面，因此幼虫的危害也主要集中在树干的背阴面（图 3-10）。树体受害后，首先表现为排粪孔处有褐色或黑色树液流出（图 3-11），当危害达到一定程度时，开始排出虫粪及木屑。由于核桃树体木材致密坚硬，树皮厚且硬，其排粪孔不明显，多在树皮裂缝处；取食产生的木屑及虫粪先在树皮下堆积，较多时才从树干上的排粪孔处被推出，堆积在树干基部（图 3-12）。幼树受害较轻，一般仅树干基部受害，老树的树干和主枝均受害，甚至裸露在外的主根也受害（图 3-13）。受害树长势衰弱（图 3-14），坐果率下降，叶片较未受害树明显发黄（图 3-15），部分枝条干枯。

图 3-9　核桃树上的刻槽
（山西左权）

图 3-10　主要危害核桃树树干的背阴面
（山西左权）

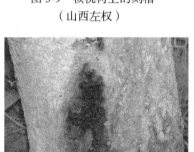

图 3-11　受害核桃树树干流出的褐色树液
（山西左权）

图 3-12　危害核桃树时排出的虫粪及木屑
（山西左权）

图 3-13　危害核桃树裸露在外的主根
（山西左权）

图 3-14　受害核桃树长势衰弱
（山西左权）

图 3-15 受害核桃树叶片与
健康树叶片对比（山西左权）

在山西省左权县桐峪镇下武村调查了一棵胸径 61 cm 的老核桃树，树干有排粪孔 27 个、羽化孔 6 个；另一棵胸径 44 cm 的老树，树干有排粪孔 5 个、蛀孔 17 个、羽化孔 13 个；还调查了一棵胸径 65 cm 被害濒临死亡的老树，该树背阴面被害处的树皮已脱落，羽化孔和蛀孔明显，共有羽化孔 44 个、蛀孔 54 个。

调查中，剖查一棵受害核桃树主干，在直径 47 cm 的横截面上有 11 条蛀道，但蛀道均分布于树干的背阴面直径 26 cm 的范围内，测量两条蛀道蛀入木质部的深度，分别为 22 cm 和 17 cm，羽化孔深度（从树皮表面的羽化孔到蛹室的距离）为 9.5～10.5 cm，直径为 2.2～2.5 cm，蛹室长 4.5～5.5 cm，宽 2.5 cm。在 150 cm 长的范围内，有 14 个羽化孔、22 个蛀孔。测量了处在韧皮部受害部位的 2 个排粪孔的面积，一个呈圆形，面积为 15 cm×17 cm，另一个呈肾形，面积为 22 cm×13 cm。

3.4 云斑天牛对洞庭湖平原和江汉平原地区杨树的危害状况

云斑天牛在洞庭湖平原和江汉平原地区主要以幼虫在杨树树干内部钻蛀危害，成虫需要转移寄主飞到附近的野蔷薇、桤木、葡萄等寄主的嫩枝条上补充营养，产卵时又飞回杨树上，在杨树树干上咬刻槽危害，但总体上成虫对树体造成的危害和损伤较轻。成虫产卵前先在树干上咬一刻槽，会根据多种信息判断，只有条件适宜时才将卵产下，因此存在一定数量的空刻槽。成虫产卵时能分泌一些化学物质，抑制卵周围韧皮部的生长，表现为在卵的周围形成一粉红色晕圈，晕圈周围可见韧皮部形成的愈伤组织。幼虫孵化后取食韧皮部，然后钻入木质部，自树干基部向上钻蛀，取食木材，形成蛀道。云斑天牛一生只钻蛀一条蛀道，只有一个排粪孔，在取食活动期间将排泄的粪便和取食所剩的木屑推至排粪孔，从排粪孔排出树体，推挤在树干基部。受害严重的林分，一棵受害树可受多条云斑天牛的危害，但每条幼虫的蛀道都是独立的，互不重叠和交叉，导致树干内部多条蛀道并存，蛀食一空，失去木材利用价值，严重时可致整株树木风折而死。云斑天牛对杨树的危害状见图 3-16～图 3-18。

云斑天牛危害杨树时，2 年一代，跨 3 个年度，每年都有幼虫活动取食危害，越冬幼虫 5 月开始取食危害，直至 8～9 月老熟幼虫开始化蛹停止危害，新孵化的幼虫 5～6 月开始危害，虫体小，取食量不大，危害较轻，7～9 月为其大量取食阶段，危害严重。8 月在湖南君山调查，砍伐一棵胸径 10.2 cm 严重受害的杨树，

图 3-16　受害的杨树树干纵截面（湖南君山）　图 3-17　受害的杨树树干横截面（湖南君山）

剖查长 2.3 m 的树干，从中剖出云斑天牛幼虫 27 条；
另一棵胸径 12.5 cm 的受害杨树，在长 3.5 m 的树干
中剖出天牛幼虫多达 80 头。

3.4.1　与寄主杨树树龄的相关性

图 3-18　林间受害的杨树树干
（湖南君山）

云斑天牛入侵危害杨树时，对不同树龄的寄主
树木具有一定的选择习性，以利于产卵后幼虫能够
更好地存活。通过对 1～10 年生杨树林地云斑天牛
的危害情况调查，结果表明，云斑天牛的入侵危害
与寄主杨树的树龄关系密切，呈抛物线式相关，受
害率随树龄增加先上升后下降，具体表现为：低龄
树受害轻，1～3 年生杨树基本不受害，3 年生以后
随树龄增加危害逐渐加重，4～8 年生杨树受害最
重，8 年生以上杨树受害较轻。由图 3-19 和图 3-20
可见，1～2 年生杨树没有受害，3 年生杨树受害株
率很低，仅为 6.67%，受害株均虫口数为 1 头/株；
4～8 年生杨树受害较重，受害株率在 26.67%～
70.00%，受害株均虫口数在 2.63～7.11 头/株，6
年生杨树受害株率最高，为 70.00%，7 年生杨树株均虫口数最高，为 7.11 头/株；
9 年生和 10 年生杨树受害株率明显下降，分别为 16.67% 和 20.00%，受害株均虫
口数也下降，由于树体较大，树木主干基本无受害虫口，危害部位移至树干上部
或枝干。

3.4.2　与寄主杨树胸径的相关性

不同树龄杨树的一个重要外在表现为胸径，对同一树木而言，胸径和树龄
是正相关的，云斑天牛入侵危害产卵时，对不同胸径的杨树具有选择性。对 1～
10 年生 10 块不同树龄林地杨树胸径的调查数据进行统计，根据胸径的大小，

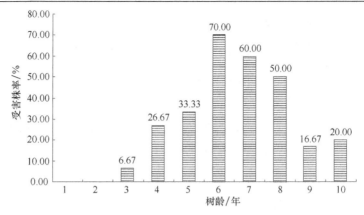

图 3-19　云斑天牛危害杨树树龄与受害株率的相关性

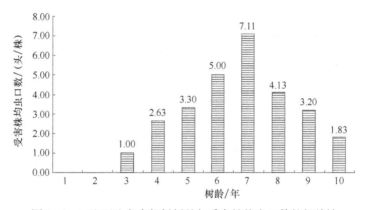

图 3-20　云斑天牛危害杨树树龄与受害株均虫口数的相关性

将 300 株杨树划分为 0～3.9 cm、4.0～7.9 cm、8.0～11.9 cm、12.0～13.9 cm、14.0～17.9 cm、18.0～21.9 cm、22.0～25.9 cm、26.0～29.9 cm 8 个胸径区间，统计不同胸径区间杨树的受害株率和受害株均虫口数，云斑天牛的入侵危害率与寄主杨树的胸径关系密切，呈抛物线式相关，受害率随胸径增加先上升后下降，具体表现为：胸径在 0～3.9 cm 杨树不受害，4.0～7.9 cm 基本不受害，8.0～11.9 cm 受害较轻，12.0～21.9 cm 受害严重，胸径超过 22.0 cm 受害明显减轻。由图 3-21 和图 3-22 可见，胸径在 0～3.9 cm 杨树受害率为 0，4.0～7.9 cm 杨树的受害株率为 8.57%，受害株均虫口数为 1.33 头/株；8.0～11.9 cm 受害株率为 23.08%，受害株均虫口数为 2.17 头/株；12.0～21.9 cm 受害严重，受害株率在 35.48%～60.78%，受害株均虫口数在 4.36～5.84 头/株；胸径超过 21.9 cm，受害率明显下降，22.0～25.9 cm 受害株率为 9.38%，受害株均虫口数为 1.67 头/株；26.0～29.9 cm 受害株率为 4.00%，受害株均虫口数为 2.00 头/株。

　　以上分析可见，云斑天牛对杨树入侵危害与寄主杨树胸径的相关性和与寄主树龄的相关性是一致的。树龄超过 9 年和胸径超过 21.9 cm 后，危害率下降是由云斑天牛成虫的产卵习性决定的，成虫不能穿透树皮产卵，因而受害明显减轻，即使受害，受害部位也明显上移，主要危害主干上部或大的枝干。

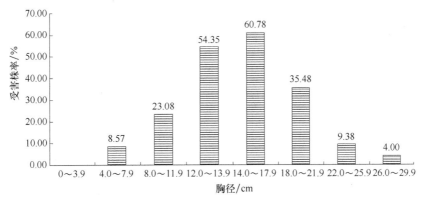

图 3-21　云斑天牛危害杨树胸径与受害株率的相关性

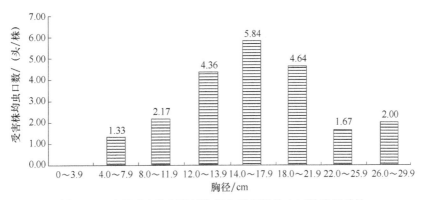

图 3-22　云斑天牛危害杨树胸径与受害株均虫口数的相关性

3.4.3　危害程度与林地环境的关系

　　云斑天牛的入侵危害与寄主树木所在的林地环境也有重要关系。调查选取的 5 个试验样地的林地环境分别为道路林、片林、渠道林和村庄林，基本包括了当地种植杨树的林地环境。由图 3-23 和图 3-24 可见，渠道林受害最重，受害株率为 100.00%，受害株均虫口数为 9.43 头/株；村庄林和道路林次之，受害株率均为 92.50%，受害株均虫口数分别为 8.93 头/株和 3.28 头/株；最后为片林（片林 1，片林 2），受害株率分别为 54.00% 和 34.90%，受害株均虫口数分别为 1.72 头/株和 1.25 头/株。渠道林、道路林为单一成行种植，行距较远，村庄林多为零星栽植，从这一点看，渠道林、道路林和村庄林的林地环境比较类似，杨树多为单独存在，因此云斑天牛成虫产卵入侵这一类林地环境杨树选择时,对寄主树木的选择余地较小,多为发现即产卵,所以危害率也比较高;片林种植密度较高,大量寄主树木并存,云斑天牛成虫产卵入侵时对寄主树木的选择余地较大,多倾向于选择林地周边长势较好的树木,而林地内部,光照和透气性较差,树木长势较差,一般不入侵危害,因此片林的危害率比较低。

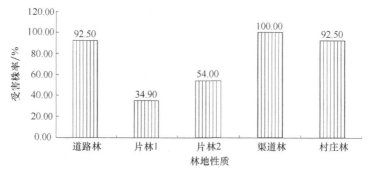

图 3-23　不同类型林地环境杨树林地受害株率

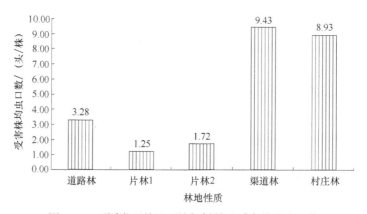

图 3-24　不同类型林地环境杨树林地受害株均虫口数

3.5　云斑天牛危害杨树、白蜡树和核桃树时的生态位分化现象

经调查云斑天牛在长江中下游地区、黄河三角洲地区和太行山区这三大区域的危害状况,发现其在食性、补充营养和生态习性等方面存在明显差异,作者认为这是在不同区域由于对寄主专化性后所引发的生态位分化现象。在以上三地调查中发现的差异现象阐述如下。

1. 食性的分化

云斑天牛对其喜食寄主具有一定的嗜食性,甚至是专一性。在江汉平原地区以危害旱柳、构树、桑树、榆树、枫杨、梨树、山核桃、野蔷薇等乡土树种为主。

后来随杨树的大面积种植，逐步适应杨树，进而形成嗜食性，现已成为当地杨树的重要蛀干害虫。调查发现，在江汉平原一带目前主要危害杨树，其他原本被取食的乡土树种已很少受害，危害也主要是由补充营养的成虫造成的。在湖南君山调查发现一段公路两侧的杨树林受害严重，而与其相距不远的一片楮木林和构树林基本未发现有幼虫蛀干危害，但是很多枝条被补充营养的成虫所取食，留下很多缺刻，甚至枯死。在黄河三角洲地区主要危害当地绿化树种白蜡树，其他树种基本未发现受其危害。在黄河三角洲地区，杨树也大量种植，但未发现其受危害。在东营市垦利县六杆桥调查了一受害较重的白蜡林，与白蜡林紧邻的是一大片杨树林，白蜡林受害严重，而杨树林没有一棵受害。在太行山核桃种植区主要危害核桃树，基本不危害其他树种。在太行山腹地山西左权的调查表明，多年生的老核桃树和新种植小核桃树均受危害，但当地杨树却并未受害。

综上所述，云斑天牛在长江中下游地区主要危害杨树，在黄河三角洲地区主要危害白蜡树，在太行山区主要危害核桃树。这应该是在不同区域适应当地寄主并进一步形成的寄主专化性造成的，也是幼虫在营养生态位上分化的表现。

2. 补充营养

危害杨树的云斑天牛成虫羽化出孔后需要转移寄主完成营养补充，蔷薇、构树、楮木、八卦木等都可以作为其补充营养源，但不以杨树作为补充营养源。危害白蜡树的成虫羽化出孔后直接以白蜡的嫩枝条为补充营养源，而不取食蔷薇。危害核桃树的成虫以核桃嫩枝条作为补充营养源，是否也可以蔷薇作为补充营养源，未经试验验证，但在山西左权核桃产区观察，附近基本未发现蔷薇，估计也不取食蔷薇。本研究还对危害杨树的云斑天牛是否取食白蜡嫩枝做过试验，从黄河三角洲的滨州市取新鲜白蜡枝条带至湖南君山，在当地捕捉成虫，用白蜡嫩枝饲喂，连续观察 3 d，发现其不取食白蜡，而用作对照的楮木和构树枝条却均被取食。

综上所述，云斑天牛危害杨树时需要转移寄主，以蔷薇、构树、楮木、八卦木等的枝条作为补充营养源；危害白蜡树时直接以白蜡枝条作为补充营养源；危害核桃树时直接以核桃枝条作为补充营养源。这是云斑天牛成虫在营养生态位上分化的表现。

3. 生态习性

云斑天牛在生态习性上也发生了一些分化。在杨树上，产卵对树皮厚度的选择较明显，集中在树皮厚度为 4～7 mm 处产卵，树皮很厚的多年生杨树主干基本不受害。而危害白蜡树时，树皮厚度对成虫产卵影响不大，云斑天牛更喜欢在多年生、树皮粗糙的老树主干上产卵，而对那些树龄不大、生长旺盛、树皮光滑的主干（胸径 8 cm 以上）却基本不产卵，因而也很少受害。危害核桃树时，树皮厚度对产卵的影响也不大，更多选择在多年生老树上产卵，特别是老树的树干上有受伤后新形成的愈伤组织时，该部位往往产卵很集中；云斑天牛在树干上产卵的方位还有一定选择性，特别是多年生胸径很大的老树上，卵多产在树干的背阴面，相应的幼虫危害时也集中在树干背阴面一侧，这可能是胸径太大，幼虫只需在树干半侧钻蛀蛀道，其取食量已足够。

4. 遗传结构的差异

不同的昆虫种群长期适应某一寄主后，其遗传结构也会发生相应的改变，因此，不同寄主专化性的昆虫种群，其基因的遗传结构往往也存在明显差别。本研究分别在山东东营和滨州、湖南岳阳的不同实验林地采集云斑天牛成虫，用无水乙醇处理（−70℃冰箱保存），取成虫胸部肌肉，提取基因组 DNA，根据不同基因片段多态性分析方法的技术需求设计引物，进行 PCR 扩增，将扩增基因片段进行测序分析。提取并测定了危害白蜡树和杨树的云斑天牛的线粒体细胞色素氧化酶Ⅰ（mtDNA COI）的基因片段，发现碱基序列存在明显差别，测序发现 710 个碱基序列中有 47 个不一样，相似系数为 84.6%。

第4章 云斑天牛的空间格局及抽样技术

空间格局是昆虫种群的重要特征之一，它是由昆虫种群的生物学特性与特定生境条件协同进化的结果。研究昆虫的空间格局有助于了解昆虫的生态特性，提高抽样技术和对种群消长趋势及扩散范围的预测预报，以及制订害虫防治策略（邬祥光，1985；丁岩钦，1994）。关于昆虫空间格局的研究方法很多，但总的来说就是传统的研究方法和地统计学方法两大类（Isaaks et al.，1989；汪世泽等，1993；Wright et al.，2002；徐如梅等，2005；宗世祥，2006）。

传统的生物统计学方法在研究空间格局时，是以不同位置的样本间相互独立、不存在空间位置差异为假设前提的，所研究的对象必须都是纯随机变量，只是获得一些空间分布的定性信息，而无法知道分布的具体位置和程度，并且只注意了时间相关，而忽略了格局内样点间的空间相关性和格局的时间相关性。地统计学能够同时较准确地描述变量的随机性和结构变化，最大限度地利用野外调查所提供的各种信息，包括稀疏的或无规律的空间数据，揭示周期性和无周期性的生态参数本质，不仅可对区域化变量的空间相关性进行定量化描述，还可对抽样位置进行估值，对空间分布进行模拟，从根本上改变了传统的生物统计学以样本数都是随机选取为基础的理论体系（何兴东等，2004；张玉铭等，2004；甘海华等，2005；姜勇等，2005；尤文忠等，2005；郑纪勇等，2005；宗世祥，2006）。

通过传统的方法研究昆虫分布型及抽样技术的报道较多，但多局限于某一阶元空间和某一虫态的分析报道（Lynch et al.，1993；Tonhasca et al.，1994；Naranjo et al.，1995；Kawai et al.，2004；魏建荣等，2004；王小艺等，2005；宗世祥等，2004；刘庆年等，2006，2008；卢巧英等，2006；张锋等，2006；张秀梅等，2006；周福才等，2006；郑福山等，2006；刘庆年等，2007；孙红霞等，2007；王立红，2007；徐卫建等，2007；许翔等，2008；杨芳等，2008），对某一种群多个虫态的相关研究较少。由于天牛蛀干危害，对天牛空间分布的研究主要通过调查其蛀孔、排粪孔及羽化孔的数量来间接调查其种群的空间分布，不同学者分别对松墨天牛、锈色粒肩天牛、桃红颈天牛、桑天牛、青杨脊虎天牛等的幼虫或卵的空间分布型及抽样技术做了研究（王福利等，1992；吴森生等，1994；于新文等，1997；陈顺立等，2001；刘远等，2002；王玲萍等，2002；胡春祥等，2004；胡长效等，2005；王胜永等，2005；郑元捷等，2006）。关于云斑天牛的空间分布型研究仅涉及其幼虫在杨树、桑树和核桃树上的空间分布（吴开明等，1985；张世权等，1992；梅爱华，1997），卵、成虫或蛹的空间分布及相关抽样技术还未见报道。近年来，将地统计学的方法应用于昆虫种群空间结构的研究越来越多（Liebhold et al.，

1991，1993；Nestel et al.，1991；Hohn et al.，1993；Dunning et al.，1995；
Holt et al.，1995；Kitron et al.，1996；石根生等，1997，1998；Brewster，1997a，
1997b；Hiebeler et al.，1997；Schell et al.，1997a，1997b；Arbogast et al.，1998；
Johnson et al.，1998；Lefko et al.，1998；Stelter et al.，1998；Virtanen et al.，
1998；毕守东等，2000，2005；周强等，2001；邹运鼎等，2001，2002；耿继
光等，2002；陆永跃等，2002；黄保宏等，2003；袁哲明等，2003，2004a，
2004b，2005，2006；陈伟等，2004；李磊等，2004；巫厚长等，2004；丁程
成等，2005；白义等，2005；王正军等，2005；宗世祥等，2005；张龙娃等，
2005；鲍金星等，2006；余昊等，2006；杨轶中等，2006；于鑫等，2006；陈
强等，2007），但利用地统计学的方法研究天牛空间结构的报道不多，仅见利
用地统计学对杨树光肩星天牛和青杨天牛（*Saperda populnea*）空间格局的研
究（李友常等，1997；柳林俊，2005）。利用地统计学的方法来研究空间格局
的报道尚未见到。

　　本研究分别以杨树和白蜡树上的刻槽、排粪孔和羽化孔为调查指标，统计分
析了云斑天牛种群的卵、幼虫、蛹或成虫的空间格局和抽样技术。然后，再通过
地统计学的方法来计算其空间格局，以弥补传统统计方法的不足，更科学、准确
地揭示云斑天牛种群在杨树和白蜡树上的空间分布结构，为危害情况调查、预测
预报及生物防治等提供理论依据和参考。

4.1　空间分布的统计分析方法

4.1.1　试验样地概况

4.1.1.1　受害杨树样地

　　研究样地位于湖南省岳阳市的城陵矶和君山（北纬 29°23′～29°27′，东经
112°55′～113°08′），地处洞庭湖平原，紧靠长江和洞庭湖，河湖密布，雨量充
沛，年均降水量为 1300 mm，属亚热带气候。四季分明，1 月平均气温为 3.3℃，
7 月平均气温为 30.2℃，年均气温为 17.0℃，年均日照时数为 1792 h，无霜期为
277 d。

4.1.1.2　受害白蜡树样地

　　研究样地位于山东省黄河三角洲腹地的东营市和滨州市（北纬 36°41′～
38°16′，东经 117°15′～119°10′），属北温带湿润气候区，一年四季分明，年均气
温在 11.7～12.6℃，1 月最低，平均为－3.4～4.2℃，7 月最高，平均为 25.8～26.8℃；
年均降水量为 530～630 mm，季节分配不均，夏季降水量在 400 mm 以上，占全
年降水量的 70%以上；年均日照时数为 2600～2800 h，以 5 月最多，12 月最少；
无霜期为 200 d 左右；地貌为黄河冲积平原，地势平坦，微向海岸倾斜，适宜耕

作,但该区域由于海拔较低且蒸发量较大(为降水量的 3 倍以上),盐分易升地表,土壤极易次生盐碱化,因此植被多以耐盐碱植物为主。

4.1.2　调查方法

4.1.2.1　受害杨树林地的调查方法

根据云斑天牛在杨树上的危害程度和分布状况,选择了有代表性的试验标准地 5 块,即公路林、渠道林和村庄林各 1 块,片林 2 块,每块样地面积 1.0～1.5 hm²。应用整片抽样法调查每株杨树上的刻槽、排粪孔、羽化孔和蛀孔的数量,分别代表卵、幼虫和蛹或成虫的虫口数,调查时间为 2007 年 6 月 17～20 日。

4.1.2.2　受害白蜡树林地的调查方法

根据云斑天牛在白蜡树上的危害程度和白蜡树主要用于园林绿化的现状,选择了有代表性的试验标准地 6 块,即公路林和城市行道绿化林各 1 块,片林和庭院绿化林各 2 块,面积为 0.5～1.0 hm²。应用整片抽样法调查每株白蜡上的刻槽、排粪孔、羽化孔和蛀孔的数量,分别代表卵、幼虫和蛹或成虫的虫口数。排粪孔和蛀孔的调查时间为 2007 年 5 月 12～16 日,刻槽和羽化孔的调查时间为 2007 年 7 月 5～10 日。

4.1.3　分析方法

4.1.3.1　频次比较法

当样本数 N 充分大时($N \geqslant 50$),则不论总体为何种分布,统计量总是近似地服从特定自由度的正态分布。将田间调查取得的实测值制成频次分布表,对实测频次分布与理论频次分布进行 χ^2 检验,以确定空间分布型,理论频次和实测频次间的适合度差异不显著者,可判断为实测样本属于该种分布类型(唐启义等,2007)。χ^2 检验方法为

$$\chi^2 = \sum_{x=1}^{n} \frac{(F_x - E_x)^2}{E_x} \tag{4-1}$$

式中,$\chi = 1, 2, 3 \cdots n$(n 为自然数);F_x 为实测频次;E_x 为理论频次。

1. Poisson 分布

该分布用于描述种群的随机分布,其特征是种群中的任何个体占据空间任何一点的概率是相等的,并且一个个体的存在不影响其他个体的分布。该 Poisson 分布的理论概率 p_x 为

$$p_x = \mathrm{e}^{-m} \frac{m_x}{x!} \tag{4-2}$$

式中,m 为总体均数。

2. Neyman 分布

该分布为核心分布,种群空间分布疏密不一,形成一个个核心,核心周围呈放射状扩散,其分布的理论概率 p_x 为

$$p_x = p_{n+1} = \frac{m_1 m_2 e^{-m_2}}{n+1} \sum_{k=0}^{n} \frac{m_2^k}{k!} p_{n-k} \qquad （4\text{-}3）$$

式中，n 为自然数；m_1、m_2、k 为参数，可由样本信息表计算得出。

3. 负二项分布

服从负二项分布的种群在空间结构上呈聚集分布，特点是呈疏密相间的极不均匀状或嵌纹状，其概率 p_r 为

$$p_r = \frac{k+r-1}{r} \times \frac{p}{q} p_{r-1} \qquad （4\text{-}4）$$

式中，p、q、k 为参数，可由样本的信息来估计；$r = 1, 2, 3 \cdots n$（n 为自然数）。

4.1.3.2　分布型指数法

频次分布法可以给出精确的理论分布，但计算较为复杂，尤其有些理论分布的参数使用的估值方法不同，即可影响到资料对理论分布的适合度，而且有时同一资料可以适合两种或两种以上的理论分布，这就给资料代换和理论抽样数的确定带来了一定困难。另外，频次分布法主要以概率为基础，只能说明种群的聚集与否，而对种群的空间结构、造成这种分布的机制等均不能提供更多的信息。分布指数法不但可以用来判断种群的空间分布格局，而且对种群的行为、种群的扩散等时间序列变化均能提供一定的信息。常用来描述种群聚集程度的指标主要如下（唐启义等，2007）。

1. 平均拥挤度 m^*

表示生物个体在一个样方中的平均邻居数，它反映了样方内生物个体的拥挤程度。

$$m^* = m + \left(\frac{S^2}{m} - 1 \right) \qquad （4\text{-}5）$$

式中，m 为平均密度；S^2 为样本方差（下同）。当 $m^* < m$ 时为均匀分布，$m^* > m$ 时为聚集分布，$m^* = m$ 时为随机分布。

2. I 指标

$$I = \frac{S^2}{m} - 1 \qquad （4\text{-}6）$$

当 $I < 0$ 时为均匀分布，$I = 0$ 时为随机分布，$I > 0$ 时为聚集分布。

3. $\dfrac{m^*}{m}$ 指标

即平均拥挤度与平均值之间的比值，$\dfrac{m^*}{m} < 1$ 时为均匀分布，$\dfrac{m^*}{m} > 1$ 时为聚集分布，$\dfrac{m^*}{m} = 1$ 时为随机分布。

4. C_a 指标

$$C_a = \left(\frac{S^2}{m} - 1 \right) \Big/ m \qquad （4\text{-}7）$$

当 $C_a<0$ 时为均匀分布，$C_a=0$ 时为随机分布，$C_a>0$ 时为聚集分布。

5. 扩散系数 C

$$C=\frac{S^2}{m} \tag{4-8}$$

该指标用于检验种群是否偏离随机型。当 $C<1$ 时为均匀分布，$C>1$ 时为聚集分布，$C=1$ 时为随机分布。

6. 负二项分布中的 K 指标

$$K=\frac{m^2}{S^2-m} \tag{4-9}$$

$K<0$ 时为均匀分布，$K>0$ 时为聚集分布，K 趋于正无穷时为随机分布。

7. 聚集均数 λ

$$\lambda=\frac{m\gamma}{2K} \tag{4-10}$$

式中，K 为上述负二项分布参数；m 为均值；γ 为 χ^2 分布表中自由度等于 $2K$ 与 $P=0.05$ 所对应的 χ^2 值。λ 用于判断引起种群聚集的原因，若 $\lambda>2$，其聚集由昆虫本身的习性或环境因素引起，若 $\lambda<2$，其聚集是由环境因素引起的。

8. Iwao m^*-m 回归分析法

Iwao 提出平均拥挤度 m^* 和平均密度 m 的关系可用下列回归方程表示：

$$m^*=\alpha+\beta m \tag{4-11}$$

式中，截距 α 和回归系数 β 揭示种群分布特征。α 说明分布的基本成分按大小分布的平均拥挤度，当 $\alpha=0$ 时，分布基本成分为单个个体；$\alpha>0$ 时，个体间相互吸引，分布的基本成分个体群；$\alpha<0$ 时，个体间相互排斥。β 说明基本成分的空间分布型，当 $\beta=1$ 时，为随机分布；$\beta<1$ 时，为均匀分布；$\beta>1$ 时，为聚集分布。α 和 β 的不同组合提供了种群不同分布型的空间关系，当 $\alpha>0$，$\beta=1$ 或 $\alpha=0$，$\beta>1$ 或 $\alpha>0$，$\beta>1$ 时为聚集分布；当 $\alpha=0$，$\beta=1$ 时为随机分布。

9. Taylor 幂的法则

Taylor 通过大量的生物学资料得出方差的对数值与均数的对数值存在如下回归关系：

$$\lg S^2=\lg a+b\lg m \tag{4-12}$$

式中，截距 a 为一个取样、统计因素；斜率 b 表示当平均密度增加时，方差的增长率，因而它也是聚集度对密度依赖性的一个尺度。其中，当 $\lg a=0$，$b=1$ 时，种群在一切密度下呈随机分布；$\lg a>0$，$b=1$，$\frac{S^2}{m}=a$，种群在一切密度下呈聚集分布，其聚集度不因种群密度的改变而变化；$\lg a>0$，$b>1$，$\frac{S^2}{m}=am^{b-1}$，种群在一切密度下均是聚集分布，其聚集随种群密度的升高而增加；$\lg a < 0$，$b < 1$，种群密度越高，分布越均匀。

10. 最适理论抽样模型

最适抽样数的确定根据 Iwao 统计方法中的回归模型来计算，模型为

$$N=\left(\frac{t}{D}\right)^2\left(\frac{\alpha+1}{m}+\beta-1\right) \tag{4-13}$$

式中，D 为允许误差；m 为平均密度；α 和 β 为 Iwao m^*-m 回归方程中的截距和回归系数；N 为理论抽样数；t 为概率保证值。

11. 序贯抽样模型

根据 Iwao 方法，其上下限计算公式为

$$T_0(n)=nm_0 \pm t\sqrt{n\left[(\alpha+1)m_0+(\beta-1)m_0^2\right]} \tag{4-14}$$

式中，m_0 为设定临界密度调查指标，n 为抽样数，α 和 β 为 Iwao m^*-m 回归方程中的截距和回归系数，T_0 为理论抽样数的上下限，t 为概率保证值。

当调查过程中抽样累计数量在上下限之间，继续抽样不易下结论时，通过如下公式确定最大抽样数：

$$N_{\max}=\frac{t^2}{d^2}\left[(\alpha+1)m_0+(\beta-1)m_0^2\right] \tag{4-15}$$

式中，m_0 为设定临界密度调查指标；α 和 β 为 Iwao m^*-m 回归方程中的截距和回归系数；$N_{\max}$ 为最大抽样数；t 为概率保证值；d 为允许误差。

4.1.3.3 地统计学方法

1. 半变差异函数

半变差异函数是表示所有分割距离相等的任意两样本间的差异，即假设区域化变量 Zi 和 $Zi+h$ 分别为间隔 h 的两个样本的观测值，则在整个样本空间内，所有这些间隔为 h 的样本对之间的空间相关性即可用半变差异函数表示，样本半变差异函数值 $\gamma(h)$ 的公式如下：

$$\gamma(h)=\frac{1}{2N(h)}\sum_{i=1}^{N(h)}\left[Z(x_i)-Z(x_i+h)\right]^2 \tag{4-16}$$

式中，$N(h)$ 是被 h 分割的数据对（x_i，x_i+h）的对数；$Z(x_i)$ 和 $Z(x_i+h)$ 分别是点 x_i 和 x_i+h 处样本的测量值；h 是分隔两样点的距离，需小于最大间隔的距离，理想的半变差异函数如图 4-1 所示。

半变差异函数曲线图中有 3 个重要参数，分别为块金值（C_0）、基台值（$C+C_0$）和变程（a）。C_0 为块金值（nugget）是指半

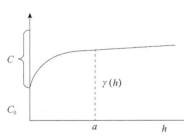

图 4-1　半变差异函数曲线模式图

变差异函数曲线被延伸到间隔距离为零时的截距,其大小可反映变量的随机程度。$C+C_0$ 为基台值（sill）,是指达到平衡时的半变差异函数值,其大小可反映变量变化幅度的大小。a 为变程（range）,是当半变差异函数的值达到平衡时的间隔距离,表示以 a 为半径的邻域内的任何其他 $Z(x_i)$ 与 $Z(x_i+h)$ 间存在的空间相关性,或者说 $Z(x_i)$ 与 $Z(x_i+h)$ 相互有影响（侯景儒等,1998;王正军等,2002）。

　　每个模型的基本参数,如块金值、基台值和变程在不同模型中所表达的含义都有差异。但是有 3 个参数在不同的模型中的含义相同,它们是空间结构比率（proportion of spatial structure）、决定系数（R^2）和剩余平方和（reduced sums of squares,RSS）。空间结构比率 $C/(C+C_0)$,反映了空间结构系数在样点变量差异中所占的比率,空间结构比率越小,说明块金值在基台值中占的相对比例较大,研究变量在小尺度空间内的变化越大;空间结构比率越大,其在小尺度上的变化也较小。运用 $C/(C+C_0)$ 的大小判定系统内变量的空间相关程度,为 25%～75% 时,有中等程度的空间相关性,大于 75% 则具有较强的空间相关性（Schotzko et al.,1989;Cambardella et al.,1994;葛剑平等,1995;潘文斌等,2003;吕昭智等,2003;周国娜等,2003）。

　　半变差异函数曲线图的形状反映了变量空间分布的结构及相关类型,还提示了这种空间相关范围的大小。聚集型分布的半变差异曲线可以是球形模型、指数模型和高斯模型,但数据的空间结构却存在很大的差异。球形半变差异函数指明聚集分布,它的空间结构是当样点间隔距离达到变程之前时,样点的空间依赖性随它们间隔距离的增大而逐渐降低;指数与球形模型类似,但其基台值是渐进线;非水平直线型的半变差异函数表示数据中等程度的聚集分布,其空间依赖范围超过研究尺度;如果数据是随机或均匀分布的,则 $\gamma(h)$ 随距离无规律性变化,它由对象的方差变化组成,其半变差异图呈直线或稍倾斜状,块金值等于基台值,表明抽样尺度下没有空间相关性（周强,1998;潘文斌等,2003;贾宇平,2003;周国娜等,2003;张润杰等,2003）。

　　2. 半变差异函数理论模型的拟合

　　半变差异函数曲线一般常用球形模型、指数模型、高斯模型、球形套合模型、球形＋指数套合模型和线性有基台模型等。在拟合过程中究竟采用哪种理论模型拟合,需要根据判断最优拟合模型的方法,即首先考虑决定系数 R^2 的大小,其次考虑残差 RSS 的大小,最后再考虑变程和块金值的大小来判断不同理论模型在拟合实际变异曲线时的优劣程度（徐汝梅等,2005;唐启义等,2007）。常用的 6 个理论模型及公式如下。

（1）球形模型。

$$\gamma(h) = \begin{cases} 0,\ h=0 \\ C_0+C\left(\dfrac{3h}{2a}-\dfrac{h^3}{2a^3}\right),\ 0<h\leqslant a \\ C_0+C,\ h>a \end{cases} \qquad (4\text{-}17)$$

（2）指数模型。

$$\gamma(h) = \begin{cases} 0,\ h=0 \\ C_0+C(1-e^{-h^2/a^2}),\ h>0 \end{cases} \qquad (4\text{-}18)$$

（3）高斯模型。

$$\gamma(h) = \begin{cases} 0,\ h=0 \\ C_0+C(1-e^{-h/a}),\ h>0 \end{cases} \qquad (4\text{-}19)$$

（4）球形套合模型。

$$\gamma(h) = \begin{cases} 0,\ h=0 \\ C_0+\dfrac{3}{2}\left(\dfrac{C_1}{a_1}+\dfrac{C_2}{a_2}\right)h-\dfrac{1}{2}\left(\dfrac{C_1}{a_1^3}+\dfrac{C_2}{a_2^3}\right),\ 0<h\leqslant a_1 \\ C_0+C_1+C_2+\left[\dfrac{3h}{2a_2}+\dfrac{1}{2}\left(\dfrac{h}{a_2}\right)^3\right],\ a_1<h\leqslant a_2 \\ C_0+C_1+C_2,\ h>a_2 \end{cases} \qquad (4\text{-}20)$$

（5）球形＋指数套合模型。

$$\gamma(h) = \begin{cases} 0,\ h=0 \\ C_0+C_1\left(\dfrac{3h}{2a_1}-\dfrac{h^3}{2a_1^3}\right)+C_2(1-e^{-h/a_1}),\ 0<h<a_1 \\ C_0+C_1+C_2(1-e^{-h/a_1}),\ a_1<h<a_2 \\ C_0+C_1+C,\ h>a_2 \end{cases} \qquad (4\text{-}21)$$

（6）线性有基台模型。

$$\gamma(h) = \begin{cases} C_0,\ h=0 \\ C_0+Ah,\ 0<h\leqslant a \\ C_0+C,\ h>a \end{cases} \qquad (4\text{-}22)$$

4.1.4　数据分析

本研究数据分析采用 DPS（V8.50 版）、SPSS（13.0）和 Excel 软件进行。应用 DPS 软件的地理统计模块做地统计学分析，DPS 软件的空间分布型模块做聚集度指标统计分析，SPSS 软件做频次统计分析；Excel 做基本统计参数分析（辛淑亮等，1999；李松岗，2003；李志辉，2005；李春喜等，2005；唐启义等，2007）。

4.2　危害不同寄主种群的空间分布

4.2.1　云斑天牛在杨树上的空间分布

4.2.1.1　杨树林调查样地的基本情况及调查指标的统计学特征

调查样地的林分性质、胸径、受害情况和样地地址等情况见表 4-1。调查选取的 5 个样地的林分特征分别为公路林、片林、渠道林和村庄林，基本包括了目前杨树的人工林地。调查样地受害杨树的平均胸径在 9.61～16.25 cm，树龄在 2～3 年，基本处于适宜危害期。调查样地受害杨树的株均排粪孔数在 1.25～9.43，有虫株率在 34.90%～100%，代表了不同危害程度的样地。

表 4-1　杨树调查样地基本情况统计表

序号	样地	林地性质	平均胸径/cm	株均排粪孔数/个	有虫株率/%
1	湖南城陵矶	公路林	9.61	3.28	92.50
2	湖南五一	片林	11.50	1.25	34.90
3	湖南合兴	片林	14.46	1.72	54.00
4	湖南新洲	渠道林	15.65	9.43	100.00
5	湖南挂口	村庄林	16.25	8.93	92.50

试验分别调查了在杨树上危害的刻槽、排粪孔、羽化孔和蛀孔 4 个指标，这 4 个统计指标的基本统计学特征见表 4-2。刻槽、排粪孔和羽化孔分表代表了杨树上云斑天牛种群的卵、幼虫和成虫（或蛹）的数量，蛀孔为非当年存活幼虫危害树体时留存的排粪孔，反映了近年来杨树的受害情况。

表 4-2　杨树上统计指标调查数据的基本统计学特征

序号	样地	统计指标	调查株数	平均值	方差	最小值	最大值	中位数	标准误	标准差	峰度	偏度
1	湖南城陵矶	刻槽	40	9.08	73.15	0.00	30.00	6.00	1.35	8.55	0.50	1.14
		排粪孔	40	3.28	5.95	0.00	9.00	2.50	0.39	2.44	−0.27	0.70
		羽化孔	40	0.90	1.12	0.00	3.00	0.00	0.17	1.06	−1.13	0.62
		蛀孔	40	3.73	5.59	0.00	12.00	3.50	0.37	2.36	2.62	0.92
2	湖南五一	刻槽	63	1.70	5.44	0.00	8.00	0.00	0.29	2.33	−0.21	1.05
		排粪孔	63	1.25	5.55	0.00	11.00	0.00	0.30	2.36	5.16	2.29
		羽化孔	63	1.10	2.76	0.00	7.00	0.00	0.21	1.66	2.25	1.58
		蛀孔	63	4.05	12.59	0.00	15.00	4.00	0.45	3.55	0.11	0.68
3	湖南合兴	刻槽	50	1.92	5.38	0.00	8.00	0.00	0.33	2.32	−0.47	0.83
		排粪孔	50	1.72	4.37	0.00	7.00	1.00	0.30	2.09	−0.02	1.05
		羽化孔	50	0.44	0.70	0.00	3.00	0.00	0.12	0.84	2.33	1.83
		蛀孔	50	4.48	22.01	0.00	16.00	3.50	0.66	4.69	−0.35	0.88

续表

序号	样地	统计指标	调查株数	平均值	方差	最小值	最大值	中位数	标准误	标准差	峰度	偏度
4	湖南新洲	刻槽	40	21.38	83.01	5.00	38.00	20.00	1.44	9.11	−0.93	0.12
		排粪孔	40	9.43	36.71	2.00	24.00	7.50	0.96	6.06	0.05	0.81
		羽化孔	40	4.28	19.64	0.00	18.00	3.00	0.70	4.43	2.41	1.59
		蛀孔	40	9.15	50.95	1.00	32.00	7.00	1.13	7.14	2.82	1.65
5	湖南挂口	刻槽	40	20.63	96.39	2.00	38.00	20.00	1.55	9.82	−0.89	−0.03
		排粪孔	40	8.93	40.89	0.00	24.00	7.50	1.01	6.39	−0.25	0.70
		羽化孔	40	3.95	17.89	0.00	16.00	3.00	0.67	4.23	1.31	1.32
		蛀孔	40	7.60	20.40	0.00	17.00	7.00	0.71	4.52	−0.37	0.63

4.2.1.2 频次比较法统计的空间分布

分别对湖南城陵矶、湖南五一、湖南合兴、湖南新洲和湖南挂口5个调查样地233株杨树上危害的刻槽、排粪孔、羽化孔和蛀孔的数量进行调查，然后对刻槽、排粪孔、羽化孔和蛀孔作频次统计，统计结果见表4-3。

表 4-3 杨树上刻槽、排粪孔、羽化孔和蛀孔的频次分布统计

刻槽				排粪孔				羽化孔		蛀孔			
数量	频数	数量	频数	数量	频数	数量	频数	数量	频数	数量	频数	数量	频数
0	66	20	3	0	70	20	1	0	115	0	37	20	1
1	29	21	3	1	29	21	0	1	31	1	31	21	1
2	17	22	2	2	18	22	1	2	23	2	26	22	0
3	12	23	2	3	14	23	0	3	26	3	24	23	0
4	12	24	2	4	18	24	1	4	9	4	19	24	0
5	10	25	2	5	16			5	5	5	14	25	0
6	9	26	2	6	12			6	4	6	12	26	0
7	6	27	3	7	12			7	7	7	9	27	0
8	4	28	2	8	4			8	1	8	12	28	0
9	4	29	2	9	5			9	4	9	12	29	0
10	5	30	1	10	2			10	2	10	5	30	1
11	5	31	1	11	6			11	0	11	5	31	0
12	4	32	1	12	6			12	0	12	6	32	1
13	5	33	1	13	1			13	1	13	2		
14	3	34	0	14	6			14	0	14	3		
15	3	35	1	15	3			15	2	15	6		
16	3	36	0	16	3			16	0	16	2		
17	3	37	0	17	3			17	0	17	4		
18	2	38	1	18	2			18	1	18	0		
19	2			19	0					19	0		

根据刻槽、排粪孔、羽化孔和蛀孔的频次统计结果（表4-3），对其空间格局进行 χ^2 拟合性检验，结果见表4-4。结果表明，杨树上的刻槽、排粪孔、羽化孔和蛀孔的空间分布型符合负二项分布（似然法），不符合 Poisson 分布和 Neyman A 型分布，因此杨树上的刻槽、排粪孔、羽化孔和蛀孔的空间格局为聚集分布，即杨树上的卵、幼虫、成虫（或蛹）为聚集分布。

表 4-4　杨树上刻槽、排粪孔、羽化孔和蛀孔的空间格局拟合性检验

调查指标	分布型	χ^2	自由度（df）	$\chi^2_{0.05}$	检验结果
刻槽	Poisson 分布	18 450.14	39−2=37	52.19	不符合
	Neyman A 型分布	5 272.26	39−3=36	51.00	不符合
	负二项分布（似然法）	16.49	39−3=36	51.00	符合
排粪孔	Poisson 分布	1 591.17	25−2=23	35.17	不符合
	Neyman A 型分布	268.18	25−3=22	33.92	不符合
	负二项分布（似然法）	19.03	25−3=22	33.92	符合
羽化孔	Poisson 分布	1 221.18	19−2=17	27.59	不符合
	Neyman A 型分布	215.06	19−3=16	26.30	不符合
	负二项分布（似然法）	17.69	19−3=16	26.30	符合
蛀孔	Poisson 分布	1 221.18	33−2=31	44.99	不符合
	Neyman A 型分布	201.27	33−3=30	43.77	不符合
	负二项分布（似然法）	9.63	33−3=30	43.77	符合

4.2.1.3　聚集度指标统计的空间分布型

对调查样点数据整理分析，计算出云斑天牛在杨树上的刻槽、排粪孔、羽化孔和蛀孔等各种聚集度指标值，结果分别见表4-5～表4-8。统计结果分析表明，各个调查样点的刻槽、排粪孔、羽化孔和蛀孔的 I 值均大于0，m^*/m 值均大于1，C_a 值均大于0，C 值均大于1，K 值均大于0，根据聚集度指标的判定标准，刻槽、排粪孔和羽化孔的分布格局均为聚集分布，即云斑天牛种群的卵、幼虫和蛹（或成虫）均为聚集分布。蛀孔的分布也为聚集分布，这进一步证明了云斑天牛幼虫呈聚集分布。

表 4-5　在杨树上刻槽的各项聚集度指标

样地	m	S^2	聚集指标					
			m^*	I	m^*/m	C_a	C	K
湖南城陵矶	9.08	73.10	16.13	7.05	1.78	0.78	8.05	1.29
湖南五一	1.70	5.44	3.90	2.20	2.29	1.29	3.20	0.77
湖南合兴	1.92	5.38	3.72	1.80	1.94	0.94	2.80	1.07

续表

样地	m	S^2	聚集指标					
			m^*	I	m^*/m	C_a	C	K
湖南新洲	21.40	83.01	24.26	2.88	1.13	0.13	3.88	7.41
湖南挂口	20.60	96.40	24.28	3.68	1.18	0.18	4.68	5.60

表 4-6　在杨树上排粪孔的各项聚集度指标

样地	m	S^2	聚集指标					
			m^*	I	m^*/m	C_a	C	K
湖南城陵矶	3.28	5.95	4.09	0.81	1.25	0.25	1.81	4.03
湖南五一	1.25	5.55	4.69	3.44	3.75	2.75	4.44	0.36
湖南合兴	1.72	4.37	3.26	1.54	1.90	0.90	2.54	1.12
湖南新洲	9.43	36.7	12.32	2.89	1.31	0.31	3.89	3.26
湖南挂口	8.93	40.89	12.51	3.58	1.40	0.40	4.58	2.49

表 4-7　在杨树上羽化孔的各项聚集度指标

样地	m	S^2	聚集指标					
			m^*	I	m^*/m	C_a	C	K
湖南城陵矶	0.90	1.12	1.14	0.24	1.27	0.27	1.24	3.68
湖南五一	1.10	2.76	2.61	1.51	2.37	1.37	2.51	0.73
湖南合兴	0.44	0.70	1.03	0.59	2.34	1.34	1.59	0.74
湖南新洲	4.28	19.60	7.86	3.58	1.84	0.84	4.58	1.20
湖南挂口	3.95	17.89	7.48	3.53	1.89	0.89	4.53	1.12

表 4-8　在杨树上蛀孔的各项聚集度指标

样地	m	S^2	聚集指标					
			m^*	I	m^*/m	C_a	C	K
湖南城陵矶	3.73	5.59	4.23	0.50	1.13	0.13	1.50	7.48
湖南五一	4.05	12.60	6.16	2.11	1.52	0.52	3.11	1.92
湖南合兴	4.48	22.00	8.39	3.91	1.87	0.87	4.91	1.15
湖南新洲	9.15	50.95	13.72	4.57	1.50	0.50	5.57	2.00
湖南挂口	7.60	20.40	9.28	1.68	1.22	0.22	2.68	4.51

　　负二项分布的参数 K 值是种群聚集度的重要参数，作为估计种群聚集型扩散的指标时，K 值与密度无关，K 值越小，种群聚集度越大，若 K 值趋于无穷大时

（一般在 8 以上时），则逼近 Poisson 分布，杨树上云斑天牛的刻槽、排粪孔、羽化孔和蛀孔的聚集度指标 K 值（表 4-5～表 4-8）均小于 8，因此云斑天牛在杨树上的刻槽、排粪孔、羽化孔和蛀孔的分布型均不符合 Poisson 分布，即非均匀分布。

　　通过计算各样点刻槽、排粪孔、羽化孔和蛀孔的公共 K 值可判断其是否符合负二项分布。经过计算，刻槽的公共 K 值为 2.48，且按自由度为 4，经 χ^2（$\chi^2 = 95.63$）检验，其公共性不显著（$\chi^2_{0.05} = 9.49$）；排粪孔的公共 K 值为 2.02，且按自由度为 4，经 χ^2（$\chi^2 = 329.28$）检验，其公共性不显著（$\chi^2_{0.05} = 9.49$）；羽化孔的公共 K 值为 1.034，且按自由度为 4，经 χ^2（$\chi^2 = 9.59$）检验，其公共性不显著（$\chi^2_{0.05} = 9.49$）；蛀孔的公共 K 值为 2.10，且按自由度为 4，经 χ^2（$\chi^2 = 12.78$）检验，其公共性不显著（$\chi^2_{0.05} = 9.49$）。因此，在杨树上刻槽、排粪孔、羽化孔和蛀孔的分布型均符合负二项分布，表现为聚集分布，即种群的卵、幼虫和蛹（或成虫）的分布型均符合负二项分布，表现为聚集分布。

　　由图 4-2 可见，在杨树上刻槽、排粪孔和羽化孔的公共 K 值中，刻槽（$K = 2.48$）＞排粪孔（$K = 2.02$）＞羽化孔（$K = 1.03$），这与刻槽、排粪孔和羽化孔的观察所得平均密度的变化趋势是一致的，即刻槽的密度最高，拥挤度最大，聚集度最大，排粪孔次之，羽化孔最小；也与刻槽、排粪孔和羽化孔的统计所得的平均拥挤度的变化趋势一致，即刻槽的密度最高，拥挤度最大，聚集度最大，排粪孔次之，羽化孔最小。这一变化趋势完全符合云斑天牛的种群增长生命曲线变化，即由卵到幼虫到蛹或成虫的种群数量逐渐减少。

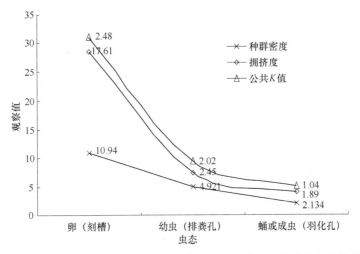

图 4-2　不同虫态的种群密度、空间分布公共 K 值和拥挤度的变化趋势

4.2.1.4　Iwao m^*-m 回归关系

　　在杨树上刻槽的空间 m^*-m 回归方程为 $m^* = 3.05 + 1.00m$（$r = 0.98$），对回归关系进行方差分析表明，刻槽空间的回归关系极显著（$F = 71.66$，$P = 0.0035 < 0.01$），

而且回归方程中$\alpha>0$、$\beta>1$，说明在杨树上刻槽的分布为聚集分布，即卵的分布为聚集分布，分布的基本成分为个体群。

在杨树上排粪孔的空间 m^*-m 回归方程为 $m^*=1.79+1.14m$（$r=0.97$），对回归关系进行方差分析表明，排粪孔空间的回归关系极显著（$F=50.43$，$P=0.0057<0.01$），而且回归方程中 $\alpha>0$、$\beta>1$，说明在杨树上排粪孔的分布为聚集分布，即幼虫的分布为聚集分布，分布的基本成分为个体群。

在杨树上羽化孔的空间 m^*-m 回归方程为 $m^*=0.10+1.84m$（$r=0.99$），对回归关系进行方差分析表明，羽化孔空间的回归关系极显著（$F=208.91$，$P=0.0007<0.01$），而且回归方程中 $\alpha>0$、$\beta>1$，说明在杨树上羽化孔的分布为聚集分布，即蛹或成虫的分布为聚集分布，分布的基本成分为个体群。

在杨树上蛀孔的空间 m^*-m 回归方程为 $m^*=0.48+1.36m$（$r=0.92$），对回归关系进行方差分析表明，蛀孔空间的回归关系显著（$F=16.13$，$P=0.02<0.05$），而且回归方程中 $\alpha>0$、$\beta>1$，说明在杨树上的蛀孔的分布为聚集分布，分布的基本成分为个体群，这可进一步证明幼虫的分布为聚集分布。

4.2.1.5　Taylor 的幂指数

Taylor 幂指数聚集度指标分析在杨树上刻槽的空间分布表明，S^2 与 m 的回归直线方程为 $\lg S^2=0.48+1.18\lg m$（$r=0.97$），式中 b 值大于 1，表明在杨树上刻槽为聚集分布。对刻槽 $\lg S^2$ 和 $\lg m$ 的回归关系进行方差分析表明，回归关系极显著（$F=53.45$，$P=0.0053<0.01$）。

Taylor 幂指数聚集度指标分析在杨树上排粪孔的空间分布表明，S^2 与 m 的回归直线方程为 $\lg S^2=0.45+1.11\lg m$（$r=0.94$），式中 b 值大于 1，表明在杨树上排粪孔为聚集分布。对排粪孔 $\lg S^2$ 和 $\lg m$ 的回归关系进行方差分析表明，回归关系显著（$F=21.14$，$P=0.0193<0.05$）。

Taylor 幂指数聚集度指标分析在杨树上羽化孔的空间分布表明，S^2 与 m 的回归直线方程为 $\lg S^2=0.31+1.54\lg m$（$r=0.97$），式中 b 值大于 1，表明在杨树上羽化孔为聚集分布。对羽化孔 $\lg S^2$ 和 $\lg m$ 的回归关系进行方差分析表明，回归关系极显著（$F=108.47$，$P=0.0019<0.01$）。

Taylor 幂指数聚集度指标分析在杨树上蛀孔的空间分布表明，S^2 与 m 的回归直线方程为 $\lg S^2=0.01+1.68\lg m$（$r=0.83$），式中 b 值大于 1，表明在杨树上蛀孔为聚集分布。对蛀孔 $\lg S^2$ 和 $\lg m$ 的回归关系进行方差分析表明，回归关系显著（$F=6.88$，$P=0.0488<0.05$）。

因此，通过 Taylor 幂指数聚集度指标分析的刻槽、排粪孔和羽化孔的空间格局均为聚集分布，即卵、幼虫、蛹或成虫呈聚集分布。

4.2.1.6　聚集原因分析

昆虫种群在空间的聚集原因，既可能是受某些环境因素的影响，也可能是物种本身行为特性的聚集习性所致，应用 Blackith 的种群聚集均数（λ）检验刻槽的聚集原因，在杨树上的刻槽、排粪孔、羽化孔和蛀孔的λ值见表 4-9。将刻槽平均密度与聚集均数进行回归分析，得回归方程为$\lambda=-1.58+0.97m$（$r=0.99$），对回归关系进行方差分析表明，回归关系极显著（$F=149.65,P=0.0012<0.01$）；排粪孔的平均密度与聚集均数的回归方程为$\lambda=-0.13+0.77m$（$r=0.98$），对回归关系进行方差分析表明，回归关系极显著（$F=84.39,P=0.0027<0.01$）；羽化孔的平均密度与聚集均数的回归方程为$\lambda=-0.08+0.62m$（$r=0.97$），对回归关系进行方差分析表明，回归关系极显著（$F=87.87$，$P=0.0026<0.01$）；蛀孔的平均密度与聚集均数的回归方程为$\lambda=-1.13+1.0m$（$r=0.97$），对回归关系进行方差分析表明，回归关系极显著（$F=45.39$，$P=0.0067<0.01$）。因此，在杨树上的刻槽、排粪孔、羽化孔和蛀孔的聚集均数随种群密度的增大而增大，即种群的卵、幼虫、蛹或成虫的聚集均数随种群密度的增大而增大。

表 4-9　不同杨树林地刻槽、排粪孔、羽化孔和蛀孔的聚集均数

样地	林地性质	聚集均数（λ）			
		刻槽	排粪孔	羽化孔	蛀孔
湖南城陵矶	公路林	4.89	2.99	0.78	3.33
湖南五一	片林	0.50	0.57	0.34	2.50
湖南合兴	片林	1.25	1.07	0.13	2.71
湖南新洲	渠道林	19.25	7.73	2.48	7.67
湖南挂口	村庄林	19.03	6.01	2.45	7.03

根据 Blackith 的种群聚集均数（λ）判定标准，当$\lambda<2$时，种群的聚集原因可能是由某些环境作用引起的，当$\lambda\geqslant2$时，其聚集原因是由种群自身行为和环境因素中任一因子引起的。由表 4-9 可见，刻槽、排粪孔、羽化孔和蛀孔在 5 个样地的聚集均数λ值部分大于 2，部分小于 2，这说明卵、幼虫、蛹或成虫在杨树上的聚集原因除与自身习性和环境因素有关外，还与种群密度有密切关系。当株均刻槽密度$m\leqslant1.92$时，$\lambda\leqslant1.25<2$，说明其聚集原因主要是环境因素，此时株均刻槽密度低，刻槽相对集中分布于部分杨树上，因此刻槽的聚集原因与其产卵寄主杨树的分布关系密切；当$m\geqslant9.08$时，$\lambda\geqslant4.89>2$，其聚集原因除与自身喜欢集中在杨树干上多次产卵外，还与其产卵寄主杨树的分布有关系。当株均排粪孔密度$m\leqslant1.72$时，$\lambda\leqslant1.07<2$，其聚集原因主要是环境因素，由寄主杨树的分布引起；当$m\geqslant3.28$时，$\lambda\geqslant2.98>2$，聚集原因与环境因素和自身习性有关。当株均羽化孔密度$m\leqslant0.90$时，$\lambda\leqslant0.78<2$，聚集原因主要是环境因素，由寄主杨树的分布引起；当$m\geqslant3.95$时，$\lambda\geqslant2.45>2$，聚集原因与环境因素和自身习性有关。蛀孔的λ均大于 2，其聚集原因为环境因素和自身习性。

成虫喜欢在一棵树干或附近树干集中产卵的习性决定了其卵的分布具有一定的聚集性，同样由卵孵化出的幼虫自身在树干钻蛀危害不能远距离移动，进而在蛀道内化蛹并羽化为成虫次年春天从羽化孔中飞出，这样的习性决定了其从卵到成虫都具有聚集性。表 4-9 的统计结果显示，片林危害较轻，刻槽、排粪孔和羽化孔株均密度较低，自身聚集产卵的习性表现不明显，其聚集均数均小于 2，其聚集原因主要是环境因素；随危害的加重，在公路林、渠道林和村庄林中，刻槽、排粪孔和羽化孔株均密度高，自身聚集产卵的习性表现明显，聚集均数（除公路林的羽化孔）均大于 2。

4.2.1.7 抽样技术

在抽样调查时，抽取多少样本数量，即可达到所需要的精度，需要先确定调查样本的最适抽样数。根据 Iwao 的统计方法，得知 m^*-m 回归方程的 α、β 值及平均密度 m，再给定允许误差 D 与置信概率 90% 相应的 t 值（$t=1.96$），将 $\alpha=3.05$、$\beta=1.00$ 代入公式（4-13），得出刻槽在不同抽样允许误差下抽样数公式：$N_{0.1}=1556.85/m+1.59$，$N_{0.2}=389.21/m+0.3$，$N_{0.3}=172.88/m+0.17$；将 $\alpha=1.79$、$\beta=1.14$ 代入公式（4-13），得出排粪孔在不同抽样允许误差下抽样数公式：$N_{0.1}=1071.23/m+51.92$，$N_{0.2}=119.08/m+22.88$，$N_{0.3}=118.96/m+5.77$；将 $\alpha=0.10$、$\beta=1.84$ 代入公式（4-13），得出羽化孔在不同抽样允许误差下抽样数公式：$N_{0.1}=421.77/m+322.72$，$N_{0.2}=105.44/m+80.68$，$N_{0.3}=52.87/m+10.16$；将 $\alpha=0.48$、$\beta=1.36$ 代入公式（4-13），得出蛀孔在不同抽样允许误差下抽样数公式：$N_{0.1}=568.60/m+137.36$，$N_{0.2}=142.15/m+34.34$，$N_{0.3}=63.18/m+15.26$。根据上述公式即可获得刻槽、排粪孔、羽化孔和蛀孔在各种密度下的最适抽样数。

从表 4-10～表 4-13 可以看出，随着刻槽、排粪孔和羽化孔株均密度增加，所调查的样本数逐渐减少，但在相同的密度下，抽样数又随着允许误差的减少而提高。在实际调查中可根据人力与时间的情况选择相应的允许误差，并确定该调查地块的密度，然后查样本信息表确定详细调查时所需要的样方数。

表 4-10 在杨树上刻槽在不同密度下的最适抽样数

允许误差	刻槽的株均数量																		
	2	4	6	8	10	12	14	16	18	20	22	24	26	28	30	35	40	45	50	55
0.1	780	391	261	196	157	131	113	99	88	79	72	66	61	57	53	46	40	36	33	30
0.2	195	98	65	49	39	33	28	25	22	20	18	17	15	14	13	12	10	9	8	7
0.3	87	43	29	22	17	15	13	11	10	9	8	7	7	6	6	5	4	4	4	3

表 4-11 在杨树上排粪孔在不同密度下的最适抽样数

允许误差	排粪孔的株均数量																			
	1	2	3	4	5	6	7	8	9	10	11	12	13	14	15	20	25	30	35	40
0.1	1123	588	409	320	266	230	205	186	171	159	149	141	134	128	123	105	95	88	83	79
0.2	142	82	63	53	47	43	40	38	36	35	34	33	32	31	31	29	28	27	26	26
0.3	125	65	45	36	30	26	23	21	19	18	17	16	15	14	14	12	11	10	9	9

表 4-12 在杨树上羽化孔在不同密度下的最适抽样数

允许误差	羽化孔的株均数量																			
	0.5	1	1.5	2	2.5	3	3.5	4	4.5	5	5.5	6	6.5	7	7.5	8	8.5	9	9.5	10
0.1	1166	744	604	534	491	463	443	428	416	407	399	393	388	383	379	375	372	370	367	365
0.2	292	186	151	133	123	116	111	107	104	102	100	98	97	96	95	94	93	92	92	91
0.3	116	63	45	37	31	28	25	23	22	21	20	19	18	18	17	17	16	16	16	15

表 4-13 在杨树上蛀孔在不同密度下的最适抽样数

允许误差	蛀孔的株均数量																			
	1	2	3	4	5	6	7	8	9	10	11	12	13	14	15	20	25	30	35	40
0.1	706	422	327	280	251	232	219	208	201	194	189	185	181	178	175	166	160	156	154	152
0.2	176	105	82	70	63	58	55	52	50	49	47	46	45	44	44	41	40	39	38	38
0.3	78	47	36	31	28	26	24	23	22	21	21	20	20	19	19	18	17	17	17	17

4.2.1.8 序贯抽样

根据公式（4-14），将每株杨树上有 10 个刻槽暂定为防治指标，即 $m_0=10$，将 m_0 及 $\alpha=3.05$、$\beta=1.004$ 和 $t=1.96$ 分别代入公式（4-14），得刻槽的序贯抽样公式：$T_0(n)=10n\pm1.96\sqrt{40.93n}$；将每株杨树上有 3 个排粪孔暂定为防治指标，即 $m_0=3$，将 m_0 及 $\alpha=1.79$、$\beta=1.14$ 和 $t=1.96$ 分别代入公式（4-14），得排粪孔的序贯抽样公式：$T_0(n)=3n\pm1.96\sqrt{9.58n}$；将每株杨树上有 2 个羽化孔暂定为防治指标，即 $m_0=2$，将 m_0 及 $\alpha=0.10$、$\beta=1.84$ 和 $t=1.96$ 分别代入公式（4-14），得羽化孔的序贯抽样公式：$T_0(n)=2n\pm1.96\sqrt{5.56n}$；将每株杨树上有 3 个蛀孔暂定为防治指标，即 $m_0=3$，将 m_0 及 $\alpha=0.48$、$\beta=1.35$ 和 $t=1.96$ 分别代入公式（4-14），得蛀孔的序贯抽样公式：$T_0(n)=3n\pm1.96\sqrt{7.66n}$。

根据抽样公式，计算得出在调查不同株数时所需调查的刻槽、排粪孔、羽化孔和蛀孔的上限和下限值见表 4-14。从表 4-14 可见，如果调查 30 棵杨树，刻槽累计达 369 个时需要进行防治，累计不足 231 个时，不需要进行防治；排粪孔累计达 123 个时需要进行防治，累计不足 57 个时，不需要进行防治；羽化孔累计达 85 个时需要进行防治，累计不足 35 个时，不需要进行防治；蛀孔数累计达 120 个时需要进行防治，累计不足 60 个时，不需进行防治。

表 4-14　在杨树上刻槽、排粪孔、羽化孔和蛀孔序贯抽样分析表

抽样数	累计刻槽数		抽样数	累计排粪孔数		抽样数	累计羽化孔数		抽样数	累计蛀孔数	
	上限	下限		上限	下限		上限	下限		上限	下限
5	78	22	5	29	1	5	20	0	5	27	3
10	140	60	10	49	11	10	35	5	10	47	13
15	199	101	15	68	22	15	48	12	15	66	24
20	256	144	20	87	33	20	61	19	20	84	36
25	313	187	25	105	45	25	73	27	25	102	48
30	369	231	30	123	57	30	85	35	30	120	60
35	424	276	35	141	69	35	97	43	35	137	73
40	479	321	40	158	82	40	109	51	40	154	86
45	534	366	45	176	94	45	121	59	45	171	99
50	589	411	50	193	107	50	133	67	50	188	112
55	643	457	55	210	120	55	144	76	55	205	125
60	697	503	60	227	133	60	156	84	60	222	138
65	751	549	65	244	146	65	167	93	65	239	151
70	805	595	70	261	159	70	179	101	70	255	165
75	859	641	75	278	172	75	190	110	75	272	178
80	912	688	80	294	186	80	201	119	80	289	191
85	966	734	85	311	199	85	213	127	85	305	205
90	1019	781	90	328	212	90	224	136	90	321	219
95	1072	828	95	344	226	95	235	145	95	338	232
100	1125	875	100	361	239	100	246	154	100	354	246

当调查过程中的刻槽、排粪孔、羽化孔和蛀孔的累计数量在上下限之间，则继续抽样，当不易下结论时，通过公式（4-15）确定最大抽样数，估计密度所允许的置信限，取 $t=1$，$d=0.3$，将 $\alpha=3.05$、$\beta=1.004$ 值代入公式（4-15），得刻槽最大抽样数公式：$N_{max}=454.77$，即以刻槽为调查防治指标时杨树的最大抽样数为 455 棵；将 $\alpha=1.79$、$\beta=1.14$ 值代入公式（4-15），得排粪孔最大抽样数公式：$N_{max}=106.47$，即以排粪孔为防治指标时杨树的最大抽样数为 107 棵；将 $\alpha=0.10$、$\beta=1.84$ 值代入公式（4-15），得羽化孔最大抽样数公式：$N_{max}=61.73$，即以羽化孔为防治指标时杨树的最大抽样数为 62 棵；将 $\alpha=0.48$、$\beta=1.36$ 值代入公式（4-15），得蛀孔最大抽样数公式：$N_{max}=85.09$，即以蛀孔为防治指标时杨树的最大抽样数为 85 棵。

4.2.1.9　空间分布型的地统计学分析

1. 刻槽的半变差异函数

对 5 个调查样点刻槽的分布进行理论半变差异函数模型拟合，拟合函数及各个参数见表 4-15、表 4-16 和图 4-3。各样点的拟合模型为球形模型、指数模型和高斯模型，半变差异函数的决定系数 R^2 为 0.6193～0.9903，平均值为 0.8110，决定系数值均较大，说明拟合模型的拟合程度均较高。根据拟合模型可见，杨树上刻槽的空间分布有明显的空间结构，尽管各个样点的拟合模型不完全一致，但其指明的空间分布型均为聚集分布。

表 4-15　杨树上刻槽的半变差异函数参数

序号	样地	模型类型	块金 C_0	C	变程 a	基台值 C_0+C	空间结构比率 $C/(C_0+C)$（%）	决定系数 R^2	分布型	F 检验
1	湖南城陵矶	球形模型	63.01	18.46	61.12	81.47	22.66	0.6193	聚集	3.25
2	湖南五一	高斯模型	2.32	3.02	15.92	5.34	56.55	0.7427	聚集	7.22*
3	湖南合兴	指数模型	1.05	4.95	9.95	5.99	82.51	0.7928	聚集	9.57*
4	湖南新洲	指数模型	14.82	71.62	7.35	86.44	82.86	0.9104	聚集	20.31**
5	湖南挂口	球形模型	38.15	74.33	57.67	112.48	66.09	0.9903	聚集	153.75*

*表示差异显著，**表示差异极显著

表 4-16　杨树上刻槽的半变差异函数拟合模型

样地	模型类型	半变差异函数
湖南城陵矶	球形模型	$\gamma(h)=63.01+0.45h-4.04\times10^{-5}h^3$
湖南五一	高斯模型	$\gamma(h)=5.34-3.02e^{-6.28\times10^{-2}h}$
湖南合兴	指数模型	$\gamma(h)=6.00-4.95e^{-1.01\times10^{-2}h^2}$
湖南新洲	指数模型	$\gamma(h)=86.44-71.62e^{-1.85\times10^{-2}h^2}$
湖南挂口	球形模型	$\gamma(h)=38.15+1.93h-1.87\times10^{-4}h^3$

从拟合函数参数的块金值 C_0 看，最小块金值为 1.05，表明引起变量的随机程度较小，最大块金值为 63.01，表明引起变量的随机程度较大。从变程 a 看，为 7.35～61.12 m，其空间依赖范围均在研究尺度之内，当间隔距离在变程之内时，具有明显的空间依赖性，当间隔距离超过变程时，半变差异函数趋于稳定，不存在空间相关性。从基台值 C_0+C 看，最小值为 5.34，变量的变化幅度较小，最大值为 112.48，表明变量的变化幅度较大。从空间结构比率 $C/(C_0+C)$ 看，最小值为 22.66%，最大值为 82.86%，平均值为 62.13%，介于 25%～75%，有中等程度的空间相关性，其中合兴和新洲两样点大于 75%，具有较强的空间相关性，城陵矶样点小于 25%，空间相关性不高。

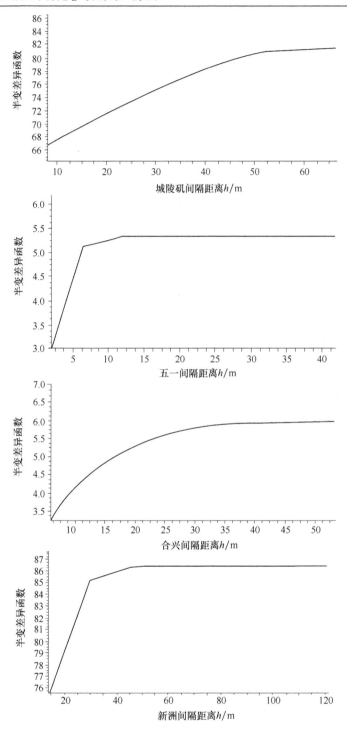

图 4-3 不同样点杨树上刻槽的半变差异函数

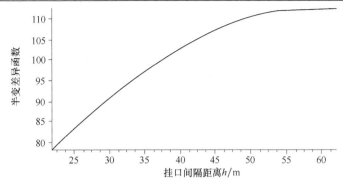

图 4-3   不同样点杨树上刻槽的半变差异函数（续）

2. 排粪孔的半变差异函数

对 5 个调查样点排粪孔的分布进行理论半变差异函数模型拟合，拟合函数及各个参数见表 4-17、表 4-18 和图 4-4。各样点的拟合模型为球形模型、指数模型和高斯模型，半变差异函数的决定系数 R^2 为 0.6934～0.8375，平均值为 0.7487，决定系数值均较大，说明拟合模型的拟合程度均较高。根据拟合模型可见，杨树上排粪孔的空间分布有明显的空间结构，尽管各个样点的拟合模型不完全一致，但其指明的空间分布型均为聚集分布。

表 4-17   杨树上排粪孔的半变差异函数参数

序号	样地	模型类型	块金 C_0	C	变程 a	基台值 C_0+C	空间结构比率 $C/(C_0+C)$（%）	决定系数 R^2	分布型	F 检验
1	湖南城陵矶	球形模型	5.10	2.38	126.04	7.48	31.84	0.8165	聚集	13.35**
2	湖南五一	高斯模型	4.88	327.79	437.51	332.67	98.53	0.8375	聚集	15.41**
3	湖南合兴	指数模型	2.15	1.54	19.55	3.69	41.79	0.6935	聚集	6.79*
4	湖南新洲	球形模型	22.46	19.60	27.27	42.06	46.60	0.7024	聚集	3.54
5	湖南挂口	球形模型	34.93	21.88	254.39	56.81	38.52	0.6934	聚集	6.78*

*表示差异显著，**表示差异极显著

表 4-18   杨树上排粪孔的半变差异函数拟合模型

样地	模型类型	半变差异函数
湖南城陵矶	球形模型	$\gamma(h)=5.10+2.84\times10^{-2}h-5.95\times10^{-7}h^3$
湖南五一	高斯模型	$\gamma(h)=332.67-327.79e^{-2.29\times10^{-3}h}$
湖南合兴	指数模型	$\gamma(h)=3.69-1.54e^{-2.62\times10^{-3}h^2}$
湖南新洲	球形模型	$\gamma(h)=22.46+1.08h-4.83\times10^{-4}h^3$
湖南挂口	球形模型	$\gamma(h)=34.93+0.13h-6.65\times10^{-7}h^3$

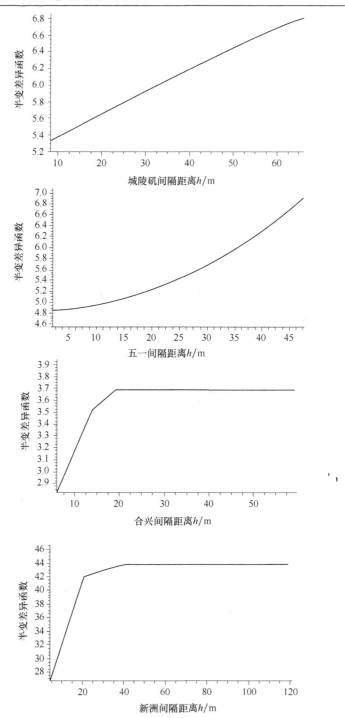

图 4-4　不同样点杨树上排粪孔的半变差异函数

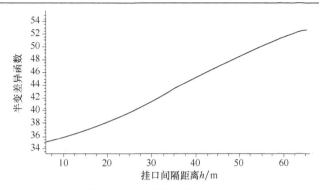

图 4-4　不同样点杨树上排粪孔的半变异函数（续）

从拟合函数参数的块金值 C_0 看，最小块金值为 2.15，表明引起变量的随机程度较小，最大块金值为 34.93，表明引起变量的随机程度较大。从变程 a 看，为 19.55～437.51 m，其空间依赖范围均在研究尺度之内，当间隔距离在变程之内时，具有明显的空间依赖性，当间隔距离超过变程时，半变异函数趋于稳定，不存在空间相关性。从基台值 C_0+C 看，最小值为 3.69，变量的变化幅度较小，最大值为 332.67，表明变量的变化幅度较大。从空间结构比率 $C/(C_0+C)$ 看，最小值为 31.84%，最大值为 98.53%，平均值为 51.46%，介于 25%～75%，有中等程度的空间相关性，其中五一样点大于 75%，具有较强的空间相关性。

3. 羽化孔的半变差异函数

对 5 个调查样点羽化孔的分布进行理论半变差异函数模型拟合，拟合函数及各个参数见表 4-19、表 4-20 和图 4-5。各样点的拟合模型为球形模型、指数模型和高斯模型，半变差异函数的决定系数 R^2 为 0.7081～0.9825，平均值为 0.8493，决定系数值均较大，说明拟合模型的拟合程度均较高。根据拟合模型可见，杨树上羽化孔的空间分布有明显的空间结构，尽管各个样点的拟合模型不完全一致，但其指明的空间分布型均为聚集分布。

表 4-19　杨树上羽化孔的半变差异函数参数

序号	样地	模型类型	块金 C_0	C	变程 a	基台值 C_0+C	空间结构比率 $C/(C_0+C)$（%）	决定系数 R^2	分布型	F 检验
1	湖南城陵矶	球形模型	0.92	0.22	28.86	1.15	19.46	0.7521	聚集	6.07
2	湖南五一	指数模型	1.83	4.81	102.82	6.65	72.43	0.9088	聚集	29.89**
3	湖南合兴	指数模型	0.46	0.35	21.47	0.81	43.44	0.7081	聚集	7.28*
4	湖南新洲	高斯模型	11.89	28.50	109.40	40.38	70.57	0.9825	聚集	196.27**
5	湖南挂口	指数模型	10.98	12.26	16.15	23.24	52.75	0.8950	聚集	8.52

*表示差异显著，**表示差异极显著

表 4-20　杨树上羽化孔的半变差异函数拟合模型

样地	模型类型	半变差异函数
湖南城陵矶	球形模型	$\gamma(h)=0.92+1.16\times10^{-2}h-4.64\times10^{-6}h^3$
湖南五一	指数模型	$\gamma(h)=6.64-4.81e^{-9.46\times10^{-5}h^2}$
湖南合兴	指数模型	$\gamma(h)=0.81-0.35e^{-2.17\times10^{-3}h^2}$
湖南新洲	高斯模型	$\gamma(h)=40.38-28.50e^{-9.14\times10^{-3}h}$
湖南挂口	指数模型	$\gamma(h)=23.23-12.26e^{-3.83\times10^{-3}h^2}$

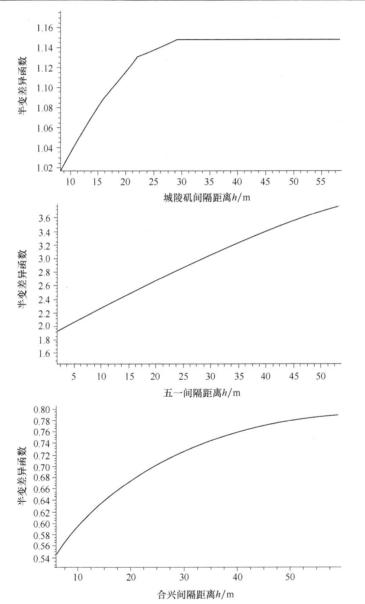

图 4-5　不同样点杨树上羽化孔的半变差异函数

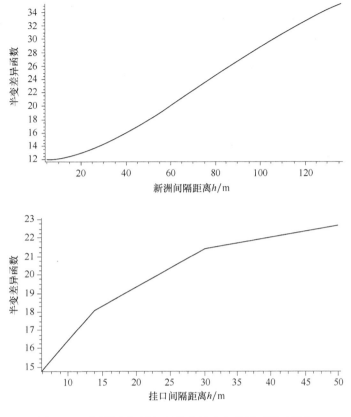

图 4-5 不同样点杨树上羽化孔的半变差异函数（续）

从拟合函数参数的块金值 C_0 看，最小块金值为 0.46，表明引起变量的随机程度较小，最大块金值为 11.89，表明引起变量的随机程度较大。从变程 a 看，为 $16.15 \sim 109.40$ m，其空间依赖范围均在研究尺度之内，当间隔距离在变程之内时，具有明显的空间依赖性，当间隔距离超过变程时，半变差异函数趋于稳定，不存在空间相关性。从基台值 $C_0 + C$ 看，最小值为 0.81，变量的变化幅度较小，最大值为 40.38，表明变量的变化幅度较大。从空间结构比率 $C/(C_0 + C)$ 看，最小值为 19.46%，最大为 72.43%，平均值为 51.73%，介于 $25\% \sim 75\%$，有中等程度的空间相关性，其中城陵矶样点小于 25%，空间相关性不强。

4. 蛀孔的半变差异函数

对 5 个调查样点蛀孔的分布进行理论半变差异函数模型拟合，拟合函数及各个参数见表 4-21、表 4-22 和图 4-6。各样点的拟合模型为球形模型、指数模型和

表 4-21　杨树上蛀孔的半变差异函数参数

序号	样地	模型类型	块金 C_0	C	变程 a	基台值 C_0+C	空间结构比率 $C/(C_0+C)$（%）	决定系数 R^2	分布型	F 检验
1	湖南城陵矶	球形模型	1.84	4.63	53.42	6.47	71.53	0.7439	聚集	5.81*
2	湖南五一	指数模型	5.53	9.61	11.68	15.15	63.46	0.6115	聚集	5.51*
3	湖南合兴	球形模型	0.07	22.40	23.17	22.47	99.69	0.6758	聚集	6.25
4	湖南新洲	高斯模型	26.96	152.01	227.50	178.97	84.94	0.9932	聚集	514.04**
5	湖南挂口	高斯模型	14.23	9.67	128.17	23.90	40.46	0.7930	聚集	9.58*

*表示差异显著，**表示差异极显著

表 4-22　杨树上蛀孔的半变差异函数拟合模型

样地	模型类型	半变差异函数
湖南城陵矶	球形模型	$\gamma(h)=1.84+0.13h-1.15\times10^{-5}h^3$
湖南五一	指数模型	$\gamma(h)=15.15-9.61e^{-7.34\times10^{-3}h^2}$
湖南合兴	球形模型	$\gamma(h)=0.07+1.45h-9.01\times10^{-4}h^3$
湖南新洲	高斯模型	$\gamma(h)=178.97-152.01e^{-4.40\times10^{-3}h}$
湖南挂口	高斯模型	$\gamma(h)=14.23-9.67e^{-7.80\times10^{-3}h}$

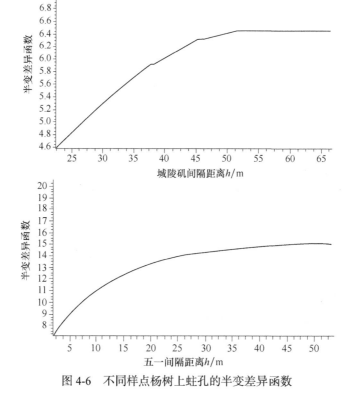

图 4-6　不同样点杨树上蛀孔的半变差异函数

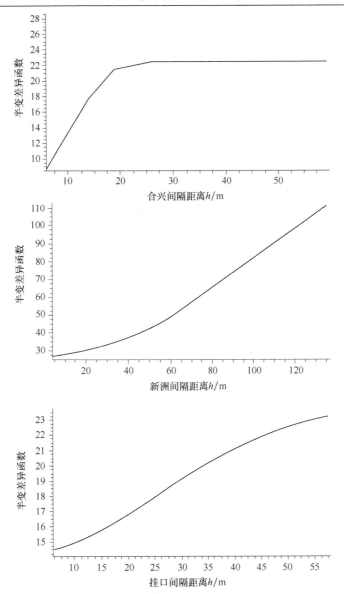

图 4-6 不同样点杨树上蛀孔的半变差异函数（续）

高斯模型，半变差异函数的决定系数 R^2 为 0.6115～0.9932，平均值为 0.7635，决定系数值均较大，说明拟合模型的拟合程度均较高。根据拟合模型可见，杨树上蛀孔的空间分布有明显的空间结构，尽管各个样点的拟合模型不完全一致，但其指明的空间分布型均为聚集分布。

从拟合函数参数的块金值 C_0 看，最小块金值为 0.07，表明引起变量的随机程度较小，最大块金值为 26.96，表明引起变量的随机程度较大。从变程 a 看，为 11.68～227.50 m，其空间依赖范围均在研究尺度之内，当间隔距离在变程之内时，具有明显的空间依赖性，当间隔距离超过变程时，半变差异函数趋于稳定，不存在空间相关性。从基台值 C_0+C 看，最小值为 6.47，变量的变化幅度较小，最大值为 178.97，表明变量的变化幅度较大。从空间结构比率 $C/(C_0+C)$ 看，最小值为 40.46%，最大值为 99.69%，平均值为 72.01%，介于 25%～75%，有中等程度的空间相关性，其中新洲和合兴样点大于 75%，具有较强的空间相关性。

4.2.2　云斑天牛在白蜡树上的空间分布

4.2.2.1　白蜡林调查样地的基本情况及调查指标的统计学特征

调查样地的林分性质、胸径、受害情况和样地地址等情况见表 4-23。调查选取的 6 个样地的林分特征分别为公路林、片林、庭院绿化和城市行道绿化，基本包括了目前白蜡人工林地的主要类型。调查样地受害杨树的平均胸径在 8.69～21.02 cm，基本处于适宜危害期。调查样地受害杨树的株均排粪孔数在 0.73～6.90，有虫株率在 22.93%～100%，代表了不同危害程度的样地。

表 4-23　白蜡树调查样地基本情况统计表

序号	样地	林地性质	平均胸径/cm	株均排粪孔数	有虫株率/%
1	东营南二路	城市行道绿化	14.38	2.68	45.00
2	东营宾馆	庭院绿化	15.66	2.90	75.61
3	滨州陈户	庭院绿化	21.02	6.90	74.29
4	东营品酒厂	公路林	18.27	4.95	100.00
5	东营六杆桥	片林	11.11	2.81	72.15
6	东营图书馆	片林	8.69	0.73	22.93

试验分别调查了在白蜡树上危害的刻槽、排粪孔、羽化孔和蛀孔 4 个指标，这 4 个统计指标的基本统计学特征见表 4-24。这 4 个统计指标分表代表了白蜡树上云斑天牛种群的卵、幼虫和成虫（或蛹）的数量，蛀孔为非当年存活幼虫危害树体时留存的排粪孔，反映了近年来白蜡树受云斑天牛的危害情况。

表 4-24　白蜡树上统计指标调查数据的基本统计学特征

序号	样地	统计指标	调查株数	平均值	方差	最小值	最大值	中位数	标准误	标准差	峰度	偏度
1	东营南二路	刻槽	40	4.55	30.72	0.00	23.00	2.50	0.88	5.54	1.77	1.36
		排粪孔	40	2.68	18.38	0.00	19.00	0.00	0.68	4.29	4.67	2.07
		羽化孔	40	0.75	1.68	0.00	5.00	0.00	0.20	1.30	2.41	1.76
		蛀孔	40	4.88	45.50	0.00	23.00	1.00	1.07	6.75	1.18	1.47
2	东营宾馆	刻槽	41	4.37	22.99	0.00	15.00	3.00	0.75	4.79	−0.74	0.77
		排粪孔	41	2.90	7.89	0.00	11.00	2.00	0.44	2.81	1.21	1.19
		羽化孔	41	1.02	2.12	0.00	4.00	0.00	0.23	1.46	−0.53	1.03
		蛀孔	41	2.54	10.95	0.00	15.00	1.00	0.52	3.31	3.58	1.65

续表

序号	样地	统计指标	调查株数	平均值	方差	最小值	最大值	中位数	标准误	标准差	峰度	偏度
3	滨州陈户	刻槽	70	7.30	76.36	0.00	34.00	4.00	1.04	8.74	0.44	1.11
		排粪孔	70	1.87	8.06	0.00	10.00	0.00	0.34	2.84	0.82	1.39
		羽化孔	70	0.59	1.14	0.00	4.00	0.00	0.13	1.07	1.38	1.63
		蛀孔	70	1.87	8.06	0.00	10.00	0.00	0.34	2.84	0.82	1.39
4	东营品酒厂	刻槽	41	10.66	95.83	0.00	30.00	9.00	1.53	9.79	−1.17	0.41
		排粪孔	41	4.95	26.30	1.00	24.00	3.00	0.80	5.13	3.79	1.78
		羽化孔	41	1.59	3.80	0.00	9.00	1.00	0.30	1.95	4.27	1.81
		蛀孔	41	3.46	16.60	0.00	20.00	2.00	0.64	4.07	5.89	2.05
5	东营六杆桥	刻槽	79	3.77	21.69	0.00	18.00	3.00	0.52	4.66	1.21	1.30
		排粪孔	79	2.81	10.16	0.00	13.00	2.00	0.36	3.19	1.76	1.47
		羽化孔	79	0.46	0.69	0.00	3.00	0.00	0.09	0.83	2.00	1.74
		蛀孔	79	0.84	2.19	0.00	6.00	0.00	0.17	1.48	2.87	1.85
6	东营图书馆	刻槽	205	1.40	5.57	0.00	9.00	0.00	0.16	2.36	0.43	1.37
		排粪孔	205	0.73	4.04	0.00	16.00	0.00	0.14	2.01	24.20	4.46
		羽化孔	205	0.43	0.87	0.00	6.00	0.00	0.07	0.93	8.36	2.68
		蛀孔	205	0.96	3.52	0.00	12.00	0.00	0.13	1.88	9.09	2.74

4.2.2.2　频次比较法统计的空间分布

分别对东营南二路、东营宾馆、滨州陈户、东营品酒厂、东营六杆桥和东营图书馆 6 个调查样地 476 株白蜡树上危害的刻槽、排粪孔、羽化孔和蛀孔的数量进行调查，然后对刻槽、排粪孔、羽化孔和蛀孔作频次统计，统计结果见表 4-25。

表 4-25　白蜡树上刻槽、排粪孔、羽化孔和蛀孔的频次分布统计

刻槽				排粪孔				羽化孔		蛀孔			
数量	频数	数量	频数	数量	频数	数量	频数	数量	频数	数量	频数	数量	频数
0	253	18	3	0	254	18	0	0	273	0	279	18	2
1	31	19	3	1	52	19	1	1	115	1	43	19	1
2	25	20	3	2	47	20	0	2	43	2	37	20	1
3	23	21	0	3	26	21	0	3	30	3	36	21	0
4	24	22	2	4	21	22	0	4	10	4	14	22	1
5	22	23	2	5	20	23	0	5	2	5	13	23	1
6	12	24	2	6	14	24	1	6	2	6	18		
7	14	25	0	7	4			7	0	7	10		
8	12	26	0	8	5			8	0	8	7		
9	8	27	2	9	13			9	1	9	6		
10	7	28	0	10	7					10	3		
11	2	29	0	11	4					11	1		

刻槽				排粪孔				羽化孔		蛀孔			
数量	频数	数量	频数	数量	频数	数量	频数	数量	频数	数量	频数	数量	频数
12	4	30	1	12	2					12	1		
13	3	31	1	13	2					13	1		
14	4	32	0	14	1					14	0		
15	5	33	0	15	0					15	0		
16	6	34	1	16	1					16	0		
17	3			17	1					17	0		

根据刻槽、排粪孔、羽化孔和蛀孔的频次统计结果（表 4-25），对其空间格局进行 χ^2 拟合性检验，结果见表 4-26。结果表明，白蜡树上的刻槽、排粪孔、羽化孔和蛀孔的空间分布型符合负二项分布（似然法），不符合 Poisson 分布和 Neyman A 型分布（羽化孔同时也符合 Neyman A 型分布），因此白蜡树上的刻槽、排粪孔、羽化孔和蛀孔的空间格局为聚集分布，即白蜡树上的卵、幼虫、成虫（或蛹）为聚集分布。

表 4-26　白蜡树上刻槽、排粪孔、羽化孔和蛀孔的空间格局拟合性检验

调查指标	分布型	χ^2	自由度（df）	$\chi^2_{0.05}$	检验结果
刻槽	Poisson 分布	4376.89	35－2＝33	47.40	不符合
	Neyman A 型分布	1965.17	35－3＝32	46.19	不符合
	负二项分布（似然法）	36.43	35－3＝32	46.19	符合
排粪孔	Poisson 分布	1002.19	25－2＝23	35.17	不符合
	Neyman A 型分布	367.70	25－3＝22	33.92	不符合
	负二项分布（似然法）	29.51	25－3＝22	33.92	符合
羽化孔	Poisson 分布	82.86	10－2＝8	15.51	不符合
	Neyman A 型分布	7.22	10－3＝7	14.07	符合
	负二项分布（似然法）	5.24	10－3＝7	14.07	符合
蛀孔	Poisson 分布	1194.40	24－2＝22	33.92	不符合
	Neyman A 型分布	535.39	24－3＝21	32.67	不符合
	负二项分布（似然法）	28.14	24－3＝21	32.67	符合

4.2.2.3　聚集度指标统计的空间分布型

对调查样点数据整理分析，计算出在白蜡树上的刻槽、排粪孔、羽化孔和蛀孔的各种聚集度指标值，结果分别见表 4-27～表 4-30。统计结果表明，各个调查样点的刻槽、排粪孔、羽化孔和蛀孔的 I 值均大于 0，m^*/m 值均大于 1，C_a 值均大于 0，C 值均大于 1，K 值均大于 0，根据聚集度指标的判定标准，刻槽、排粪孔、羽化孔和蛀孔的分布格局均为聚集分布，即云斑天牛种群的卵、幼虫和蛹（或成虫）均为聚集分布。蛀孔的分布也为聚集分布，这进一步证明了幼虫呈聚集分布。

表 4-27　在白蜡树上产卵刻槽的各项聚集度指标

样地	m	S^2	聚集指标					
			m^*	I	m^*/m	C_a	C	K
东营南二路	4.55	30.72	10.30	5.75	2.26	1.26	6.75	0.79
东营宾馆	4.37	22.99	8.63	4.26	1.98	0.98	5.26	1.03
滨州陈户	7.30	76.36	16.76	9.46	2.30	1.30	10.46	0.77
东营品酒厂	10.66	95.83	18.65	7.99	1.75	0.75	8.99	1.33
东营六杆桥	3.77	21.69	8.52	4.75	2.26	1.26	5.75	0.79
东营图书馆	1.40	5.57	4.38	2.98	3.13	2.13	3.98	0.47

表 4-28　在白蜡树上排粪孔的各项聚集度指标

样地	m	S^2	聚集指标					
			m^*	I	m^*/m	C_a	C	K
东营南二路	2.68	18.38	8.54	5.86	3.19	2.19	6.86	0.46
东营宾馆	2.90	7.89	4.62	1.72	1.59	0.59	2.72	1.69
滨州陈户	6.90	74.61	16.71	9.81	2.42	1.42	10.81	0.70
东营品酒厂	4.95	26.30	9.26	4.31	1.87	0.87	5.31	1.15
东营六杆桥	2.81	10.16	5.43	2.62	1.93	0.93	3.62	1.07
东营图书馆	0.73	4.04	5.26	4.53	7.21	6.21	5.53	0.16

表 4-29　在白蜡树上羽化孔的各项聚集度指标

样地	m	S^2	聚集指标					
			m^*	I	m^*/m	C_a	C	K
东营南二路	0.75	1.68	1.99	1.24	2.65	1.65	2.24	0.60
东营宾馆	1.02	2.12	2.10	1.08	2.06	1.06	2.08	0.95
滨州陈户	0.59	1.15	1.54	0.95	2.61	1.61	1.95	0.62
东营品酒厂	1.59	3.80	2.98	1.39	1.87	0.87	2.39	1.14
东营六杆桥	0.46	0.69	0.96	0.50	2.09	1.09	1.50	0.92
东营图书馆	0.43	0.87	1.45	1.02	3.38	2.38	2.02	0.42

表 4-30　在白蜡树上蛀孔的各项聚集度指标

样地	m	S^2	聚集指标					
			m^*	I	m^*/m	C_a	C	K
东营南二路	4.88	45.50	13.20	8.32	2.71	1.71	9.32	0.59
东营宾馆	2.54	10.95	5.85	3.31	2.30	1.30	4.31	0.77
滨州陈户	1.87	8.06	5.18	3.31	2.77	1.77	4.31	0.56

续表

样地	m	S^2	聚集指标					
			m^*	I	m^*/m	C_a	C	K
东营品酒厂	3.46	16.60	7.26	3.80	2.10	1.10	4.80	0.91
东营六杆桥	0.84	2.19	2.45	1.61	2.91	1.91	2.61	0.52
东营图书馆	0.96	3.52	3.63	2.67	3.78	2.78	3.67	0.36

负二项分布的参数 K 值是种群聚集度的重要参数，作为估计种群聚集型扩散的指标时，K 值与密度无关，K 值越小，种群聚集度越大，若 K 值趋于无穷大时（一般在 8 以上时），则逼近 Poisson 分布。刻槽、排粪孔、羽化孔和蛀孔的聚集度指标 K 值（表 4-27~表 4-30）均小于 8，因此其分布不符合 Poisson 分布。

通过计算各样点刻槽、排粪孔、羽化孔和蛀孔的公共 K 值可判断其是否符合负二项分布，若 $\chi^2 > \chi^2_{0.05}$，表明负二项分布公共 K 值的公共性不显著。经过计算，刻槽的公共 K 值为 0.69，且按自由度为 5，经 χ^2（$\chi^2 = 14.01$）检验，其公共性不显著（$\chi^2_{0.05} = 11.07$）；排粪孔的公共 K 值为 0.44，且按自由度为 5，经 χ^2（$\chi^2 = 138.76$）检验，其公共性不显著（$\chi^2_{0.05} = 11.07$）；羽化孔的公共 K 值为 0.63，且按自由度为 5，经 χ^2（$\chi^2 = 11.79$）检验，其公共性不显著（$\chi^2_{0.05} = 11.07$）；蛀孔的公共 K 值为 0.49，且按自由度为 5，经 χ^2（$\chi^2 = 12.36$）检验，其公共性不显著（$\chi^2_{0.05} = 11.07$）。因此认为在白蜡树上刻槽、排粪孔、羽化孔和蛀孔的分布型均符合负二项分布，表现为聚集分布，即云斑天牛种群的卵、幼虫和蛹（或成虫）的分布型均符合负二项分布，表现为聚集分布。

4.2.2.4 Iwao m^*-m 回归关系

在白蜡树上产卵刻槽的空间 m^*-m 回归方程为 $m^* = 2.44 + 1.64m$（$r = 0.97$），对回归关系进行方差分析表明，产卵刻槽空间的回归关系极显著（$F = 66.40$，$P = 0.0012 < 0.01$），而且回归方程中 $\alpha > 0$、$\beta > 1$，说明在白蜡树上产卵刻槽的分布为聚集分布，即卵的分布为聚集分布，分布的基本成分为个体群。

在白蜡树上排粪孔的空间 m^*-m 回归方程为 $m^* = 1.82 + 1.86m$（$r = 0.87$），对回归关系进行方差分析表明，排粪孔空间的回归关系显著（$F = 13.10$，$P = 0.02 < 0.05$），而且回归方程中 $\alpha > 0$、$\beta > 1$，说明在白蜡树上排粪孔的分布为聚集分布，即幼虫的分布为聚集分布，分布的基本成分为个体群。

在白蜡树上羽化孔的空间 m^*-m 回归方程为 $m^* = 0.62 + 1.49m$（$r = 0.95$），对回归关系进行方差分析表明，羽化孔空间的回归关系极显著（$F = 39.58$，$P = 0.0033 < 0.01$），而且回归方程中 $\alpha > 0$、$\beta > 1$，说明在白蜡树上羽化孔的分布为聚集分布，即蛹或成虫的分布为聚集分布，分布的基本成分为个体群。

在白蜡树上蛀孔的空间 m^*-m 回归方程为 $m^* = 0.53 + 2.36m$（$r = 0.97$），对回归关系进行方差分析表明，蛀孔空间的回归关系显著（$F = 58.53$，$P = 0.0016 < 0.05$），而

且回归方程中 $\alpha > 0$、$\beta > 1$，说明在白蜡树上蛀孔的分布为聚集分布，分布的基本成分为个体群，这可进一步证明幼虫的分布为聚集分布。

4.2.2.5　Taylor 的幂指数

Taylor 幂指数聚集度指标分析在白蜡树上刻槽的空间分布表明，S^2 与 m 的回归直线方程为 $\lg S^2 = 0.51 + 1.46\lg m$（$r = 0.99$），式中 b 值大于 1，表明在白蜡树上刻槽为聚集分布。对刻槽 $\lg S^2$ 和 $\lg m$ 的回归关系进行方差分析表明，回归关系极显著（$F = 181.53$，$P = 0.0002 < 0.05$）。

Taylor 幂指数聚集度指标分析在白蜡树上排粪孔的空间分布表明，S^2 与 m 的回归直线方程为 $\lg S^2 = 0.64 + 1.18\lg m$（$r = 0.89$），式中 b 值大于 1，表明在白蜡树上排粪孔为聚集分布。对排粪孔 $\lg S^2$ 和 $\lg m$ 的回归关系进行方差分析表明，回归关系显著（$F = 15.48$，$P = 0.017 < 0.05$）。

Taylor 幂指数聚集度指标分析在白蜡树上羽化孔的空间分布表明，S^2 与 m 的回归直线方程为 $\lg S^2 = 0.45 + 1.32\lg m$（$r = 0.97$），式中 b 值大于 1，表明在白蜡树上羽化孔为聚集分布。对羽化孔 $\lg S^2$ 和 $\lg m$ 的回归关系进行方差分析表明，回归关系极显著（$F = 54.87$，$P = 0.0018 < 0.01$）。

Taylor 幂指数聚集度指标分析在白蜡树上蛀孔的空间分布表明，S^2 与 m 的回归直线方程为 $\lg S^2 = 0.33 + 1.23\lg m$（$r = 0.98$），式中 b 值大于 1，表明在白蜡树上蛀孔为聚集分布。对蛀孔 $\lg S^2$ 和 $\lg m$ 的回归关系进行方差分析表明，回归关系极显著（$F = 123.60$，$P = 0.0004 < 0.05$）。

因此，通过 Taylor 幂指数聚集度指标分析白蜡树上的刻槽、排粪孔、羽化孔和蛀孔的空间格局均为聚集分布，即云斑天牛的卵、幼虫、蛹或成虫呈聚集分布。

4.2.2.6　聚集原因分析

应用 Blackith 的种群聚集均数（λ）检验聚集原因，在白蜡树上的刻槽、排粪孔、羽化孔和蛀孔的 λ 值见表 4-31。将产卵刻槽平均密度与聚集均数进行回归分析，得回归方程为 $\lambda = -0.36 + 0.49m$（$r = 0.78$），对回归关系进行方差分析表明，$F = 14.28$，$P = 0.0194 < 0.05$，回归关系显著；排粪孔的平均密度与聚集均数的回归方程为 $\lambda = 0.18 + 0.50m$（$r = 0.94$），对回归关系进行方差分析表明，$F = 31.05$，$P = 0.0051 < 0.05$，回归关系极显著；羽化孔的平均密度与聚集均数的回归方程为 $\lambda = -0.19 + 0.65m$（$r = 0.84$），对回归关系进行方差分析表明，$F = 21.52$，$P = 0.0097 < 0.05$，回归关系显著；蛀孔的平均密度与聚集均数的回归方程为 $\lambda = 0.19 + 0.31m$（$r = 0.68$），对回归关系进行方差分析表明，$F = 8.65$，$P = 0.0423 < 0.01$，回归关系极显著。因此，在白蜡树上刻槽、排粪孔、羽化孔和蛀孔的聚集均数随种群密度的增大而增大，即云斑天牛种群的卵、幼虫、蛹或成虫的聚集均数随种群密度的增大而增大。

表 4-31　不同白蜡林地刻槽、排粪孔、羽化孔和蛀孔的聚集均数

样地	林地性质	聚集均数（λ）			
		刻槽	排粪孔	羽化孔	蛀孔
东营南二路	城市行道绿化	1.31	1.22	0.28	1.89
东营宾馆	庭院绿化	2.95	2.04	0.25	0.75
滨州陈户	庭院绿化	2.15	2.23	0.21	1.29
东营品酒厂	公路林	5.54	2.99	0.96	0.86
东营六杆桥	片林	1.08	1.81	0.11	0.36
东营图书馆	片林	0.64	0.33	0.20	0.44

　　根据 Blackith 的种群聚集均数（λ）判定标准，由表 4-31 可见，羽化孔和蛀孔在 6 个调查样地的聚集均数 λ 值均小于 2，说明其在白蜡树上聚集原因主要是环境因素，与自身密度关系不大。刻槽和排粪孔在 6 个调查样地的聚集均数 λ 值部分大于 2，部分小于 2，当 λ 值大于 2 时，卵和幼虫在白蜡树上的聚集原因除与自身习性和环境因素有关外，还与种群密度有密切关系。

　　从表 4-31 可见，片林危害较轻，刻槽、排粪孔和羽化孔株均密度较低，其聚集均数均小于 2，其聚集原因主要是环境因素。随危害的加重，在公路林、庭院绿化林中，刻槽和排粪孔的株均密度高，聚集均数均大于 2，聚集原因与密度关系表现明显。

4.2.2.7　抽样技术

　　在抽样调查时，抽取多少样本数量，即可达到所需要的精度，需要先确定调查样本的最适抽样数。根据 Iwao 的统计方法，得知 m^*-m 回归方程的 α、β 值及平均密度 m，再给定允许误差 D 与置信概率 90% 相应的 t 值（$t=1.96$），将 $\alpha=2.44$、$\beta=1.64$ 代入公式（4-13），得刻槽在不同抽样允许误差下抽样数公式为 $N_{0.1}=1321.51/m+245.86$，$N_{0.2}=330.38/m+61.47$，$N_{0.3}=146.83/m+27.32$；将 $\alpha=1.82$、$\beta=1.86$ 代入公式（4-13），得排粪孔在不同抽样允许误差下抽样数公式为 $N_{0.1}=1083.33/m+330.38$，$N_{0.2}=270.83/m+82.59$，$N_{0.3}=120.37/m+36.71$；将 $\alpha=0.63$、$\beta=1.50$ 代入公式（4-13），得羽化孔在不同抽样允许误差下抽样数公式为 $N_{0.1}=626.18/m+192.08$，$N_{0.2}=156.55/m+48.02$，$N_{0.3}=69.58/m+21.34$；将 $\alpha=0.53$、$\beta=2.36$ 代入公式（4-13），得蛀孔在不同抽样允许误差下抽样数公式为 $N_{0.1}=587.76/m+522.46$，$N_{0.2}=146.94/m+130.61$，$N_{0.3}=65.31/m+58.05$。根据上述公式即可获得刻槽、排粪孔、羽化孔和蛀孔在各种密度下的最适抽样数。

　　从表 4-32～表 4-35 可以看出，随着刻槽、排粪孔和羽化孔株均密度增加，所调查的样本数逐减，但在相同的密度下，抽样数又随着允许误差的减少而提高。在实际调查中可根据人力与时间的情况选择相应的允许误差，并确定该调查地块的密度，然后查样本信息表确定详细调查时所需的样方数。

表 4-32　白蜡树上刻槽在不同密度下最适抽样数

允许误差	刻槽的株均数量																			
	2	4	6	8	10	12	14	16	18	20	22	24	26	28	30	35	40	45	50	55
0.1	907	576	466	411	378	356	340	328	319	312	306	301	297	293	290	284	279	275	272	270
0.2	227	144	117	103	95	89	85	82	80	78	76	75	74	73	72	71	70	69	68	67
0.3	100	64	52	46	42	40	38	36	35	34	33	33	33	32	32	31	31	30	30	

表 4-33　白蜡树上排粪孔在不同密度下最适抽样数

允许误差	排粪孔的株均数量																			
	1	2	3	4	5	6	7	8	9	10	11	12	13	14	15	20	25	30	35	40
0.1	1414	872	691	601	547	511	485	466	451	439	429	421	414	408	403	385	374	366	361	357
0.2	353	218	173	150	137	128	121	116	113	110	107	105	103	102	101	96	93	92	90	89
0.3	157	97	77	67	61	57	54	52	50	49	48	47	46	45	45	43	42	41	40	40

表 4-34　白蜡树上羽化孔在不同密度下最适抽样数

允许误差	羽化孔的株均数量																			
	0.5	1	1.5	2	2.5	3	3.5	4	4.5	5	5.5	6	6.5	7	7.5	8	8.5	9	9.5	10
0.1	1444	818	610	505	443	401	371	349	331	317	306	296	288	282	276	270	266	262	258	255
0.2	361	205	152	126	111	100	93	87	83	79	76	74	72	70	69	68	66	65	64	64
0.3	161	91	68	56	49	45	41	39	37	35	34	33	32	31	31	30	30	29	29	28

表 4-35　白蜡树上蛀孔在不同密度下最适抽样数

允许误差	蛀孔的株均数量																			
	1	2	3	4	5	6	7	8	9	10	11	12	13	14	15	20	25	30	35	40
0.1	1110	816	718	669	640	620	606	596	588	581	576	571	568	564	562	552	546	542	539	537
0.2	278	204	180	167	160	155	152	149	147	145	144	143	142	141	140	138	136	136	135	134
0.3	123	91	80	74	71	69	67	66	65	65	64	63	63	62	61	61	60	60	60	60

4.2.2.8　序贯抽样

根据公式（4-14），将每株白蜡树上有 10 个刻槽暂定为防治指标，即 $m_0 = 10$，将 m_0 及 $\alpha = 2.44$、$\beta = 1.64$ 和 $t = 1.96$ 分别代入公式（4-14），得刻槽的序贯抽样公式：$T_0(n) = 10n \pm 1.96\sqrt{98.40n}$；将每株白蜡树上有 3 个排粪孔暂定为防治指标，即 $m_0 = 3$，将 m_0 及 $\alpha = 1.82$、$\beta = 1.86$ 和 $t = 1.96$ 分别代入公式（4-14），得排粪孔的序贯抽样公式：$T_0(n) = 3n \pm 1.96\sqrt{16.20n}$；将每株白蜡树上有 2 个羽化孔暂定为防治指标，即 $m_0 = 2$，将 m_0 及 $\alpha = 0.67$、$\beta = 1.98$ 和 $t = 1.96$ 分别代入公式（4-14），得羽化孔的序贯抽样公式：$T_0(n) = 2n \pm 1.96\sqrt{5.26n}$；将每株白蜡树上有 3 个蛀孔暂定为防治指标，即 $m_0 = 3$，将 m_0 及 $\alpha = 0.53$、$\beta = 2.36$ 和 $t = 1.96$ 分别代入公式

（4-14），得蛀孔的序贯抽样公式：$T_0(n) = 3n \pm 1.96\sqrt{16.83n}$ 。

根据抽样公式，计算所得出在不同调查株数时，刻槽、排粪孔、羽化孔和蛀孔所需调查的上限和下限值见表 4-36。从表 4-36 可见，如果调查 30 棵白蜡树时，刻槽累计达 451 个时需要进行防治，累计不足 194 个时，不需进行防治；排粪孔累计达 133 个时需要进行防治，累计不足 47 个时，不需进行防治；羽化孔累计达 85 个时需要进行防治，累计不足 35 个时，不需进行防治；蛀孔数累计达 134 个时需要进行防治，累计不足 46 个时，不需进行防治。

表 4-36 在白蜡树上刻槽、排粪孔、羽化孔和蛀孔序贯抽样分析表

抽样数	累计刻槽数		抽样数	累计排粪孔数		抽样数	累计羽化孔数		抽样数	累计蛀孔数	
	上限	下限		上限	下限		上限	下限		上限	下限
5	112	7	5	33	0	5	20	0	5	33	0
10	187	39	10	55	5	10	34	6	10	55	5
15	257	75	15	76	14	15	47	13	15	76	14
20	323	113	20	95	25	20	60	20	20	96	24
25	388	153	25	114	36	25	72	28	25	115	35
30	451	194	30	133	47	30	85	35	30	134	46
35	513	235	35	152	58	35	97	43	35	153	57
40	575	277	40	170	70	40	108	52	40	171	69
45	635	320	45	188	82	45	120	60	45	189	81
50	695	363	50	206	94	50	132	68	50	207	93
55	755	406	55	224	106	55	143	77	55	225	105
60	814	449	60	241	119	60	155	85	60	242	118
65	873	493	65	259	131	65	166	94	65	260	130
70	931	537	70	276	144	70	178	102	70	277	143
75	989	582	75	293	157	75	189	111	75	295	155
80	1047	626	80	311	169	80	200	120	80	312	168
85	1105	671	85	328	182	85	211	129	85	329	181
90	1162	716	90	345	195	90	223	137	90	346	194
95	1219	760	95	362	208	95	234	146	95	363	207
100	1276	806	100	379	221	100	245	155	100	380	220

当调查过程中的刻槽、排粪孔和羽化孔的累计数量在上下限之间，则继续抽样，当不易下结论时，通过公式（4-15）确定最大抽样数，估计密度所允许的置信限，取 $t=1$，$d=0.3$，将 $\alpha=2.44$、$\beta=1.64$ 值代入公式（4-15），得刻槽最大抽样数公式：$N_{max}=1093.33$，即以刻槽为调查防治指标时白蜡树的最大抽样数为 1093 棵；将 $\alpha=1.82$、$\beta=1.86$ 值代入公式（4-15），得排粪孔最大抽样数公式：$N_{max}=180.00$，即以排粪孔为防治指标时白蜡树的最大抽样数为 180 棵；将 $\alpha=0.63$、$\beta=1.50$ 值代入公式（4-15），得羽化孔最大抽样数公式：$N_{max}=58.44$，即以羽化孔为防治指标时白蜡树的最大抽样数为 58 棵；将 $\alpha=0.53$、$\beta=2.36$ 值代入公式（4-15），得蛀孔最大抽样数公式：$N_{max}=187.00$，即以羽化孔为防治指标时白蜡树的最大抽样数为 187 棵。

4.2.2.9　空间分布型的地统计学分析

1. 刻槽的半变差异函数

对 6 个调查样点刻槽的分布进行理论半变差异函数模型拟合，拟合函数及各个参数见表 4-37、表 4-38 和图 4-7。各样点的拟合模型为球形模型，半变差异函数的决定系数 R^2 为 0.6959～0.8799，平均值为 0.7521，决定系数值均较大，说明拟合模型的拟合程度均较高。根据拟合模型可见，白蜡树上刻槽的空间分布有明显的空间结构，均为球形模型，其指明的空间分布型为聚集分布。

表 4-37　白蜡树上刻槽的半变差异函数参数

序号	样地	模型类型	块金 C_0	C	变程 a	基台值 C_0+C	空间结构比率 $C/(C_0+C)$（%）	决定系数 R^2	分布型	F 检验
1	东营南二路	球形模型	23.19	10.06	22.83	33.24	30.26	0.8799	聚集	10.99*
2	东营宾馆	球形模型	18.31	4.52	24.59	22.83	19.81	0.7036	聚集	7.12*
3	滨州陈户	球形模型	67.47	10.10	79.86	77.57	13.03	0.7116	聚集	6.04*
4	东营品酒厂	球形模型	62.58	22.86	75.08	85.44	26.76	0.7229	聚集	7.83*
5	东营六杆桥	球形模型	15.40	7.18	12.47	22.58	31.81	0.7987	聚集	11.90**
6	东营图书馆	球形模型	1.55	4.30	8.63	5.85	73.53	0.6959	聚集	8.01*

*表示差异显著，**表示差异极显著

表 4-38　白蜡树上刻槽的半变差异函数拟合模型

样地	模型类型	半变差异函数
东营南二路	球形模型	$\gamma(h)=23.19+0.66h-4.23\times10^{-4}h^3$
东营宾馆	球形模型	$\gamma(h)=18.31+0.27h-1.52\times10^{-4}h^3$
滨州陈户	球形模型	$\gamma(h)=67.47+0.19h-9.92\times10^{-6}h^3$
东营品酒厂	球形模型	$\gamma(h)=62.58+0.46h-2.70\times10^{-5}h^3$
东营六杆桥	球形模型	$\gamma(h)=15.40+0.86h-1.85\times10^{-3}h^3$
东营图书馆	球形模型	$\gamma(h)=1.55+0.74h-3.34\times10^{-3}h^3$

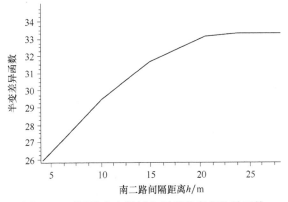

图 4-7　不同样点白蜡树上刻槽的半变差异函数

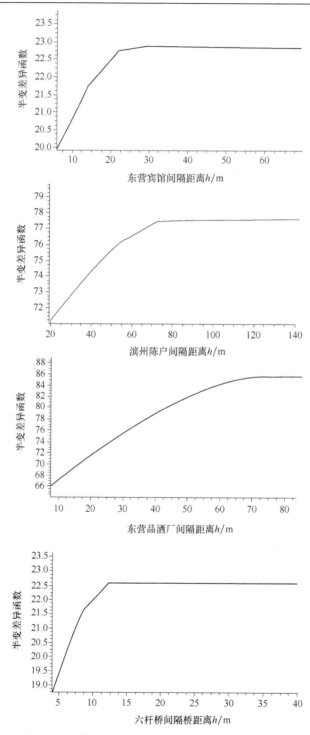

图4-7　不同样点白蜡树上刻槽的半变差异函数（续）

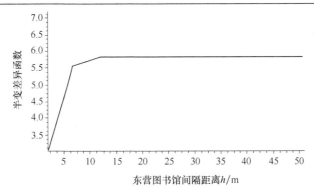

图 4-7　不同样点白蜡树上刻槽的半变差异函数（续）

从拟合函数参数的块金值 C_0 看，最小块金值 1.55，表明引起变量的随机程度较小，最大块金值为 67.47，表明引起变量的随机程度较大。从变程 a 看，为 8.63～79.86 m，其空间依赖范围均在研究尺度之内，当间隔距离在变程之内时，具有明显的空间依赖性，当间隔距离超过变程时，半变差异函数趋于稳定，不存在空间相关性。从基台值 C_0+C 看，最小值为 5.85，变量的变化幅度较小，最大值为 85.44，表明变量的变化幅度较大。从空间结构比率 $C/(C_0+C)$ 看，最小值为 13.03%，最大值为 73.53%，平均值为 32.53%，介于 25%～75%，有中等程度的空间相关性，其中东营宾馆和滨州陈户样点小于 25%，空间相关性不高。

　　2. 排粪孔的半变差异函数

对 6 个调查样点排粪孔的分布进行理论半变差异函数模型拟合，拟合函数及各个参数见表 4-39、表 4-40 和图 4-8。各样点的拟合模型为球形模型和高斯模型，半变差异函数的决定系数 R^2 为 0.6384～0.8934，平均值为 0.7648，决定系数值均较大，说明拟合模型的拟合程度均较高。根据拟合模型可见，白蜡树上排粪孔的空间分布有明显的空间结构，尽管各个样点的拟合模型不完全一致，但其指明的空间分布型均为聚集分布。

表 4-39　白蜡树上排粪孔的半变差异函数参数

序号	样地	模型类型	块金 C_0	C	变程 a	基台值 C_0+C	空间结构比率 $C/(C_0+C)$（%）	决定系数 R^2	分布型	F 检验
1	东营南二路	球形模型	13.23	7.38	49.06	20.61	35.81	0.7060	聚集	6.00*
2	东营宾馆	球形模型	6.56	1.28	25.73	7.84	16.36	0.6384	聚集	5.21*
3	滨州陈户	球形模型	7.28	1.42	52.78	8.69	16.29	0.8934	聚集	20.96**
4	东营品酒厂	球形模型	16.40	7.92	67.02	24.32	32.57	0.7870	聚集	9.24*
5	东营六杆桥	高斯模型	0.00	10.27	21.18	10.27	100	0.7152	聚集	7.53*
6	东营图书馆	球形模型	2.92	0.73	15.49	3.64	19.98	0.8486	聚集	16.82**

*表示差异显著，**表示差异极显著

表 4-40　白蜡树上排粪孔的半变差异函数拟合模型

样地	模型类型	半变差异函数
东营南二路	球形模型	$\gamma(h)=13.23+0.23h-3.13\times10^{-5}h^3$
东营宾馆	球形模型	$\gamma(h)=6.56+7.48\times10^{-2}h-3.77\times10^{-5}h^3$
滨州陈户	球形模型	$\gamma(h)=7.28+4.02\times10^{-2}h-4.81\times10^{-6}h^3$
东营品酒厂	球形模型	$\gamma(h)=16.40+0.18h-1.32\times10^{-5}h^3$
东营六杆桥	高斯模型	$\gamma(h)=-10.27e^{-4.72\times10^{-2}h}$
东营图书馆	球形模型	$\gamma(h)=2.92+7.05\times10^{-2}h-9.80\times10^{-5}h^3$

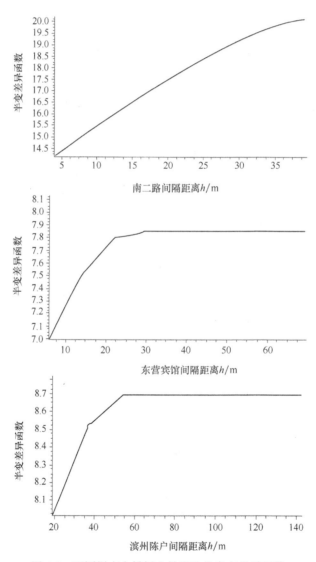

图 4-8　不同样点白蜡树上排粪孔的半变差异函数

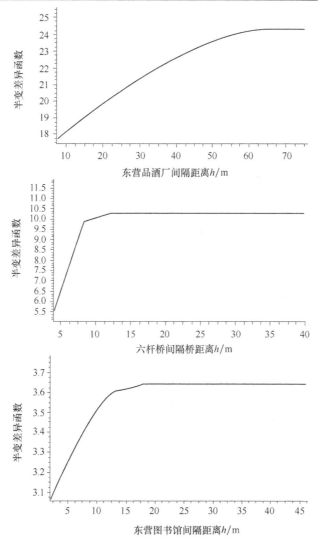

图 4-8　不同样点白蜡树上排粪孔的半变差异函数（续）

从拟合函数参数的块金值 C_0 看，最小块金值为 0，表明引起变量的随机程度较小，最大块金值为 16.40，表明引起变量的随机程度较大。从变程 a 看，为 15.49～67.02 m，其空间依赖范围均在研究尺度之内，当间隔距离在变程之内时，具有明显的空间依赖性，当间隔距离超过变程时，半变差异函数趋于稳定，不存在空间相关性。从基台值 C_0+C 看，最小值为 3.64，变量的变化幅度较小，最大值为 24.32，表明变量的变化幅度较大。从空间结构比率 $C/(C_0+C)$ 看，最小值为 16.29%，最大值为 100%，平均值为 36.84%，介于 25%～75%，有中等程度的空间相关性，其中东营六杆桥为 100%，具有很强的空间相关性，东营宾馆、东营图书馆和滨州陈户样点小于 25%，空间相关性不强。

3. 羽化孔的半变差异函数

对 6 个调查样点羽化孔的分布进行理论半变差异函数模型拟合，拟合函数及各个参数见表 4-41、表 4-42 和图 4-9。各样点的拟合模型为球形模型和指数模型，半变差异函数的决定系数 R^2 为 0.7139～0.8014，平均值为 0.7469，决定系数值均较大，说明拟合模型的拟合程度均较高。根据拟合模型可见，白蜡树上羽化孔的空间分布有明显的空间结构，尽管各个样点的拟合模型不完全一致，但其指明的空间分布型均为聚集分布。

表 4-41　白蜡树上羽化孔的半变差异函数参数

序号	样地	模型类型	块金 C_0	C	变程 a	基台值 C_0+C	空间结构比率 $C/(C_0+C)$（%）	决定系数 R^2	分布型	F 检验
1	东营南二路	球形模型	1.42	0.32	12.82	1.74	18.53	0.7368	聚集	7.00[*]
2	东营宾馆	球形模型	0.96	1.21	19.95	2.16	55.84	0.745	聚集	7.30[*]
3	滨州陈户	球形模型	0.92	0.29	23.21	1.21	24.05	0.7139	聚集	8.73[*]
4	东营品酒厂	球形模型	2.66	1.72	31.24	4.37	39.27	0.7665	聚集	9.85[*]
5	东营六杆桥	球形模型	0.27	0.45	11.33	0.72	62.16	0.7178	聚集	7.63[*]
6	东营图书馆	指数模型	0.66	0.22	6.95	0.88	25.08	0.8014	聚集	12.10[**]

*表示差异显著，**表示差异极显著

表 4-42　白蜡树上羽化孔的半变差异函数拟合模型

样地	模型类型	半变差异函数
东营南二路	球形模型	$\gamma(h)=1.42+3.77\times10^{-2}h-7.64\times10^{-5}h^3$
东营宾馆	球形模型	$\gamma(h)=0.96+9.09\times10^{-2}h-7.61\times10^{-5}h^3$
滨州陈户	球形模型	$\gamma(h)=0.92+1.89\times10^{-2}h-1.17\times10^{-5}h^3$
东营品酒厂	球形模型	$\gamma(h)=2.66+8.24\times10^{-2}h-2.82\times10^{-5}h^3$
东营六杆桥	球形模型	$\gamma(h)=0.27+5.93\times10^{-2}h-1.54\times10^{-4}h^3$
东营图书馆	指数模型	$\gamma(h)=0.88-0.22e^{-2.07\times10^{-2}h^2}$

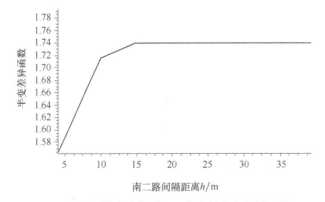

图 4-9　不同样点白蜡树上羽化孔的半变差异函数

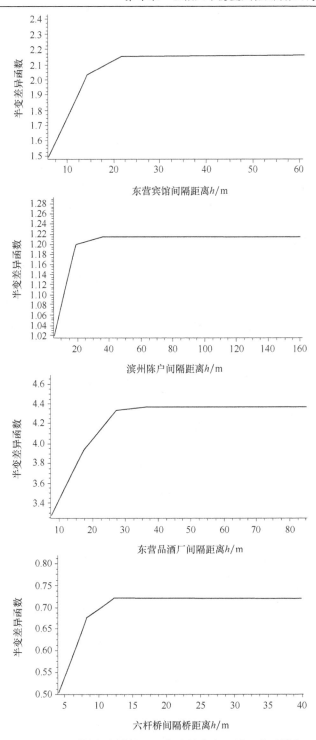

图 4-9　不同样点白蜡树上羽化孔的半变差异函数（续）

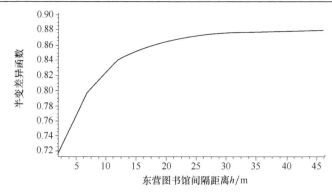

图 4-9　不同样点白蜡树上羽化孔的半变差异函数（续）

从拟合函数参数的块金值 C_0 看，最小块金值为 0.27，表明引起变量的随机程度较小，最大块金值为 2.66，表明引起变量的随机程度较大。从变程 a 看，为 6.95～31.24 m，其空间依赖范围均在研究尺度之内，当间隔距离在变程之内时，具有明显的空间依赖性，当间隔距离超过变程时，半变差异函数趋于稳定，不存在空间相关性。从基台值 C_0+C 看，最小值为 0.72，变量的变化幅度较小，最大值为 4.37，表明变量的变化幅度较大。从空间结构比率 $C/(C_0+C)$ 看，最小值为 18.53%，最大值为 62.16%，平均值 37.49%，介于 25%～75%，有中等程度的空间相关性，其中东营南二路样点小于 25%，空间相关性不强。

4. 蛀孔的半变差异函数

对 6 个调查样点蛀孔的分布进行理论半变差异函数模型拟合，拟合函数及各个参数见表 4-43、表 4-44 和图 4-10。各样点的拟合模型为球形模型、指数模型和高斯模型，半变差异函数的决定系数 R^2 为 0.6610～0.9365，平均值为 0.7910，决定系数值均较大，说明拟合模型的拟合程度均较高。根据拟合模型可见，白蜡树上蛀孔的空间分布有明显的空间结构，尽管各个样点的拟合模型不完全一致，但其指明的空间分布型均为聚集分布。

表 4-43　白蜡树上蛀孔的半变差异函数参数

序号	样地	模型类型	块金 C_0	C	变程 a	基台值 C_0+C	空间结构比率 $C/(C_0+C)$（%）	决定系数 R^2	分布型	F 检验
1	东营南二路	球形模型	4.73	46.25	34.30	50.98	90.73	0.9365	聚集	29.50*
2	东营宾馆	球形模型	4.44	8.19	23.91	12.63	64.87	0.718	聚集	7.64*
3	滨州陈户	球形模型	7.64	1.35	56.38	8.98	14.98	0.8338	聚集	12.54*
4	东营品酒厂	球形模型	12.12	2.97	18.76	15.08	19.67	0.661	聚集	5.85*
5	东营六杆桥	球形模型	1.58	0.59	39.51	2.17	27.28	0.7231	聚集	7.84*
6	东营图书馆	球形模型	2.18	1.31	13.82	3.49	37.47	0.8735	聚集	24.18**

*表示差异显著，**表示差异极显著

表 4-44　白蜡树上蛀孔的半变差异函数拟合模型

样地	模型类型	半变差异函数
东营南二路	球形模型	$\gamma(h)=4.73+2.02h-5.73\times10^{-4}h^3$
东营宾馆	球形模型	$\gamma(h)=4.44+0.51h-3.00\times10^{-4}h^3$
滨州陈户	球形模型	$\gamma(h)=7.64+3.58\times10^{-2}h-3.75\times10^{-6}h^3$
东营品酒厂	球形模型	$\gamma(h)=12.12+0.24h-2.25\times10^{-4}h^3$
东营六杆桥	球形模型	$\gamma(h)=1.58+2.25\times10^{-2}h-4.80\times10^{-6}h^3$
东营图书馆	球形模型	$\gamma(h)=2.18+0.14h-2.48\times10^{-4}h^3$

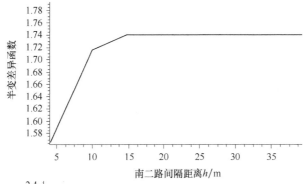

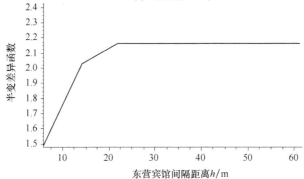

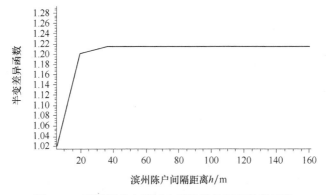

图 4-10　不同样点白蜡树上羽化孔的半变差异函数

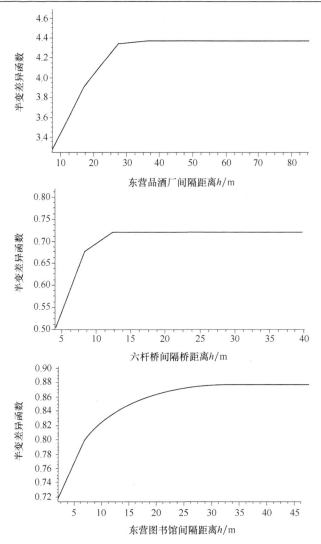

图 4-10　不同样点白蜡树上羽化孔的半变差异函数（续）

　　从拟合函数参数的块金值 C_0 看，最小块金值为 1.58，表明引起变量的随机程度较小，最大块金值为 12.12，表明引起变量的随机程度较大。从变程 a 看，为 13.82～56.38 m，其空间依赖范围均在研究尺度之内，当间隔距离在变程之内时，具有明显的空间依赖性，当间隔距离超过变程时，半变差异函数趋于稳定，不存在空间相关性。从基台值 C_0+C 看，最小值为 2.17，变量的变化幅度较小，最大值为 50.98，表明变量的变化幅度较大。从空间结构比率 $C/(C_0+C)$ 看，最小值为 14.98%，最大值为 90.73%，平均值为 42.50%，介于 25%～75%，有中等程度的空间相关性，其中东营南二路样点大于 75%，具有较强的空间相关性，滨州陈户和东营品酒厂样点小于 25%，空间相关性不强。

4.3　讨　　论

空间分布型是种群的重要属性之一,是该种群在相对静止时的空间分布状况,提示了个体某一时刻的行为习性、诸环境因子对其的迭加影响,以及空间结构异质性程度,是生物学特性与特定条件相互作用、协同进化的结果。对空间分布型进行研究,不但可以提示其空间结构及种群下的结构状况,而且对估计种群密度、确定某些试验统计数据和决定必需的防治密度等都是必不可少的。

云斑天牛一个世代中有 90%以上的时间在树干中隐蔽性生活,直接调查幼虫和蛹或成虫难度较大。但云斑天牛一生只有 1 个排粪孔,1 个排粪孔里面必有 1 条幼虫,1 个羽化孔里面必有 1 个蛹或成虫,因此用排粪孔作为幼虫的调查指标,用羽化孔作为蛹或成虫的调查指标是准确可靠的。刻槽尽管有一定的空槽率,但卵都是产在刻槽内的,卵的数量与刻槽的数量是正相关关系,因此用刻槽的数量作为卵的数量的调查指标是可行的。李友常等(1997)调查光肩星天牛种群在杨树上空间格局时,就是以刻槽、排粪孔和羽化孔的数量作为云斑天牛的卵、幼虫和成虫的调查指标的,并得出了较好的统计结果。

以个体群的形式聚集分布,除与环境条件有关外还与成虫的产卵习性有密切关系。成虫喜欢聚集产卵,故产卵刻槽(卵)呈聚集分布,进而孵化的幼虫在单一蛀道内活动并化蛹,羽化为成虫,活动范围固定,故其幼虫、蛹和成虫也呈聚集分布,该结论与前人的研究结果一致(张世权等,1992;吴开明等,1995;高瑞桐等,1998)。

本研究首次通过传统的生物统计方法和地统计学的方法研究了云斑天牛在杨树和白蜡树上卵、幼虫、蛹和成虫 4 个虫态的空间分布型,通过 Iwao 序贯抽样的方法确定了的卵、幼虫、蛹或成虫需要防治时的临界虫孔密度和抽样数量。在生产中,产卵刻槽期是云斑天牛一生中最脆弱的时期,也是防治的一个关键期,此时主要通过捶击刻槽和涂抹农药来防治;幼虫期主要靠粪孔注药或插毒签的方式来防治;成虫期也是一个防治关键期,主要通过人工捕捉、诱集,或用"绿色威雷"等触破式微胶囊剂来防治。

第 5 章　云斑天牛的生物防治技术

云斑天牛是我国的重大林木蛀干害虫，危害杨树、白蜡树、核桃树等多种经济林木。自 20 世纪 90 年代以来，黑杨派南方型杨树在我国南方的江汉平原等地区作为速生丰产林和防护林大面积栽培。随着杨树种植面积的扩大，云斑天牛的种群数量也随之快速上升，危害日益严重，已成为湖南、湖北、江苏、江西、安徽和浙江等省对杨树危害最为严重的害虫（郑世错等，1996）。近年来，云斑天牛对白蜡树和核桃树的危害也日益严重。云斑天牛主要以幼虫在寄主树木的主干内钻蛀危害，隐蔽性生活，由于云斑天牛个体大，蛀道长而深，受害树的主干内往往坑道纵横交错，常常导致受害树枯死或风折，木材完全失去利用价值。

花绒寄甲［*Dastarcus helophoroides*（Fairmaire）］属鞘翅目寄甲科（Bothrideridae），经多年调查，发现其为控制大型天牛最主要的寄生性天敌。初步研究发现，虽然在我国寄生多种天牛的花绒寄甲同属一个种，包括寄生云斑天牛、松褐天牛、光肩星天牛、星天牛、栗山天牛、锈色粒肩天牛的花绒寄甲，但由于对不同寄主形成的强烈的嗜好性和专化性，已分化为不同的寄主生物型（杨忠岐等，2009）。也就是说要防治这些不同种的天牛，需利用野外寄生这些天牛种的花绒寄甲，才能达到较好的防治效果。通过本课题组三年多的调查，发现了寄生云斑天牛幼虫和蛹的花绒寄甲。通过试验，表明其为专性寄生于云斑天牛的花绒寄甲生物型。随后，研究了寄生于云斑天牛的花绒寄甲生物型的繁殖技术，解决了人工大量繁殖的难题，这为林间大面积释放花绒寄甲防治云斑天牛奠定了基础。

利用天敌生物防治害虫具有可持续性和长期性，在这一方面也取得了大量成功经验，如利用白蛾周氏啮小蜂控制美国白蛾的研究（魏建荣等，2003；杨忠岐等，2005；Yang et al.，2006）。利用花绒寄甲防治天牛的报道不多，多为从野外采集花绒寄甲室内研究其寄生效果，或小面积释放观察防效，或直接调查其自然寄生效果，或人工少量繁殖观察其室内和野外的防治效果，防治对象研究较多的是光肩星天牛和松褐天牛（周嘉喜等，1985；卞敏等，1988；Kayoko et al.，2000；Miura et al.，2003；Urano，2004；李孟楼等，2007）。而利用花绒寄甲防治的云斑天牛相关研究未见报道，本研究首次全面系统研究了花绒寄甲对云斑天牛的防治效果，主要研究了花绒寄甲在杨树、白蜡树和核桃树三种不同危害寄主上的防治效果，同时研究了室内寄生效果和野外防治效果，并通过释放花绒寄甲成虫和卵两种方法来防治，对其防治效果作了对比，提出了利用花绒寄甲生物防治的最佳策略和方法。

5.1　天敌花绒寄甲的释放技术和防效评价法

5.1.1　花绒寄甲的供应

花绒寄甲的卵和成虫均由中国林业科学研究院森林生态环境与保护研究所生物防治研究室繁育提供，是从云斑天牛幼虫蛀道中采集的花绒寄甲成虫所繁殖出的后代。

花绒寄甲卵和成虫在运输时保存在带有冰块的便携式保温箱内（温度在 10℃左右）。

5.1.2　试验样地的设置

5.1.2.1　杨树林样地

（1）实验地概况：试验样地位于湖南省的洞庭湖平原和湖北省的江汉平原地区。江汉平原位于北纬 29°26′～31°10′，东经 111°45′～114°16′，面积 30 000 km²；洞庭湖平原即环洞庭湖地区，位于北纬 28°33′～29°25′，东经 112°05′～113°15′，区域面积 17 949 km²，与江汉平原相连，均属亚热带季风气候。年均日照时数约 2000 h，无霜期 240～260 d，10℃以上持续期 230～240 d，活动积温 5100～5300℃，年均降水量 1100～1300 mm，气温较高的 4～9 月降水量约占年降水总量的 70%。

（2）实验样地的设置：在湖南和湖北两省区选取发生危害比较严重的杨树林作试验样地，根据杨树的受害情况和林地性质选取了有代表性的试验标准地 9 块。

5.1.2.2　白蜡林样地

（1）实验地概况：试验样地位于山东省黄河三角洲腹地的东营市和滨州市（北纬 36°41′～38°16′，东经 117°15′～119°10′）。黄河三角洲位于山东省西北部，属北温带湿润气候区，一年四季分明，年均气温在 11.7～12.6℃，1 月最低，平均为 −3.4～4.2℃，7 月最高，平均为 25.8～26.8℃；年均降水量在 530～630 mm，季节分配不均，夏季降水量 400 mm 以上，占全年降水量的 70% 以上；年均日照时数 2600～2800 h，以 5 月最多，12 月最少；无霜期 200 d 左右。地貌为黄河冲积平原，地势平坦，微向海岸倾斜，适宜耕作，但该区域由于海拔较低且蒸发量较大（为降水量的 3 倍以上），盐分易升地表，土壤极易次生盐碱化，因此植被多以耐盐碱植物为主。

（2）实验样地的设置：在黄河三角洲腹地的滨州市和东营市两地选取发生危害较重的白蜡林作试验样地，根据白蜡树的受害情况和林地性质选取了有代表性的试验标准地 8 块。

5.1.2.3　核桃林样地

（1）实验地概况：分别在太行山区的山西左权和河南林州，以及四川大渡河区的四川广元选择实验样地,各样地的基本情况如下。

山西省晋中市左权县(北纬 36°45′~37°17′,东经 113°06′~119°48′),地处山西省东部边缘,太行山山脊中段。周边以山为界,东过十字岭,与河北省邢台县、武安县、涉县接壤,南跨界石岭,西越武乡岭,北翻紫荆山,与黎城、武乡、榆社、和顺诸县毗连。一般海拔在 1200 m 以上,年均温 7.3℃,1 月均温−8.5℃,7 月均温 21℃,属温带大陆性干旱气候。年降雨量 550 mm,霜冻期为 9 月中旬至次年 5 月中旬,无霜期 130 d 左右。

河南省林州市地处河南省北部太行山东麓,地处山西、河北、河南三省交汇处。位于东经 113°37′~114°51′,北纬 35°40′~36°21′,海拔平均 306.8 m。属大陆性季风气候,四季分明,温差较大,年平均气温 12.8℃。年降水量 672.1 mm,年日照时数 2251.6 h,平均无霜期 192 d。

四川省广元市地处四川省北部山区、嘉陵江上游、川陕甘三省结合处。试验林所在的朝天区位于东经 105°59′52″~106°,北纬 32°52′24″~32°52′40″,境内最高海拔为 3837 m,最低海拔为 352 m。属亚热带湿润季风气候。年降水量 800~1000 mm,年日照时数 1300~1400 h,年平均气温 17℃左右。

(2)实验样地的设置:根据山西、河南和四川三省核桃树的种植及受害情况,选取了有代表性的试验林地 11 块。

5.1.3 释放花绒寄甲卵防治云斑天牛

5.1.3.1 花绒寄甲卵孵化率的测定

设 3 个处理,每处理 3 个重复。处理一,室内保湿,培养皿内垫一滤纸,将滤纸湿润,再放一加水棉球保湿,制作有 50 粒花绒寄甲卵的卵卡,放到培养皿内滤纸的中央,将培养皿盖住;处理二,室内干燥,制作有 50 粒花绒寄甲卵的卵卡,放到组培瓶的中央,组培瓶直径 6 cm、深 9 cm(选取深 9 cm 的组培瓶主要是防止花绒寄甲幼虫孵化后爬出逃逸),组培瓶开口不加盖保持与室内同样的干燥环境;处理三,室外环境,制作有 50 粒卵的卵卡,放入 10 mL 离心管中(深度 8 cm,防止幼虫孵化后逃逸),离心管开口,将离心管盖钉在一木板下(防止下雨时雨水灌入将卵溺死),悬挂于室外遮阴处(防止阳光暴晒将卵致死)。逐日观察统计卵的孵化情况,开始孵化后,仔细记录每天的孵化数量。

5.1.3.2 花绒寄甲卵的室内寄生效果

设置 3 个处理,每个处理 3 个重复。处理一、二所用的云斑天牛幼虫为在受害杨树林分中劈树所得,幼虫为 3~4 龄。

处理一:直接用天牛幼虫接天敌。在一长方形木块(长 8.5 cm、宽 4.5 cm、高 3.0 cm)上面的中央凿一长 5.5 cm、宽 1.5 cm、深 2 cm 的"T"形凹槽作为人工虫道,虫道中滴入适量水保湿,选取幼虫一头放入虫道中,上覆一盖玻片,用橡皮筋捆紧,然后将木段放入塑料盒中盖住。每个重复放入带有 1 头天牛的 10

个木块，每个木块上放 50 粒花绒寄甲卵，共放入约 500 粒卵。

处理二：模拟自然界中天牛危害的木段，然后接天敌。取无天牛危害的寄主树干将其截成 120 cm 的木段，木段两端蘸加热后的石蜡封上，以减少水分散失。然后用刻刀取下 3 cm×4 cm 大小的树皮，再在所取树皮中央的木质部用打孔钻向下钻 5 个深度为 6～8 cm 的人工虫道，将试虫接入该人工虫道中，1 孔 1 头天牛幼虫，最后将先前取下的树皮放回原处，并用图钉钉住。再在虫道口附近的树皮上用订书机钉上产有花绒寄甲卵的牛皮纸。最后将木段用 4 目不锈钢铁纱网包住，以防天敌逃逸。每重复有 2 个木段，每木段放入 5 头天牛，木段上每个人工虫道附近放 50 粒花绒寄甲卵，共 10 头天牛，约 500 粒花绒寄甲卵。

处理三：自然危害的木段接天敌。方法是将被危害的寄主树伐倒，取有 10 个排粪孔以上的木段，木段长度为 60～100 cm，直径 15 cm 左右，木段两端用石蜡密封防治失水，放入花绒寄甲卵后用 4 目不锈钢铁纱网包住，防止花绒寄甲逃逸。另取 2 个这样的木段，作重复，分别统计每个木段的排粪孔数，即幼虫数，每个排粪孔附近放 50 粒花绒寄甲卵。

3 个处理均设 3 个重复，一个对照，对照不放花绒寄甲卵，只放入云斑天牛幼虫，观察记录同期天牛幼虫的存活情况。半个月后剖开木段检查天牛幼虫的存活情况，统计寄生结果。

5.1.3.3　林间释放花绒寄甲卵的防治效果

1. 卵卡的制作

将牛皮纸剪成长约 9 cm、宽约 5 cm 的纸片若干，将卵片上的花绒寄甲卵剪下，以 50 个卵粒或 50 个卵粒的 n（n=1，2，3…）倍为一个单位，粘贴到剪好的 9 cm×5 cm 的牛皮纸片的偏上半部位，在下半部位的背面标注卵数，用数字"n"表示，卵粒数为 n×50（n=1，2，3…），然后将粘有卵粒的纸片对折，将卵折于纸片里面保护起来（林间释放时可起到对卵粒的遮阴作用），标注的卵数对外显示出来，也可在外面再覆一长约 8 cm、宽约 6 cm 的塑料布条（主要是防止降雨时淋透卵卡的纸片），最后用钉书钉钉住，可以林间释放的卵卡就制成了。

2. 卵卡的释放

花绒寄甲的卵卡运至释放地点后，首先选择释放植株，只在有新鲜虫粪排出的植株上释放。然后用红漆喷涂标记释放植株。最后释放卵卡，按排粪孔与寄甲卵为 1：50 的比例释放卵。将做好的卵卡钉到幼虫的排粪孔附近，便于花绒寄甲幼虫孵化后可迅速找到其寄主，同时卵卡释放时还应注意将其钉在遮阴处，优先选择树体的北面和东面，尽量避免钉在树体的南面和西面以防阳光暴晒将卵致死，但若林间郁闭度较大时可优先选择离排粪孔较近的位置释放。

5.1.3.4　林间释放花绒寄甲卵后标记虫口的防治效果

在林间释放花绒寄甲卵时，在部分实验点选取部分症状典型的排粪孔，用红漆喷涂圆点标记，调查防效时，以排粪孔的数量作为调查指标来统计防治效果。

防治效果的计算同 5.1.5 的防治效果评价方法。

5.1.4　释放花绒寄甲成虫防治云斑天牛

5.1.4.1　花绒寄甲成虫的室内寄生效果

设置 3 个处理。处理一，直接接天敌。处理方法同 5.1.3.2 花绒寄甲卵的室内寄生效果试验。每个重复放入带有 1 头天牛的 10 个木块，每个木块附近放 8 头花绒寄甲成虫，共放入 80 头。

处理二，模拟自然木段。处理方法同 5.1.3.2 花绒寄甲卵的室内寄生效果试验。每重复有 2 个木段，每木段放入 5 头天牛，木段上放上 30 头花绒寄甲，共 10 头天牛、60 头花绒寄甲。

处理三，自然危害木段。处理方法同 5.1.3.2 花绒寄甲卵的室内寄生效果试验。取 3 个木段，作 3 个重复，分别统计每个木段的排粪孔数，即幼虫数，以 1 头天牛放 5 头花绒寄甲成虫的标准放入花绒寄甲。

3 个处理均设 3 个重复，一个对照，对照不放花绒寄甲成虫，只放入云斑天牛幼虫，观察记录同期的存活情况。1 个月后剖开木段检查天牛幼虫的存活情况，统计寄生结果。

5.1.4.2　林间释放花绒寄甲成虫的防治效果

每棵树释放花绒寄甲成虫 8～10 头，花绒寄甲成虫雌雄不容易识别，但其性比为 1∶1，因此在释放过程中每棵树释放的数量不能太少，以保证在每棵释放树上都有一定比例的雌雄成虫，以免全部为雌虫或雄虫，不能正常交配产卵。具体在释放过程中，可根据杨树的树体大小和受害程度适当增加释放量。

释放时将花绒寄甲放入赤眼蜂放蜂盒（湖南省林业科学院森林资源保护研究所设计）内，将上面的开口打开，用图钉将装有花绒寄甲的蜂盒定于排粪孔附近，很快花绒寄甲就从开口处爬出，自行寻找寄主产卵。

5.1.4.3　林间释放花绒寄甲成虫后标记虫口的防治效果

在林间释放花绒寄甲成虫时，在受害树的排粪孔中选取部分症状典型的排粪孔，用红漆喷涂圆点标记，在各实验点调查防效时，以排粪孔的数量作为调查指标来统计防治效果。防治效果的计算同 5.1.5.2 的计算方法。

5.1.5　释放花绒寄甲卵和成虫的防治效果评价

5.1.5.1　防治效果调查方法

由于林间调查受害株率和虫口数量及防效时，不可能将试验林中的树木都一一剖开检查，我们以排粪孔的数量和状况来表示云斑天牛的虫口数。调查受害株时以有新鲜虫粪排出的排粪孔的植株为受害株；调查株虫口数时，由于一头幼虫整个生活期只有 1 个排粪孔，因此，有新鲜虫粪排出的排粪孔数即作为虫口数。在花绒寄甲释放后的防效调查中，统计是否被寄生时，以受害株的排粪孔停止排粪、没有新鲜虫粪排出为标准。这是因为花绒寄甲为异性寄生，一旦幼虫被其寄生，即停止活动和取食。若有新鲜虫粪继续排出，则统计为没有被寄生。我们在花绒寄甲释放后调查防治效果时，每次都要剖查 3 棵树，结果验证了排粪孔数即为虫口数；没有新鲜虫粪排出的排粪孔内的幼虫都被花绒寄甲寄生而致死，因而本研究中以虫口减退率而不是用直接的寄生率来评价防治效果。由于在自然界也可能有其他原因导致死亡，为了尽可能准确地统计花绒寄甲的寄生防治效果，因此，每个实验林地我们都设置了对照，以对照的数据计算出校正虫口减退率。

云斑天牛是 2 年一代，树干内多数情况下同时并存当年孵化和上一年度孵化的幼虫，因此，由 2007 年 6 月和 8 月初统计的排粪孔数得到幼虫虫口数包括 2007 年新孵化的幼虫和 2006 年孵化的老幼虫，而 2006 年孵化的老幼虫从 2007 年 8 月中下旬开始陆续停止取食准备化蛹，10 月已进入蛹期，这期间这一代不再排粪，存活下来未被寄生的蛹直至 2008 年五六月才陆续羽化出孔，2008 年 7 月统计羽化孔数为 2006 年孵化的未寄生的虫口数。因此，在调查时 2007 年 6 月和 8 月初的排粪孔数就是虫口数，包括了 2007 年新孵化幼虫和 2006 年孵化的老幼虫，而 2007 年 8 月中下旬和 10 月以及 2008 年 5 月统计的排粪数则没有包括 2006 年孵化老幼虫，因此 2007 年 8 月中下旬和 10 月以及 2008 年 5 月统计的虫口数，为 2007 年 8 月中下旬和 10 月以及 2008 年 5 月统计的排粪数再加上 2008 年 7 月统计羽化孔数。

5.1.5.2　防治效果调查指标及公式

花绒寄甲卵和成虫防治效果通过受害株数、株均排粪孔数和株均虫口数 3 个指标来评价，分别计算受害株减退率和校正受害株减退率、排粪孔减退率和校正排粪孔减退率、虫口减退率和校正虫口减退率，参照他人（阎嵩斌等，2003；仵均祥等，2006；金轶伟等，2008），计算公式如下：

$$减退率(\%) = \frac{天敌释放前数 - 天敌释放后数}{天敌释放前数} \times 100 \tag{5-1}$$

$$校正减退率(\%) = \left(1 - \frac{CK_0 \times Pt_1}{CK_1 \times Pt_0}\right) \times 100 \tag{5-2}$$

式中，CK_0 为对照区天敌释放前的虫口基数；CK_1 为处理区释放天敌后同期调查时对照区的虫口基数；Pt_0 为处理区天敌释放前的虫口基数；Pt_1 为处理区天敌释放后的虫口基数。

5.1.6　数据处理

相关数据的处理分析由 Excel 和 DPS（V8.50 版）完成。Excel 作基本统计参数分析。采用 DPS（V8.50 版）统计软件进行数据的描述性统计分析、相关分析和差异显著性分析。

5.2 不同试验林地对云斑天牛的防治效果

5.2.1 花绒寄甲对杨树云斑天牛的生物防治效果

5.2.1.1 试验样地危害及天敌释放情况

　　本研究在实验点的安排上综合考虑了实验样地的地理范围、杨树的受害程度、林地性质和种植时间等，共选取了 9 个样地，各样地的基本信息及天敌释放情况见表 5-1，释放卵 3 个样点，共释放 185 850 粒，释放面积 30 hm²；释放成虫 6 个样点，共释放 22 700 头，释放面积 100 hm²。湖南 7 个样点，湖北 2 个样点；公路林 1 个，渠道林 1 个，片林 7 个。在天敌释放的各个实验点中，受害最重的是湖南望城，株均虫口数达 12.95，受害株率为 84.67%；受害最轻的为湖南岳华，株均虫口数为 0.28，受害株率为 17.67%。

表 5-1　杨树林试验样地的基本信息及天敌释放情况

样地号	试验地点	林地性质	平均胸径/cm	天敌释放量	释放面积/hm²	调查株数	对照调查株数
1	湖南城陵矶	公路林	9.85	卵 33 100 粒	5	90	30
2	湖南新洲	渠道林	15.46	卵 49 700 粒	5	100	30
3	湖南五一	片林	11.50	卵 103 050 粒	20	150	50
4	湖南合兴	片林	14.46	成虫 2 000 头	20	232	57
5	湖南望城	片林	11.40	成虫 4 500 头	5	150	30
6	湖南岳华	片林	11.25	成虫 2 000 头	10	300	55
7	湖南华容	片林	7.20	成虫 5 200 头	20	400	50
8	湖北大冶	片林	9.30	成虫 6 000 头	20	300	60
9	湖北公安	片林	7.30	成虫 3 000 头	5	150	50

5.2.1.2 花绒寄甲卵孵化率的测定

　　从表 5-2 中可见，室内保湿处理时开始孵化日期为 6 月 22 日，平均孵化历期为 10.67 d，孵化率为 6.00%；在室内环境处理时，开始孵化日期为 6 月 20 日，平均孵化历期为 8.67 d，孵化率为 71.33%；在室外环境处理时，开始孵化日期为 6 月 19 日，平均孵化历期为 8.33 d，孵化率为 75.53%。

表 5-2　花绒寄甲卵的孵化率及孵化历期（湖南君山）

不同处理		接种日期	开始孵化日期	孵化结束日期	孵化历期/d	平均孵化历期/d	孵化率/%	平均孵化率/%
室内保湿	重复 1	07.6.16	07.6.24	07.6.26	11		10.00	
	重复 2	07.6.16	07.6.22	07.6.25	10	10.67 ± 0.58^B	2.00	6.00 ± 4.00^B
	重复 3	07.6.16	07.6.22	07.6.26	11		6.00	

续表

不同处理		接种日期	开始孵化日期	孵化结束日期	孵化历期/d	平均孵化历期/d	孵化率/%	平均孵化率/%
室内环境	重复 1	07.6.16	07.6.20	07.6.23	9		66.00	
	重复 2	07.6.16	07.6.20	07.6.24	9	8.67 ± 0.58^A	78.00	71.33 ± 6.11^A
	重复 3	07.6.16	07.6.20	07.6.23	8		70.00	
室外环境	重复 1	07.6.16	07.6.19	07.6.22	8		80.00	
	重复 2	07.6.16	07.6.19	07.6.22	8	8.33 ± 0.58^A	70.00	75.53 ± 5.03^A
	重复 3	07.6.16	07.6.19	07.6.23	9		76.00	

注: 表中数据为平均值±标准误, 数据上标不同大写字母表示差异极显著, 差异显著性检验为 LSD 法

从表 5-2 的数据分析可知, 室内保湿处理开始孵化日期晚, 孵化历期长而且孵化率很低, 说明相对湿度较高时不利于花绒寄甲卵的孵化, 孵化历期长可能与保湿处理后温度相对偏低有关。方差分析表明, 保湿处理的平均孵化历期和平均孵化率与室内环境和室外环境处理的差异极显著。室内环境处理和室外环境处理平均孵化历期区别不大, 室内环境处理的平均发育历期稍长, 室外环境处理时开始孵化日期较室内环境处理时早 1 d, 室外环境处理的孵化率稍高于室内环境处理, 方差分析表明, 室内环境和室外环境处理的平均孵化历期和平均孵化率的差异不显著。其原因可能是室内环境处理时室温相对恒定, 室外环境跟自然条件一致昼夜有温度差异, 这说明在有一定温差的条件下更有利于花绒寄甲卵的发育。通过花绒寄甲卵的发育试验进一步证明, 花绒寄甲在自然界中产卵于相对干燥的树皮裂缝中, 在一定的昼夜温差节律下孵化, 这是长期进化适应的结果。

5.2.1.3　花绒寄甲卵和成虫的室内寄生率

由表 5-3 可见, 室内释放花绒寄甲卵时, 直接接天敌的平均寄生率为 63.33%, 模拟自然木段为 73.33%, 自然危害木段为 81.34%。自然危害木段的寄生率最高, 模拟自然木段次之, 直接接天敌的寄生率最低。室内释放花绒寄甲成虫时, 直接接天敌的平均寄生率为 56.67%, 模拟自然木段为 76.67%, 自然危害木段为 85.24%。自然危害木段的寄生率最高, 模拟自然木段次之, 直接接天敌的寄生率最低。

表 5-3　花绒寄甲卵和成虫室内对云斑天牛的寄生结果（湖南君山）

不同处理		卵				成虫			
		接种天牛数	寄生死亡数	寄生率/%	平均寄生率/%	接种天牛数	寄生死亡数	寄生率/%	平均寄生率/%
直接接天敌	重复 1	10	7	70	63.33 ± 6.67^b	10	6	60	56.67 ± 3.33^b
	重复 2	10	5	50		10	5	50	
	重复 3	10	7	70		10	6	60	
模拟自然木段	重复 1	10	8	80	73.33 ± 3.33^{ab}	10	7	70	76.67 ± 6.67^a
	重复 2	10	7	70		10	9	90	
	重复 3	10	7	70		10	7	70	

续表

不同处理		卵				成虫			
		接种天牛数	寄生死亡数	寄生率/%	平均寄生率/%	接种天牛数	寄生死亡数	寄生率/%	平均寄生率/%
自然危害木段	重复1	11	8	72.73	81.34± 4.35[a]	12	10	83.33	85.24±0.99[a]
	重复2	13	11	84.62		15	13	86.67	
	重复3	15	13	86.67		14	12	85.71	

注：平均寄生率的数值为平均值±标准误，小写字母表示在 0.05 水平上的差异显著性，显著性检验为 LSD 法。各处理对照均无试虫死亡。接种时间为 2007 年 7 月 2 日，效果检查时间为 2007 年 7 月 17 日

　　模拟自然木段和自然危害木段与云斑天牛的自然生活状态相似，特别是自然危害木段上的生活状态与野外生活条件基本一致。三种处理的方差分析表明，自然危害木段与人工模拟木段差异不显著，但与直接接天敌相比差异显著。这一结果表明，在排除环境因子的影响下，越接近自然条件花绒寄甲的寄生率越高，其原因可能是花绒寄甲经过长期的进化适应，在云斑天牛的自然生存条件下，更容易寻找到并寄生，在人为创造的条件下，反而不利于其去寻找寄主。

5.2.1.4 林间释放花绒寄甲卵的防治效果

　　（1）湖南新洲试点为渠道林，造林时间为 2004 年 3 月，栽植密度小，株距为 4 m，植株生长较快，树木高大，平均胸径为 15.46 cm。2007 年 6 月 17 日释放花绒寄甲卵前，受害株率达 98%，株均虫口数为 8.92 头/株。由于树木高大，在树体的基部至端部均有危害，有虫株率和株均虫口数却较高。

　　释放花绒寄甲卵后的防治效果见表 5-4，2007 年 8 月 25 日调查防治效果，受害株减退率为 12.25%，校正受害株减退率为 5.74%；粪孔减退率为 49.89%，校正粪孔减退率为 49.89%；虫口减退率为 48.65%，校正虫口减退率为 51.95%。2008 年 5 月 18 日调查防治效果，受害株减退率为 62.25%，校正受害株减退率为 56.20%；粪孔减退率为 90.14%，校正粪孔减退率为 81.01%；虫口减退率为 88.90%，校正虫口减退率为 84.17%；2008 年 10 月 7 日调查防治效果时，受害株率降为 32%，株均粪孔数降为 0.63 个/株，受害株减退率为 67.35%，校正受害株减退率为 64.93%；粪孔减退率为 92.94%，校正粪孔减退率为 93.07%。

　　（2）湖南城陵矶试验点为公路林，造林时间为 2004 年 2 月，栽植密度为 2 m×4 m，平均胸径为 10.90 cm。2007 年 6 月 19 日释放花绒寄甲卵前，受害株率达 67.78%，株均虫口数为 2.02 头/株。主要在树体的基部危害，部分在中部危害，端部危害极少。

　　释放花绒寄甲卵后的防治效果见表 5-4，2007 年 8 月 27 日调查防治效果，受害株减退率为 44.26%，校正受害株减退率为 47.05%；粪孔减退率为 62.09%，校正粪孔减退率为 56.67%；虫口减退率为 56.59%，校正虫口减退率为 60.44%。2008 年 5 月 20 日调查防治效果，受害株减退率为 75.41%，校正受害株减退率为 74.04%；

粪孔减退率为 87.91%，校正粪孔减退率为 83.26%；虫口减退率为 82.42%，校正虫口减退率为 81.38%；2008 年 9 月 26 日调查防治效果时，受害株率降为 18.89%，株均粪孔数降为 0.29 个/株，受害株减退率为 72.13%，校正受害株减退率为 68.85%；粪孔减退率为 85.71%，校正粪孔减退率为 78.57%。

（3）湖南五一试验点为片林，造林时间为 2004 年 3 月，栽植密度为 2 m×4 m，平均胸径为 11.50 cm。2007 年 6 月 20 日释放花绒寄甲卵前，受害株率达 53.33%，株均虫口数为 1.25 头/株。主要在树体的基部危害，中部危害较少。

释放花绒寄甲卵后的防治效果见表 5-4，2007 年 8 月 25 日调查防治效果，受害株减退率为 27.50%，校正受害株减退率为 35.87%；粪孔减退率为 43.09%，校正粪孔减退率为 38.18%；虫口减退率为 37.23%，校正虫口减退率为 43.51%。2008 年 5 月 19 日调查防治效果，受害株减退率为 86.25%，校正受害株减退率为 88.71%；粪孔减退率为 93.62%，校正粪孔减退率为 89.13%；虫口减退率为 87.77%，校正虫口减退率为 84.27%；2008 年 9 月 29 日调查防治效果时，受害株率降为 6.00%，株均粪孔数降为 0.06 个/株，受害株减退率为 88.75%，校正受害株减退率为 89.22%；粪孔减退率为 95.21%，校正粪孔减退率为 92.82%。

5.2.1.5　林间释放花绒寄甲成虫的防治效果

（1）湖南合兴试验点为片林，造林时间为 2004 年 3 月，栽植密度为 4 m×6 m，平均胸径为 14.46 cm。2007 年 6 月 16 日释放花绒寄甲成虫前，受害株率达 53.88%，株均虫口数为 1.70 头/株，由于树体高大，在树体的基部至端部均有危害，虫口分布相对比较分散。该实验点为湖南岳纸集团所属的南方杨树种植资源库，种植密度小，树木生长快，树体高大，管理相对较好，危害较轻。

释放花绒寄甲成虫后的防治效果见表 5-5，2007 年 8 月 25 日调查防治效果，受害株减退率为 71.20%，校正受害株减退率为 68.98%；粪孔减退率为 47.72%，校正粪孔减退率为 28.45%；虫口减退率为 46.19%，校正虫口减退率为 43.28%。2008 年 5 月 19 日调查防治效果，受害株减退率为 82.40%，校正受害株减退率为 80.29%；粪孔减退率为 92.13%，校正粪孔减退率为 86.66%；虫口减退率为 90.61%，校正虫口减退率为 88.37%；2008 年 9 月 30 日调查防治效果时，受害株率降为 8.62%，株均粪孔数降为 0.11 个/株，受害株减退率为 84.00%，校正受害株减退率为 83.41%；粪孔减退率为 93.65%，校正粪孔减退率为 91.00%。

（2）湖南望城试验点为片林，造林时间为 2004 年 3 月，栽植密度为 2 m×4 m，平均胸径为 11.40 cm。2007 年 6 月 18 日释放花绒寄甲成虫前，受害株率达 84.67%，株均虫口数为 12.95 头/株。该样点危害最为严重，在树体的基部和中部严重受害，虫口分布集中。

释放花绒寄甲成虫后的防治效果见表 5-5，2007 年 8 月 26 日调查防治效果，受害株减退率为 12.60%，校正受害株减退率为 15.61%；粪孔减退率为 27.07%，校正粪孔减退率为 31.4%；虫口减退率为 24.19%，校正虫口减退率为 32.14%。2008

表 5-4 花绒寄甲卵对杨树的防治效果

试验地点	调查时间	处理					对照					受害株		株均粪孔		株均虫口	
		受害株率/%	粪孔数	株均粪孔	虫口数	株均虫口	受害株率/%	粪孔数	株均粪孔	虫口数	株均虫口	减退率/%	校正减退率/%	减退率/%	校正减退率/%	减退率/%	校正减退率/%
湖南新洲	2007.6.17	98.00	892	8.92	892	8.92	96.67	204	6.80	204	6.80	—	—	—	—	—	—
	2007.8.25	86.00	447	4.47	458	4.58	90.00	181	6.03	218	7.27	12.25	5.74	49.89	43.52	48.65	51.95
	2008.5.18	37.00	88	0.88	99	0.99	83.33	106	3.53	143	4.77	62.25	56.20	90.14	81.01	88.90	84.17
	2008.10.7	32.00	63	0.63	—	—	90.00	208	6.93	—	2.40	67.35	64.93	92.94	93.07	—	—
湖南城陵矶	2007.6.19	67.78	182	2.02	182	2.02	63.33	72	2.40	72	2.40	—	—	—	—	—	—
	2007.8.27	37.78	69	0.77	79	0.88	66.67	63	2.10	79	2.63	44.26	47.05	62.09	56.67	56.59	60.44
	2008.5.20	16.67	22	0.24	32	0.36	60.00	52	1.73	68	2.27	75.41	74.04	87.91	83.26	82.42	81.38
	2008.9.26	18.89	26	0.29	—	—	56.67	48	1.60	—	—	72.13	68.85	85.71	78.57	—	—
湖南五一	2007.6.20	53.33	188	1.25	188	1.25	46.00	63	1.26	63	1.26	—	—	—	—	—	—
	2007.8.25	38.67	107	0.71	118	0.79	52.00	58	1.16	70	1.40	27.50	35.87	43.09	38.18	37.23	43.51
	2008.5.19	7.33	12	0.08	23	0.15	56.00	37	0.74	49	0.98	86.25	88.71	93.62	89.13	87.77	84.27
	2008.9.29	6.00	9	0.06	—	—	48.00	42	0.84	—	0.84	88.75	89.22	95.21	92.82	—	—

注："—"表示此处无数据。2008 年 7 月 13 日统计新洲样点羽化孔为 11 个，对照羽化孔为 10 个，对照距实验林地 500 m；2008 年 7 月 17 日统计城陵矶样点羽化孔 37 个；2008 年 7 月 14 日统计五一样点羽化孔为 11 个，对照羽化孔为 12 个。

表 5-5 释放花绒寄甲成虫对杨树的防治效果

试验地点	调查时间	处理					对照					受害株		株均粪孔		株均虫口	
		受害株率/%	粪孔数	株均粪孔	虫口数	株均虫口	受害株率/%	粪孔数	株均粪孔	虫口数	株均虫口	减退率/%	校正减退率/%	减退率/%	校正减退率/%	减退率/%	校正减退率/%
湖南合兴	2007.6.16	53.88	394	1.70	394	1.70	49.12	78	1.37	78	1.37	—	—	—	—	—	—
	2007.8.25	15.52	206	0.89	212	0.91	45.61	57	1.00	74	1.30	71.20	68.98	47.72	28.45	46.19	43.28
	2008.5.19	9.48	31	0.13	37	0.16	43.86	46	0.81	63	1.11	82.40	80.29	92.13	86.66	90.61	88.37
	2008.9.30	8.62	25	0.11	—	—	47.37	55	0.96	—	—	84.00	83.41	93.65	91.00	—	—

续表

试验地点	调查时间	处理					对照					受害株		株均粪孔		株均虫口	
		受害株率/%	株均粪孔	粪孔数	虫口数	株均虫口	受害株率/%	粪孔数	株均粪孔	虫口数	株均虫口	减退率/%	校正减退率/%	减退率/%	校正减退率/%	减退率/%	校正减退率/%
湖南望城	2007.6.18	84.67	12.95	1943	1943	12.95	93.33	222	7.40	222	7.40	—	—	—	—	—	—
	2007.8.26	74.00	9.45	1417	1473	9.82	96.67	236	7.87	248	8.27	12.60	15.61	27.07	31.40	24.19	32.14
	2008.5.18	26.00	0.39	58	114	0.76	83.33	136	4.53	148	4.93	69.29	65.61	97.01	95.13	94.13	91.20
	2008.9.28	28.67	0.71	107	—	—	90.00	228	7.60	—	—	66.14	64.89	94.49	94.64	—	—
湖南岳华	2007.8.5	17.67	0.28	85	85	0.28	12.73	16	0.29	16	0.29	—	—	—	—	—	—
	2007.10.2	6.00	0.07	21	32	0.11	9.09	11	0.20	14	0.25	66.04	52.45	75.29	64.06	62.35	56.97
	2008.5.19	2.67	0.03	8	19	0.06	7.27	7	0.13	10	0.18	84.91	73.58	90.59	78.49	77.65	64.24
	2008.9.23	4.67	0.05	14	—	—	16.36	20	0.36	—	—	73.58	79.45	83.53	86.82	—	—
湖南华容	2007.8.6	56.50	1.56	625	625	1.56	0.46	86	1.72	86	1.72	—	—	—	—	—	—
	2007.10.4	16.00	0.17	69	94	0.24	0.42	43	0.86	71	1.42	71.68	68.98	88.96	77.92	84.96	81.78
	2008.5.20	6.25	0.07	29	54	0.14	0.40	36	0.72	64	1.28	88.94	87.28	95.36	88.92	91.36	88.39
	2008.9.28	5.00	0.06	25	—	—	0.54	55	1.10	—	—	91.15	92.46	96.00	93.75	—	—
湖北大冶	2007.8.7	77.67	2.18	654	654	2.18	63.33	123	2.05	123	2.05	—	—	—	—	—	—
	2007.10.7	34.00	0.39	118	134	0.45	56.67	93	1.55	121	2.02	56.22	51.07	81.96	76.14	79.51	79.17
	2008.5.23	19.00	0.18	53	69	0.23	65.00	89	1.48	117	1.95	75.54	76.16	91.90	88.80	89.45	88.91
	2008.9.23	18.33	0.21	63	—	—	53.33	96	1.60	—	—	76.39	71.97	90.37	87.66	—	—
湖北公安	2007.8.9	52.00	1.71	257	257	1.71	62.00	103	2.06	103	2.06	—	—	—	—	—	—
	2007.10.3	34.00	0.39	58	70	0.47	52.00	58	1.16	77	1.54	34.62	22.04	77.43	59.92	72.76	63.57
	2008.5.21	28.00	0.15	23	35	0.23	56.00	70	1.40	89	1.78	46.15	40.38	91.05	86.83	86.38	84.24
	2008.9.28	17.33	0.15	22	—	—	54.00	73	1.46	—	—	66.67	61.73	91.44	87.92	—	—

注:"—"表示无数据。2008 年 7 月 14 日统计会兴样点羽化孔为 12 个,对照隔离处理相距约 2000 m,羽化孔为 6 个,对照隔离处理相距约 1000 m,对照隔离处理孔为 56 个;2008 年 7 月 12 日统计望城样点羽化孔为 17 个;2008 年 7 月 14 日统计岳华样点羽化孔为 11 个,对照隔离处理为 3 个;2008 年 7 月 15 日统计华容样点羽化孔为 25 个,对照隔离处理相距约 2000 m,羽化孔为 28 个;2008 年 7 月 16 日统计大冶样点羽化孔为 16 个,对照隔离处理相距约 2000 m,对照隔离处理羽化孔为 28 个;2008 年 7 月 22 日统计公安样点羽化孔为 12 个,对照隔离处理相距约 1000 m,对照为处理羽化孔为 19 个

年 5 月 18 日调查防治效果，受害株减退率为 69.29%，校正受害株减退率为 65.61%；粪孔减退率为 97.01%，校正粪孔减退率为 95.13%；虫口减退率为 94.13%，校正虫口减退率为 91.02%；2008 年 9 月 28 日调查防治效果时，受害株率降为 28.67%，株均粪孔数降为 0.71 个/株，受害株减退率为 66.14%，校正受害株减退率为 64.89%；粪孔减退率为 94.49%，校正粪孔减退率为 94.64%。

（3）湖南岳华试验点为片林，造林时间为 2004 年 3 月，栽植密度为 2 m×4 m，平均胸径为 11.25 cm。2007 年 8 月 5 日释放花绒寄甲成虫前，受害株率达 17.67%，株均虫口数为 0.28 头/株。该样点危害轻，在树体的基部危害，中部和端部受害少。

释放花绒寄甲成虫后的防治效果见表 5-5，2007 年 10 月 2 日调查防治效果，受害株减退率为 66.04%，校正受害株减退率为 52.45%；粪孔减退率为 75.29%，校正粪孔减退率为 64.06%；虫口减退率为 62.35%，校正虫口减退率为 56.97%。2008 年 5 月 19 日调查防治效果，受害株减退率为 84.91%，校正受害株减退率为 73.58%；粪孔减退率为 90.59%，校正粪孔减退率为 78.49%；虫口减退率为 77.65%，校正虫口减退率为 64.24%；2008 年 9 月 23 日调查防治效果时，受害株率降为 4.67%，株均粪孔数降为 0.05 个/株，受害株减退率为 73.58%，校正受害株减退率为 79.45%；粪孔减退率为 83.53%，校正粪孔减退率为 86.82%。

（4）湖南华容试验点为片林，造林时间为 2006 年 3 月，栽植密度为 2 m×4 m，平均胸径为 7.20 cm。2007 年 8 月 6 日释放花绒寄甲成虫前，受害株率达 56.5%，株均虫口数为 1.56 头/株。该样点危害较重，在树体的基部危害，中部和端部受害极少。

释放花绒寄甲成虫后的防治效果见表 5-5，2007 年 10 月 4 日调查防治效果，受害株减退率为 71.68%，校正受害株减退率为 68.98%；粪孔减退率为 88.96%，校正粪孔减退率为 77.92%；虫口减退率为 84.96%，校正虫口减退率为 81.78%。2008 年 5 月 20 日调查防治效果，受害株减退率为 88.94%，校正受害株减退率为 87.28%；粪孔减退率为 95.36%，校正粪孔减退率为 88.92%；虫口减退率为 91.36%，校正虫口减退率为 88.39%；2008 年 9 月 28 日调查防治效果时，受害株率降为 5.00%，株均粪孔数降为 0.06 个/株，受害株减退率为 91.15%，校正受害株减退率为 92.46%；粪孔减退率为 96.00%，校正粪孔减退率为 93.75%。

（5）湖北大冶试验点为片林，造林时间为 2005 年 3 月，栽植密度为 3 m×4 m，平均胸径为 9.30 cm。2007 年 8 月 7 日释放花绒寄甲成虫前，受害株率达 77.67%，株均虫口数为 2.18 头/株。该样点危害较重，在树体的基部危害，中部和端部受害极少。

释放花绒寄甲成虫后的防治效果见表 5-5，2007 年 10 月 7 日调查防治效果，受害株减退率为 56.22%，校正受害株减退率为 51.07%；粪孔减退率为 81.96%，校正粪孔减退率为 76.14%；虫口减退率为 79.51%，校正虫口减退率为 79.17%。2008 年 5 月 23 日调查防治效果，受害株减退率为 75.54%，校正受害株减退率为

76.16%；粪孔减退率为 91.90%，校正粪孔减退率为 88.80%；虫口减退率为 89.45%，校正虫口减退率为 88.91%；2008 年 9 月 23 日调查防治效果时，受害株率降为 18.33%，株均粪孔数降为 0.21 个/株，受害株减退率为 76.39%，校正受害株减退率为 71.97%；粪孔减退率为 90.37%，校正粪孔减退率为 87.66%。

（6）湖北公安试验点为片林，造林时间为 2006 年 3 月，栽植密度为 2 m× 4 m，平均胸径为 7.30 cm。2007 年 8 月 9 日释放花绒寄甲成虫前，受害株率达 52.00%，株均虫口数为 1.71 头/株。该样点危害较重，在树体的基部危害，中部和端部受害极少。

释放花绒寄甲成虫后的防治效果见表 5-5，2007 年 10 月 3 日调查防治效果，受害株减退率为 34.62%，校正受害株减退率为 22.04%；粪孔减退率为 77.43%，校正粪孔减退率为 59.92%；虫口减退率为 72.76%，校正虫口减退率为 63.57%。2008 年 5 月 21 日调查防治效果，受害株减退率为 46.15%，校正受害株减退率为 40.38%；粪孔减退率为 91.05%，校正粪孔减退率为 86.83%；虫口减退率为 86.38%，校正虫口减退率为 84.24%；2008 年 9 月 28 日调查防治效果时，受害株率降为 17.33%，株均粪孔数降为 0.15 个/株，受害株减退率为 66.67%，校正受害株减退率为 61.73%；粪孔减退率为 91.44%，校正粪孔减退率为 87.92%。

5.2.1.6　林间释放花绒寄甲卵和成虫后标记虫口的防治效果

林间释放花绒寄甲卵的标记虫口的防治效果从表 5-6 可见，2007 年 6 月 20 日在湖南五一实验点选取 40 株杨树，标记 85 个粪孔，2007 年 8 月 25 日检查时

表 5-6　野外标记粪孔释放卵和成虫的防治效果

释放方法	试验地点	处理				对照		
		标记时间	标记株数	标记粪孔数	株均标记粪孔	调查株数	粪孔数	株均粪孔数
释放卵	湖南五一	2007.6.20	40	85	2.13	23	63	2.74
	湖南新洲	2007.6.17	29	87	3.00	29	204	7.03
释放成虫	湖南望城	2007.6.17	43	156	3.63	28	222	7.93
	湖南合兴	2007.6.16	22	52	2.36	28	78	2.79

释放方法	试验地点	处理			对照			标记粪孔减退率/%	校正减退率/%
		调查时间	标记粪孔数	标记株均粪孔	调查株数	粪孔数	株均粪孔数		
释放卵	湖南五一	2007.8.25	25	0.63	26	58	2.23	70.59	63.89
	湖南新洲	2007.8.25	37	1.28	27	181	6.70	57.47	55.37
释放成虫	湖南望城	2007.8.26	96	2.23	29	236	8.14	38.46	40.04
	湖南合兴	2007.8.25	13	0.59	57		2.19	75.00	68.23

粪孔数降为 25 个，标记粪孔减退率为 70.59%，校正减退率为 63.89%，高于同期该实验点的粪孔减退率（43.09%）和校正减退率（38.18%）。2007 年 6 月 17 日在湖南新洲实验点选取 29 株杨树，标记 87 个粪孔，2007 年 8 月 25 日检查时粪孔数降为 37 个，标记粪孔减退率为 57.47%，校正减退率为 55.37%，高于同期该实验点的粪孔减退率（49.89%）和校正减退率（49.89%）。

　　林间释放花绒寄甲成虫的标记虫口的防治效果从表 5-6 可见，2007 年 6 月 17 日在湖南望城实验点选取 43 株杨树，标记 156 个粪孔，2007 年 8 月 26 日检查时粪孔数降为 96 个，标记粪孔减退率为 38.46%，校正减退率为 40.04%，高于同期该实验点的粪孔减退率（27.07%）和校正减退率（31.40%）。2007 年 6 月 16 日在湖南合兴实验点选取 22 株杨树，标记 52 个粪孔，2007 年 8 月 25 日检查时粪孔数降为 13 个，标记粪孔减退率为 75.00%，校正减退率为 68.23%，高于同期该实验点的粪孔减退率（47.72%）和校正减退率（28.45%）。主要原因为红漆标记所选取的粪孔均为症状非常典型的排粪孔，这样的排粪孔可能同样也容易被花绒寄甲的成虫所搜寻到，因此这些排粪孔里面的也就容易被寄生，故而由其得到防治效果较高。

5.2.1.7　释放卵和成虫防治效果的比较

　　1. 不同年度防治效果的比较

　　从表 5-7 可见，释放卵第二年调查的受害株减退率、校正受害株减退率、粪孔减退率、校正株均粪孔减退率、虫口减退率和校正株均虫口减退率的平均值分别为 76.08%、74.33%、91.29%、88.15%、86.36% 和 83.27%，明显高于当年调查的防治效果（当年调查值分别为 28.00%、29.55%、51.69、46.12%、47.79% 和 51.96%），经多重比较，在 95% 水平上的差异显著。释放成虫第二年调查的受害株减退率、校正受害株减退率、粪孔减退率、校正株均粪孔减退率、虫口减退率和校正株均虫口减退率的平均值分别为 76.32%、75.65%、91.58%、90.30%、88.26% 和 84.23%，明显高于当年调查的防治效果（当年调查值分别为 52.06%、46.52%、66.41%、56.32%、61.66% 和 59.49%），经多重比较，在 95% 水平上的差异显著。

　　第二年调查结果明显高于当年调查结果的主要原因可能是，释放进林间的花绒寄甲要有从室内饲养逐步适应野外环境的过程。第一代花绒寄甲在林间释放后因其适应力较弱，可能要遭受逆境的淘汰和捕食者的猎食，第二年逐步适应释放地点并建立新的种群后，其适应环境、搜寻和捕食以及逃脱自身捕食者的能力都大大提高，故而第二年的防治效果明显提高。

　　2. 不同释放方法防治效果的比较

　　由表 5-7 和图 5-1 可见，释放卵和成虫均可有效控制的危害，防治效果均较好，两者相比较释放成虫各个指标所表现的防治效果均好于释放卵。第二年释放

表 5-7　释放花绒寄甲卵和成虫的防治效果比较

释放方法	调查年度	试验地点	受害株减退率/%	平均值±标准误	校正受害株减退率/%	平均值±标准误	粪孔减退率/%	平均值±标准误	校正粪孔减退率/%	平均值±标准误	虫口减退率/%	平均值±标准误	校正株均虫口减退率/%	平均值±标准误
释放卵	当年	湖南新洲	12.25		5.74		49.89		43.52		48.65		51.95	
		湖南城陵矶	44.26	28.00±9.24^b	47.05	29.55±12.34^b	62.09	51.69±5.56^b	56.67	46.12±5.49^b	56.59	47.49±5.62^b	60.44	51.96±4.89^b
		湖南五一	27.5		35.87		43.09		38.18		37.23		43.51	
	第二年	湖南新洲	67.35		64.93		92.94		93.07		88.9		84.17	
		湖南城陵矶	72.13	76.08±6.49^a	68.85	74.33±13.04^a	85.71	91.29±2.86^a	78.57	88.15±4.79^a	82.42	86.36±2.00^a	81.38	83.27±0.95^a
		湖南五一	88.75		89.22		95.21		92.82		87.77		84.27	
释放成虫	当年	湖南合兴	71.2		68.98		47.72		28.45		46.19		43.28	
		湖南望城	12.6		15.61		27.07		31.4		24.19		32.14	
		湖南岳华	66.04	52.06±9.70^{ab}	52.45	46.52±9.34^b	75.29	66.41±9.74^b	64.06	56.32±8.81^b	62.35	61.66±9.36^b	56.97	59.49±7.99^b
		湖南华容	71.68		68.98		88.96		77.92		84.96		81.78	
		湖北大冶	56.22		51.07		81.96		76.14		79.51		79.17	
		湖北公安	34.62		22.04		77.43		59.92		72.76		63.57	
	第二年	湖南合兴	84		83.41		93.65		91		90.61		88.37	
		湖南望城	66.14		64.89		94.49		94.64		94.13		91.2	
		湖南岳华	73.58	76.32±4.01^a	79.45	75.65±4.76^a	83.53	91.58±1.81^a	86.82	90.30±1.37^a	77.65	88.26±2.36^a	64.24	84.23±4.10^a
		湖南华容	91.15		92.46		96		93.75		91.36		88.39	
		湖北大冶	76.39		71.97		90.37		87.66		89.45		88.91	
		湖北公安	66.67		61.73		91.44		87.92		86.38		84.24	

注: 小写字母表示在 5% 水平上的差异显著性。差异显著性检验方法为 LSD 法。受害株减退率多重比较的 $F=6.67$, $P=0.005$; 受害株防治效果多重比较的 $F=6.04$, $P=0.0074$; 校正受害株减退率多重比较的 $F=6.57$, $P=0.0053$; 株均粪孔防治效果多重比较的 $F=10.81$, $P=0.0006$; 虫口减退率多重比较的 $F=7.21$, $P=0.0037$; 株均虫口防治效果多重比较的 $F=6.13$, $P=0.007$

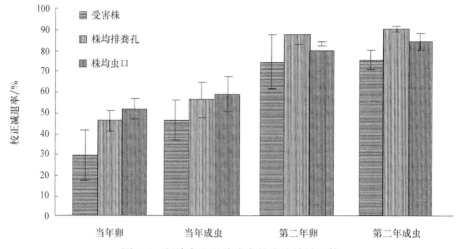

图 5-1　释放卵和释放成虫的防治效果比较

成虫的防治效果略高于释放卵的防治效果，受害株减退率、校正受害株减退率、粪孔减退率、校正株均粪孔减退率、虫口减退率和校正株均虫口减退率平均值的差值分别为 0.24%、1.33%、0.29%、2.15%、1.90%和 1.05%。

当年释放成虫的防治效果明显好于释放卵的防治效果，受害株减退率、校正受害株减退率、粪孔减退率、校正株均粪孔减退率、虫口减退率和校正株均虫口减退率平均值的差值分别为 24.06%、16.97%、14.72%、10.20%、14.17%、7.53%。主要原因为释放卵当年调查防治效果的时间是在 8 月，释放成虫的调查时间主要是在 10 月（只有 2 个点是 8 月调查的），这符合花绒寄甲在林间的自然寄生规律，7～8 月为花绒寄甲的第一姐妹世代，对天牛的寄生率增长趋势较慢，9～10 月为由第二姐妹世代和当年第二代组成的混合世代对天牛寄生率的增长趋势较快（李孟楼等，2007）。

释放成虫和卵后，对当年和第二年调查的受害株减退率、校正受害株减退率、粪孔减退率、校正株均粪孔减退率、虫口减退率和校正株均虫口减退率进行多重比较，结果显示（表 5-7），释放卵和释放成虫第二年和当年调查的防治效果差异均不显著。但是在生产花绒寄甲天敌时，孵化幼虫必须寄生活体的替代寄主才能发育为成虫，中间替代寄主的经济成本较高，而且成虫孵化后每天都需要人工饲料的饲喂，在释放前的保存期间也需要较高的人工饲料成本；而花绒寄甲的卵释放前只需低温保存即可，此外花绒寄甲成虫可多年连续多次产卵。因此，花绒寄甲卵的生产成本远低于成虫，而且防治效果较成虫差异不显著，考虑到在推广应用过程中经济效益问题，建议在大面积防治时采用释放花绒寄甲卵的方法比较经济。

5.2.2　花绒寄甲对白蜡树云斑天牛的生物防治效果

5.2.2.1　各试验样地危害及天敌释放情况

在综合考虑了实验样地的地理范围，白蜡树的受害程度、林地性质和种植时间等基础上，本研究共选取了 8 个样地，其基本信息及天敌释放情况见表 5-8，释放卵的样点为 5 个，共释放卵 44 900 粒，释放面积 3.4 hm²；释放成虫的样点为 3 个，共释放成虫 2300 头，释放面积 3.3 hm²。6 个样点位于东营，2 个样点位于滨州；庭院绿化林 2 个，公路林 3 个，片林 3 个。在天敌释放的各个实验点中，受害最重的是东营品酒厂，株均虫口数达 7.59，受害株率 88.24%；受害最轻的为东营图书馆，株均虫口数 0.63，受害株率 21.23%。

表 5-8　白蜡树试验样地的基本信息及天敌释放情况

样地号	试验地点	林地性质	平均胸径/cm	天敌释放量	释放面积/hm²	调查株数	对照调查株数
1	东营宾馆	庭院绿化	15.66	卵 10 200 粒	0.8	64	12
2	东营品酒厂	公路林	18.27	卵 12 150 粒	1.2	51	15
3	滨州蒲园	公路林	19.00	卵 8 000 粒	0.6	74	10
4	东营六杆桥	片林	11.11	卵 5 200 粒	0.3	67	12
5	东营图书馆	片林	8.69	卵 9 350 粒	0.5	221	12
6	滨州陈户	庭院绿化	21.02	成虫 700 头	1.2	70	11
7	东营胜利街	片林	10.62	成虫 400 头	0.6	36	12
8	东营花官	公路林	16.46	成虫 1 200 头	1.5	106	16

5.2.2.2　花绒寄甲卵孵化率的测定

从表 5-9 中可见，室内保湿处理时开始孵化日期 5 月 26 日，平均孵化历期为 16 d，孵化率为 5.33%；在室内环境处理时，开始孵化日期 5 月 24 日，平均孵化历期为 13.33 d，孵化率为 72.67%；在室外环境处理时，开始孵化日期 5 月 25 日，平均孵化历期为 15.33 d，孵化率为 76.67%。

表 5-9　花绒寄甲卵的孵化率及孵化历期（山东东营）

不同处理		接种日期	开始孵化日期	孵化结束日期	孵化历期/d	平均孵化历期/d	孵化率/%	平均孵化率/%
室内保湿	重复 1	07.5.15	07.5.28	07.5.29	15		6	
	重复 2	07.5.15	07.5.26	07.5.30	16	16.00± 0.58[a]	2	5.33±1.76[b]
	重复 3	07.5.15	07.5.26	07.5.31	17		8	
室内环境	重复 1	07.5.15	07.5.24	07.5.28	14		80	
	重复 2	07.5.15	07.5.24	07.5.27	13	13.33± 0.33[b]	74	72.67±4.67[a]
	重复 3	07.5.15	07.5.24	07.5.27	13		64	

续表

不同处理		接种日期	开始孵化日期	孵化结束日期	孵化历期/d	平均孵化历期/d	孵化率/%	平均孵化率/%
室外环境	重复1	07.5.15	07.5.25	07.5.29	15		84	
	重复2	07.5.15	07.5.26	07.5.30	16	15.33±0.33ª	68	76.67±4.67ª
	重复3	07.5.15	07.5.26	07.5.29	15		78	

注：表中数据为平均值±标准误，小写字母表示在 0.05 水平上的差异显著性，显著性检验为 LSD 法

从表 5-9 的数据分析可知，室内保湿处理开始孵化日期晚，孵化历期长而且孵化率很低，说明相对湿度较高时不利于花绒寄甲卵的孵化，孵化历期长可能与保湿处理后温度相对偏低也有关系。方差分析表明，保湿处理的平均孵化率与室内环境和室外环境处理的差异显著。室内环境处理和室外环境处理平均孵化历期差异不大，室外环境处理的平均发育历期稍长，室外环境处理时开始孵化日期较室内环境处理时晚 1 d，室外环境处理的孵化率稍高于室内环境处理。方差分析表明，室内环境和室外环境处理的平均孵化历期和平均孵化率的差异不显著。室外环境处理的发育历期稍长，这与在湖南君山所做的实验结果有差异，主要原因为山东东营地处北方，5 月的室外温度低于室内温度。室外处理孵化率高这一结果，同样也证明了在有一定温差的条件下更有利于花绒寄甲卵的发育。

5.2.2.3 花绒寄甲卵和成虫的室内寄生率

由表 5-10 可见，室内释放花绒寄甲卵时直接接天敌的平均寄生率为 56.67%，模拟自然木段为 66.67%，自然危害木段为 78.91%。自然危害木段的寄生率最高，模拟自然木段次之，直接接天敌的寄生率最低。室内释放花绒寄甲成虫时，直接接天敌的平均寄生率为 53.33%，模拟自然木段为 70.00%，自然危害木段为 81.29%。自然危害木段的寄生率最高，模拟自然木段次之，直接接天敌的寄生率最低。这一试验结果与湖南君山在杨树上所做试验的结论基本一致，在自然危害木段上寄生率最高，是其长期进化适应的表现。

表 5-10　花绒寄甲卵和成虫室内对云斑天牛的寄生结果（山东东营）

处理		卵				成虫			
		接种天牛数	寄生死亡数	寄生率/%	平均寄生率/%	接种天牛数	寄生死亡数	寄生率/%	平均寄生率/%
直接接天敌	重复1	10	6	60.00		10	6	60.00	
	重复2	10	5	50.00	56.67±3.33ᶜ	10	5	50.00	53.33±3.33ᵇ
	重复3	10	6	60.00		10	5	50.00	
模拟自然木段	重复1	10	7	70.00		10	6	60.00	
	重复2	10	6	60.00	66.67±3.33ᵇ	10	9	90.00	70.00±5.77ª
	重复3	10	7	70.00		10	6	60.00	

处理		卵				成虫			
		接种天牛数	寄生死亡数	寄生率/%	平均寄生率/%	接种天牛数	寄生死亡数	寄生率/%	平均寄生率/%
自然危害木段	重复 1	13	10	76.92		16	13	81.25	
	重复 2	14	11	78.57	78.91±1.26ᵃ	12	8	66.67	81.29±2.54ᵃ
	重复 3	16	13	81.25		18	16	88.89	

注：平均寄生率的数值为平均值±标准误，小写字母表示在 0.05 水平上的差异显著性，显著性检验为 LSD 法。各处理对照均无试虫死亡。花绒寄甲卵寄生试验时间为 2007 年 5 月 18 日至 6 月 3 日，成虫寄生试验时间为 2007 年 7 月 22 日至 8 月 23 日

5.2.2.4　林间释放花绒寄甲卵的防治效果

（1）东营宾馆样点为庭院绿化林，树木高大，平均胸径为 15.66 cm，危害严重，在树体的基部至端部均有危害。2007 年 5 月 16 日释放花绒寄甲卵前受害株率达 46.88%，株均虫口数为 1.86 头/株。

释放花绒寄甲卵后的防治效果见表 5-11。2007 年 7 月 9 日调查防治效果，受害株减退率为 30.00%，校正受害株减退率为 41.67%；粪孔减退率为 44.46%，校正粪孔减退率为 57.18%；虫口减退率为 55.46%，校正虫口减退率为 57.18%。2007 年 10 月 13 日调查防治效果，受害株减退率为 70.00%，校正受害株减退率为 70.00%；粪孔减退率为 89.92%，校正粪孔减退率为 78.99%；虫口减退率为 77.31%，校正虫口减退率为 72.99%。2008 年 5 月 31 日调查防治效果，受害株减退率为 86.67%，校正受害株减退率为 86.67%；粪孔减退率为 94.12%，校正粪孔减退率为 85.29%；虫口减退率为 81.51%，校正虫口减退率为 75.67%；2008 年 9 月 28 日调查防治效果时，受害株率降为 9.38%，株均粪孔数降为 0.16 个/株，受害株减退率为 80.00%，校正受害株减退率为 85.71%；粪孔减退率为 91.60%，校正粪孔减退率为 87.64%。

（2）东营品酒厂样点为公路林，株距 5 m，平均胸径为 18.27 cm，树体高大，树体从基部至端部均受害严重。2007 年 5 月 16 日释放花绒寄甲卵前受害株率达 88.24%，株均虫口数为 7.59 头/株。

释放花绒寄甲卵后的防治效果见表 5-11。2007 年 7 月 10 日调查防治效果，受害株减退率为 33.33%，校正受害株减退率为 39.39%；粪孔减退率为 18.86%，校正粪孔减退率为 21.54%；虫口减退率为 18.86%，校正虫口减退率为 21.54%。2007 年 10 月 13 日调查防治效果，受害株减退率为 42.22%，校正受害株减退率为 35.80%；粪孔减退率为 35.14%，校正粪孔减退率为 25.88%；虫口减退率为 29.46%，校正虫口减退率为 39.14%。2008 年 5 月 31 日调查防治效果，受害株减退率为 53.33%，校正受害株减退率为 48.15%；粪孔减退率为 48.84%，校正粪孔减退率为 43.01%；虫口减退率为 43.15%，校正虫口减退率为 51.90%；2008 年

表 5-11　花绒寄甲卵对危害白蜡云斑天牛的防治效果

试验地点	调查时间	处理					对照					受害株		株均粪孔		株均虫口	
		受害株率/%	粪孔数	株均粪孔	虫口数	株均虫口	受害株率/%	粪孔数	株均粪孔	虫口数	株均虫口	减退率/%	校正减退率/%	减退率/%	校正减退率/%	减退率/%	校正减退率/%
东营宾馆	2007.5.16	46.88	119	1.86	119	1.86	41.67	25	2.08	25	2.08	—	—	—	—	—	—
	2007.7.9	32.81	53	0.83	53	0.83	50.00	26	2.17	26	2.17	30.00	41.67	55.46	57.18	55.46	57.18
	2007.10.13	14.06	12	0.19	27	0.42	41.67	12	1.00	21	1.75	70.00	70.00	89.92	78.99	77.31	72.99
	2008.5.31	6.25	7	0.11	22	0.34	41.67	10	0.83	19	1.58	86.67	86.67	94.12	85.29	81.51	75.67
	2008.9.28	9.38	10	0.16	—	—	58.33	17	1.42	—	—	80.00	85.71	91.60	87.64	—	—
东营酒品厂	2007.5.16	88.24	387	7.59	387	7.59	66.67	88	5.87	88	5.87	—	—	—	—	—	—
	2007.7.10	58.82	314	6.16	314	6.16	73.33	91	6.07	91	6.07	33.33	39.39	18.86	21.54	18.86	21.54
	2007.10.13	50.98	251	4.92	273	5.35	60.00	77	5.13	102	6.80	42.22	35.80	35.14	25.88	29.46	39.14
	2008.5.31	41.18	198	3.88	220	4.31	60.00	79	5.27	104	6.93	53.33	48.15	48.84	43.01	43.15	51.90
	2008.9.28	33.33	92	1.80	—	—	46.67	81	5.40	—	—	62.22	46.03	76.23	74.17	—	—
滨州蒲园	2007.5.17	41.89	61	0.82	61	0.82	60.00	21	2.10	21	2.10	—	—	—	—	—	—
	2007.7.10	37.25	33	0.45	33	0.45	60.00	23	2.30	23	2.30	38.71	11.07	45.90	50.61	45.90	50.61
	2007.10.13	21.57	23	0.31	25	0.34	50.00	11	1.10	20	2.00	64.52	38.22	62.30	28.02	59.02	56.97
	2008.5.31	17.65	11	0.15	13	0.18	60.00	8	0.80	17	1.70	70.97	57.87	81.97	52.66	78.69	73.67
	2008.9.28	15.69	7	0.09	—	—	50.00	11	1.10	—	—	74.19	55.07	88.52	78.09	—	—
东营六杆桥	2007.5.14	73.13	197	2.94	197	2.94	50.00	25	2.08	25	2.08	—	—	—	—	—	—
	2007.7.10	58.21	92	1.37	92	1.37	50.00	27	2.25	27	2.25	20.41	20.41	53.30	56.76	53.30	56.76
	2007.10.14	38.81	45	0.67	63	0.94	41.67	15	1.25	26	2.17	46.94	36.33	77.16	61.93	68.02	69.25
	2008.5.30	16.42	11	0.16	29	0.43	50.00	9	0.75	20	1.67	77.55	77.55	94.42	84.49	85.28	81.60
	2008.9.28	7.46	8	0.12	—	—	41.67	11	0.92	—	—	89.80	87.76	95.94	90.77	—	—
东营图书馆	2007.5.16	21.27	139	0.63	139	0.63	41.67	11	0.92	11	0.92	—	—	—	—	—	—
	2007.7.9	14.03	69	0.31	69	0.31	50.00	13	1.08	13	1.08	34.04	45.04	50.36	58.00	50.36	58.00
	2007.10.13	6.33	26	0.12	52	0.24	41.67	9	0.75	14	1.17	70.21	70.21	81.29	77.14	62.59	70.61
	2008.5.31	3.62	2	0.01	28	0.13	41.67	8	0.67	13	1.08	82.98	82.98	98.56	98.02	79.86	82.96
	2008.9.28	2.71	6	0.03	—	—	41.67	9	0.75	—	—	87.23	87.23	95.68	94.72	—	—

注："—"表示无数据。羽化孔调查时间为 2008 年 7 月 28 日。东营宾馆样点羽化孔为 15 个，对照为 9 个；东营酒品厂样点羽化孔为 22 个，对照为 25 个；滨州蒲园样点羽化孔为 18 个，对照为 11 个；东营六杆桥样点羽化孔为 26 个，对照为 5 个；东营图书馆样点羽化孔为 2 个，对照为 9 个。对照距实验林地 500 m。

9月28日调查防治效果时，受害株率降为 33.33%，株均粪孔数降为 1.80 个/株，受害株减退率为 62.22%，校正受害株减退率为 46.03%；粪孔减退率为 76.23%，校正粪孔减退率为 74.17%。

（3）滨州蒲园样点为公路林，株距 5 m，平均胸径为 19.00 cm，树体高大，树体从基部至端部均有危害。2007 年 5 月 17 日释放花绒寄甲卵前受害株率达 41.89%，株均虫口数为 0.82 头/株。

释放花绒寄甲卵后的防治效果见表 5-11。2007 年 7 月 10 日调查防治效果，受害株减退率为 38.71%，校正受害株减退率为 11.07%；粪孔减退率为 45.90%，校正粪孔减退率为 50.61%；虫口减退率为 45.90%，校正虫口减退率为 50.61%。2007 年 10 月 13 日调查防治效果，受害株减退率为 64.52%，校正受害株减退率为 38.22%；粪孔减退率为 62.30%，校正粪孔减退率为 28.02%；虫口减退率为 59.02%，校正虫口减退率为 56.97%。2008 年 5 月 31 日调查防治效果，受害株减退率为 70.97%，校正受害株减退率为 57.87%；粪孔减退率为 81.97%，校正粪孔减退率为 52.66%；虫口减退率为 78.69%，校正虫口减退率为 73.67%；2008 年 9 月 28 日调查防治效果时，受害株率降为 15.69%，株均粪孔数降为 0.09 个/株，受害株减退率为 74.19%，校正受害株减退率为 55.07%；粪孔减退率为 88.52%，校正粪孔减退率为 78.09%。

（4）东营六杆桥样点为片林，株距 3 m，行距 4 m，平均胸径为 11.11 cm，树体较小，主要是树体基部受害。2007 年 5 月 14 日释放花绒寄甲卵前受害株率达 73.13%，株均虫口数为 2.94 头/株。

释放花绒寄甲卵后的防治效果见表 5-11。2007 年 7 月 10 日调查防治效果，受害株减退率为 20.41%，校正受害株减退率为 20.41%；粪孔减退率为 53.30%，校正粪孔减退率为 56.76%；虫口减退率为 53.30%，校正虫口减退率为 56.76%。2007 年 10 月 13 日调查防治效果，受害株减退率为 46.94%，校正受害株减退率为 36.33%；粪孔减退率为 77.16%，校正粪孔减退率为 61.93%；虫口减退率为 68.02%，校正虫口减退率为 69.25%。2008 年 5 月 30 日调查防治效果，受害株减退率为 77.55%，校正受害株减退率为 77.55%；粪孔减退率为 94.42%，校正粪孔减退率为 84.49%；虫口减退率为 85.28%，校正虫口减退率为 81.60%；2008 年 9 月 28 日调查防治效果时，受害株率降为 7.46%，株均粪孔数降为 0.12 个/株，受害株减退率为 89.80%，校正受害株减退率为 87.76%；粪孔减退率为 95.94%，校正粪孔减退率为 90.77%。

（5）东营图书馆样点为片林，株距 2 m，行距 3 m，平均胸径为 8.69 cm，树体较小，主要是树体基部受害。2007 年 5 月 16 日释放花绒寄甲卵前受害株率达 21.27%，株均虫口数为 0.63 头/株。

释放花绒寄甲卵后的防治效果见表 5-11。2007 年 7 月 9 日调查防治效果，受害株减退率为 34.04%，校正受害株减退率为 45.04%；粪孔减退率为 50.36%，校正粪孔减退率为 58.00%；虫口减退率为 50.36%，校正虫口减退率为 58.00%。2007
年 10 月 13 日调查防治效果,受害株减退率为 70.21%,校正受害株减退率为 70.21%；
粪孔减退率为 81.29%，校正粪孔减退率为 77.14%；虫口减退率为 62.59%，校
正虫口减退率为 70.61%。2008 年 5 月 31 日调查防治效果,受害株减退率为 82.98%,
校正受害株减退率为 82.98%；粪孔减退率为 98.56%,校正粪孔减退率为 98.02%；
虫口减退率为 79.86%，校正虫口减退率为 82.96%；2008 年 9 月 28 日调查防治
效果时，受害株率降为 2.71%，株均粪孔数降为 0.03 个/株，受害株减退率为
87.23%，校正受害株减退率为 87.23%；粪孔减退率为 95.68%，校正粪孔减退率
为 94.72%。

5.2.2.5 林间释放花绒寄甲成虫的防治效果

（1）滨州陈户样点为庭院绿化林，平均胸径为 21.02 cm，树体高大，树体从基
部至端部均受害严重。2007 年 7 月 18 日释放花绒寄甲成虫前受害株率达 72.86%，
株均虫口数为 6.79 头/株。

释放花绒寄甲成虫后的防治效果见表 5-12。2007 年 10 月 13 日调查防治效果，
受害株减退率为 11.76%，校正受害株减退率为 11.76%；粪孔减退率为 33.89%，
校正粪孔减退率为 43.81%；虫口减退率为 33.89%，校正虫口减退率为 43.81%。
2008 年 5 月 31 日调查防治效果，受害株减退率为 23.53%，校正受害株减退率为
23.53%；粪孔减退率为 70.95%，校正粪孔减退率为 66.52%；虫口减退率为 68.42%，
校正虫口减退率为 72.11%；2008 年 9 月 28 日调查防治效果时，受害株率降为
38.57%，株均粪孔数降为 1.09 个/株，受害株减退率为 47.06%，校正受害株减退
率为 54.62%；粪孔减退率为 84.00%，校正粪孔减退率为 86.05%。

（2）东营胜利街样点为庭院片林，株距 3 m，行距 4 m，平均胸径为 10.62 cm，
树体不大，主要是树体基部受害，中部部分受害。2007 年 7 月 20 日释放花绒寄
甲成虫前受害株率达 86.11%，株均虫口数为 6.64 头/株。

释放花绒寄甲成虫后的防治效果见表 5-12。2007 年 10 月 13 日调查防治效果，
受害株减退率为 22.58%，校正受害株减退率为 11.52%；粪孔减退率为 52.30%，
校正粪孔减退率为 43.44%；虫口减退率为 52.30%，校正虫口减退率为 43.44%。
2008 年 5 月 31 日调查防治效果，受害株减退率为 41.94%，校正受害株减退率为
41.94%；粪孔减退率为 87.87%，校正粪孔减退率为 83.21%；虫口减退率为 85.36%，
校正虫口减退率为 82.13%；2008 年 9 月 28 日调查防治效果时，受害株率降为
16.67%，株均粪孔数降为 0.44 个/株，受害株减退率为 80.65%，校正受害株减退
率为 80.65%；粪孔减退率为 93.31%，校正粪孔减退率为 91.71%。

（3）东营花官样点为公路林，株距 6 m，平均胸径为 16.46 cm，树体高大，
从基部至端部均受害严重。2007 年 7 月 21 日释放花绒寄甲成虫前受害株率达
83.96%，株均虫口数为 4.58 头/株。

释放花绒寄甲成虫后的防治效果见表 5-12。2007 年 10 月 13 日调查防治

效果，受害株减退率为 39.33%，校正受害株减退率为 32.58%；粪孔减退率为 52.99%，校正粪孔减退率为 47.85%；虫口减退率为 52.99%，校正虫口减退率为 47.85%。2008 年 5 月 31 日调查防治效果，受害株减退率为 46.07%，校正受害株减退率为 50.97%；粪孔减退率为 78.97%，校正粪孔减退率为 77.38%；虫口减退率为 76.08%，校正虫口减退率为 77.36%；2008 年 9 月 28 日调查防治效果时，受害株率降为 26.42%，株均粪孔数降为 0.54 个/株，受害株减退率为 68.54%，校正受害株减退率为 73.78%；粪孔减退率为 88.25%，校正粪孔减退率为 86.76%。

5.2.2.6　林间释放花绒寄甲卵和成虫后标记虫口的防治效果

林间释放花绒寄甲卵的标记虫口的防治效果从表 5-13 可见，2007 年 5 月 16 日在东营品酒厂样点选取 20 株白蜡树，标记 51 个粪孔，2007 年 7 月 10 日检查时粪孔数降为 23 个，标记粪孔减退率为 54.90%，防治效果为 61.34%，高于同期该实验点的粪孔减退率（18.86%）和防治效果（21.54%）。2007 年 5 月 16 日在东营图书馆样点选取 35 株白蜡树，标记 39 个粪孔，2007 年 7 月 9 日检查时粪孔数降为 19 个，标记粪孔减退率为 51.28%，防治效果为 57.37%，高于同期该实验点的粪孔减退率（50.36%）和防治效果（58.00%）。

林间释放花绒寄甲成虫的标记虫口的防治效果从表 5-13 可见，2007 年 7 月 18 日在滨州陈户样点选取 25 株白蜡树，标记 147 个粪孔，2007 年 10 月 13 日检查时粪孔数降为 46 个，标记粪孔减退率为 68.71%，防治效果为 64.63%，高于同期该实验点的粪孔减退率（33.89%）和防治效果（43.81%）。2007 年 7 月 20 日在东营胜利街点选取 32 株白蜡树，标记 134 个粪孔，2007 年 10 月 13 日检查时粪孔数降为 53 个，标记粪孔减退率为 60.45%，防治效果为 56.28%，高于同期该实验点的粪孔减退率（52.30%）和防治效果（43.44%）。结论与在杨树上的结论一致。

5.2.2.7　释放卵和成虫防治效果的比较

1. 不同年度防治效果的比较

从表 5-14 可见，释放卵后第二年调查的受害株减退率、校正受害株减退率、粪孔减退率、校正株均粪孔减退率、虫口减退率和校正株均虫口减退率的平均值分别为 78.69%、72.36%、89.59%、85.08%、73.70% 和 73.16%，明显高于当年调查的防治效果（当年调查值分别为 58.78%、50.11%、69.16%、54.39%、59.28% 和 61.79%）。释放成虫后第二年调查的受害株减退率、校正受害株减退率、粪孔减退率、校正株均粪孔减退率、虫口减退率和校正株均虫口减退率防治效果的平均值分别为 65.42%、69.68%、88.52%、88.17%、76.62% 和 77.20%，明显高于当年调查的防治效果（当年调查值分别为 24.56%、18.62%、46.39%、45.03%、46.39% 和 45.03%），经多重比较，在 95% 水平上的差异显著。

表 5-12 释放花绒寄甲成虫对危害白蜡云斑天牛的防治效果

试验地点	调查时间	处理					对照					被害株		株均粪孔		株均虫口	
		受害株率/%	粪孔数	株均粪孔	虫口数	株均虫口	受害株率/%	粪孔数	株均粪孔	虫口数	株均虫口	减退率/%	校正减退率/%	减退率/%	校正减退率/%	减退率/%	校正减退率/%
滨州陈户	2007.7.18	72.86	475	6.79	475	6.79	54.55	68	6.18	68	6.18	—	—	—	—	—	—
	2007.10.13	64.29	314	4.49	314	4.49	54.55	80	7.27	80	7.27	11.76	11.76	33.89	43.81	33.89	43.81
	2008.5.30	55.71	138	1.97	150	2.14	54.55	59	5.36	77	7.00	23.53	23.53	70.95	66.52	68.42	72.11
	2008.9.28	38.57	76	1.09	—	—	63.64	78	7.09	—	—	47.06	54.62	84.00	86.05	—	—
东营胜利街	2007.7.20	86.11	239	6.64	239	6.64	66.67	83	6.92	83	6.92	—	—	—	—	—	—
	2007.10.13	66.67	114	3.17	114	3.17	58.33	70	5.83	70	5.83	22.58	11.52	52.30	43.44	52.30	43.44
	2008.5.31	50.00	29	0.81	35	0.97	66.67	60	5.00	68	5.67	41.94	41.94	87.87	83.21	85.36	82.13
	2008.9.28	16.67	16	0.44	—	—	66.67	67	5.58	—	—	80.65	80.65	93.31	91.71	—	—
东营花官	2007.7.21	83.96	485	4.58	485	4.58	62.50	71	4.44	71	4.44	—	—	—	—	—	—
	2007.10.13	50.94	228	2.15	228	2.15	56.25	64	4.00	64	4.00	39.33	32.58	52.99	47.85	52.99	47.85
	2008.5.31	45.28	102	0.96	116	1.09	68.75	66	4.13	75	4.69	46.07	50.97	78.97	77.38	76.08	77.36
	2008.9.28	26.42	57	0.54	—	—	75.00	63	3.94	—	—	68.54	73.78	88.25	86.76	—	—

注:"—"表示无数据。羽化孔调查时间为2008年7月28日。滨州陈户样点羽化孔为12个,对照为18个;东营胜利街样点羽化孔为6个,对照为8个;东营花官样点羽化孔为14个,对照为9个,对照距实验林地2000 m。

表 5-13 野外标记粪孔释放卵和成虫的防治效果

释放方法	试验地点	处理							对照						标记粪孔减退率/%	校正减退率/%
		标记时间	标记株数	标记粪孔数	株均标记粪孔	调查株数	标记粪孔数	株均标记粪孔	调查时间	标记粪孔数	株均粪孔数	调查株数	标记粪孔数	株均粪孔数		
释放卵	东营品酒厂	2007.5.16	20	51	2.55	5	23	1.15	2007.7.10	12	2.40	5	14	2.80	54.90	61.34
	东营图书馆	2007.5.16	35	39	1.11	5	19	0.54	2007.7.9	7	1.40	5	8	1.60	51.28	57.37
释放成虫	滨州陈户	2007.7.18	25	147	5.88	5	46	1.84	2007.10.13	26	5.20	5	23	4.60	68.71	64.63
	东营胜利街	2007.7.20	32	134	4.19	5	53	1.66	2007.10.13	21	4.20	5	19	3.80	60.45	56.28

表 5-14　释放花绒寄甲卵和成虫的防治效果比较

释放方法	调查年度	试验地点	受害株减退率/%	平均值±标准误	校正受害株减退率/%	平均值±标准误	粪孔减退率/%	平均值±标准误	校正粪孔减退率/%	平均值±标准误	出口减退率/%	平均值±标准误	校正出口虫退率/%	平均值±标准误
释放卵	当年	东营宾馆	70.00		70.00		89.92		78.99		77.31		72.99	
		东营品渲厂	42.22		35.80		35.14		25.88		29.46		39.14	
		滨州蒲洼	64.52	58.78 ± 5.93^a	38.22	50.11 ± 8.17^a	62.30	69.16 ± 9.61^{ab}	28.02	54.39 ± 11.59^b	59.02	59.28 ± 8.07^{ab}	56.97	61.79 ± 6.31^{ab}
		东营六村桥	46.94		36.33		77.16		61.93		68.02		69.25	
		东营图书馆	70.21		70.21		81.29		77.14		62.59		70.61	
	第二年	东营宾馆	80.00		85.71		91.60		87.64		81.51		75.67	
		东营品渲厂	62.22		46.03		76.23		74.17		43.15		51.90	
		滨州蒲洼	74.19	78.69 ± 4.95^a	55.07	72.36 ± 9.02^a	88.52	89.59 ± 3.61^a	78.09	85.08 ± 3.87^a	78.69	73.70 ± 7.72^a	73.67	73.16 ± 5.59^a
		东营六村桥	89.80		87.76		95.94		90.77		85.28		81.60	
		东营图书馆	87.23		87.23		95.68		94.72		79.86		82.96	
释放成虫	当年	滨州陈广	11.76		11.76		33.89		43.81		33.89		43.81	
		东营雅利街	22.58	24.56 ± 8.02^b	11.52	18.62 ± 6.98^b	52.30	46.39 ± 6.25^b	43.44	45.03 ± 1.41^b	52.30	46.39 ± 6.25^b	43.44	45.03 ± 1.41^b
		东营花宫	39.33		32.58		52.99		47.85		52.99		47.85	
	第二年	滨州陈广	47.06		54.62		84.00		86.05		68.42		72.11	
		东营雅利街	80.65	65.42 ± 9.82^a	80.65	69.68 ± 7.79^a	93.31	88.52 ± 2.69^a	91.71	88.17 ± 1.78^a	85.36	76.62 ± 4.90^a	82.13	77.20 ± 2.89^a
		东营花宫	68.54		73.78		88.25		86.76		76.08		77.36	

注：小写字母表示在 5%水平上的差异显著性，差异显著性检验方法为 LSD 法。受害株减退率多重比较的 $F=7.11$，$P=0.0053$；校正受害株减退率多重比较的 $F=10.40$，$P=0.0012$；受害株桥减退率多重比较的 $F=6.90$，$P=0.0059$；粪孔减退率多重比较的 $F=6.87$，$P=0.0006$；株均粪孔防治效果多重比较的 $F=2.76$，$P=0.088$；株均虫口防治效果多重比较的 $F=5.47$，$P=0.0133$

第二年调查结果明显高于当年调查结果的主要原因可能是，释放进林间的花绒寄甲要有从室内饲养环境逐步适应野外环境的过程，第一代花绒寄甲在林间释放后因其适应力较弱，可能要遭受逆境的淘汰和捕食者的猎食，第二年逐步适应释放地点并建立新的种群后，其适应环境、搜寻和捕食以及逃脱自身捕食者的能力都大大提高，故而第二年的防治效果明显提高。

2. 不同释放方法防治效果的比较

由表 5-14 和图 5-2 可见，释放卵和成虫均可有效控制云斑天牛的危害，防治效果均较好。第二年释放成虫的受害株减退率和受害株防治效果低于第二年释放卵的受害株减退率和受害株防治效果，主要原因是释放成虫样点的树体均较高大，总体受害重，且树体的基部至端部均受害，防治后很难达到零粪孔，故受害株相对较多。第二年释放成虫的粪孔减退率、校正粪孔减退率、虫口减退率和校正虫口减退率高于当年释放卵的粪孔减退率、校正株均粪孔减退率、虫口减退率和校正虫口减退率（除粪孔减退率外），这一结果与在杨树上的结论一致。

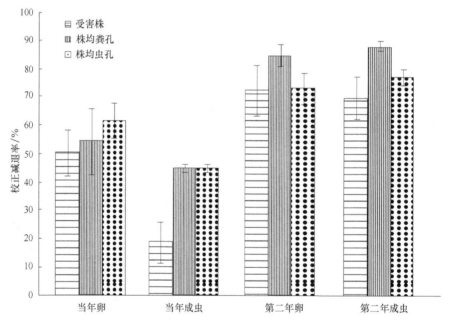

图 5-2　释放卵和释放成虫的防治效果比较

对当年和第二年调查的释放成虫和释放卵的粪孔减退率、校正株均粪孔减退率、虫口减退率和校正株均虫口减退率进行多重比较（表 5-14），结果显示，释放卵和释放成虫第二年和当年调查的防治效果差异均不显著（仅释放成虫当年受害株减退率、校正受害株减退率和释放卵的当年受害株减退率、校正受害株减退率差异显著，但其第二年的结果差异不显著）。因此，同样考虑到在推广应用过程中经济效益问题，在白蜡树上大面积防治时，采用释放花绒寄甲卵的方法也是比较经济的。

5.2.3　花绒寄甲对核桃树云斑天牛的生物防治效果

5.2.3.1　试验样地危害及天敌释放情况

我国山区零星散植的核桃树多为多年生大树，管理粗放，云斑天牛受害较重，成片种植的核桃林多为矮化密植的新品种，树体小，管理精细，受害轻。根据这一实地情况，本研究分别在山西、河南和四川三个省份，选取了有代表性的 11 个试验点（表 5-15）：矮化密植林 1 个，零星散植林 10 个；释放卵 4 个样地，共释放花绒寄甲卵 158 600 粒，防治面积 38.6 hm²；释放花绒寄甲成虫 7 个样地，共释放 18 000 头，防治面积 89 hm²。

在释放天敌的各个样地中，受害最轻的为山西左权牛耳沟，云斑天牛株均虫口数 0.23 头/株，受害株率为 17.14%。其他样地受害情况差别不大，受害株率在 40%～70%，以河南林州市东港东沟最高（88.24%）；株均虫口数在 1.27～2.73，以左权骆驼村最高（7.59 头/株）。

表 5-15　试验林地的基本信息及花绒寄甲释放情况

样地号	试验地点	林地性质	平均胸径/cm	天敌释放量	释放面积/hm²	防治区调查株数	对照调查株数
1	左权牛耳沟	矮化密植林	11.84	卵 22 600 粒	1.6	140	30
2	左权下武	零星散植林	43.73	卵 76 000 粒	15	30	10
3	左权西黄漳	零星散植林	48.46	成虫 4 000 头	18	30	10
4	左权秦家岭南	零星散植林	39.24	卵 40 000 粒	10	30	10
5	林州东岗东沟	零星散植林	36.81	卵 20 000 粒	12	30	10
6	左权秦家岭北	零星散植林	46.8	成虫 4 000 头	22	30	10
7	左权寺平	零星散植林	42.64	成虫 2 000 头	16	30	10
8	左权骆驼村	零星散植林	46.31	成虫 1 000 头	8	30	10
9	林州东岗西沟	零星散植林	32.44	成虫 2 000 头	10	30	10
10	林州任村	零星散植林	40.35	成虫 2 000 头	12	30	10
11	四川广元	零星散植林	36.22	成虫 3 000 头	15	30	10

5.2.3.2　花绒寄甲卵孵化率的测定

从表 5-16 可见，室内保湿处理条件下花绒寄甲的卵开始孵化日期 6 月 10 日，平均孵化历期为 13.67 d，孵化率为 7.33%；在室内环境处理时，卵开始孵化日期 6 月 8 日，平均孵化历期为 11.33 d，孵化率为 66.67%；在室外环境处理时，开始孵化日期 6 月 7 日，平均孵化历期为 11.00 d，孵化率为 73.33%。

表 5-16　花绒寄甲卵的孵化率及孵化历期（山西左权）

不同处理		接种日期	开始孵化日期	孵化结束日期	孵化历期/d	平均孵化历期/d	孵化率/%	平均孵化率/%
室内保湿	重复1	07.5.29	07.6.11	07.6.16	14		8	
	重复2	07.5.29	07.6.10	07.6.16	13	13.67 ± 0.33^{a}	4	7.33 ± 1.76^{b}
	重复3	07.5.29	07.6.11	07.6.16	14		10	
室内环境	重复1	07.5.29	07.6.8	07.6.16	11		60	
	重复2	07.5.29	07.6.8	07.6.16	11	11.33 ± 0.33^{b}	68	66.67 ± 3.52^{a}
	重复3	07.5.29	07.6.9	07.6.16	12		72	
室外环境	重复1	07.5.29	07.6.8	07.6.16	11		64	
	重复2	07.5.29	07.6.7	07.6.16	10	11.00 ± 0.57^{b}	84	73.33 ± 5.81^{a}
	重复3	07.5.29	07.6.9	07.6.16	12		72	

注：表中数据为平均值±标准误，小写字母表示在 0.05 水平上的差异显著性，显著性检验为 LSD 法

　　从表 5-16 的数据分析可知，试验结果与湖南岳阳、山东东营的试验结论基本一致。室内保湿处理开始孵化日期晚，孵化历期长而且孵化率很低，说明相对湿度较高时不利于花绒寄甲卵的孵化，孵化历期长可能与保湿处理后温度相对偏低也有关系。方差分析表明，保湿处理的平均孵化率与室内环境和室外环境处理的差异显著。室内环境处理和室外环境处理平均孵化历期差异不大，室外环境处理的平均发育历期稍短，室外环境处理时开始孵化日期较室内环境处理时早 1 d，室外环境处理的孵化率稍低于室内环境处理，方差分析表明，室内环境和室外环境处理的平均孵化历期和平均孵化率的差异不显著。

5.2.3.3　花绒寄甲卵和成虫的室内寄生率

　　由表 5-17 可见，室内释放花绒寄甲卵时直接接天敌的平均寄生率为 36.67%，模拟自然木段为 50.00%，自然危害木段为 59.85%。自然危害木段的寄生率最高，模拟自然木段次之，直接接天敌的寄生率最低。室内释放花绒寄甲成虫时，直接接天敌的平均寄生率为 26.67%，模拟自然木段为 40.00%，自然危害木段为 47.76%。自然危害木段的寄生率最高，模拟自然木段次之，直接接天敌的寄生率最低。这一试验结果与湖南君山杨树上和山东东营白蜡上的试验结论基本一致。

表 5-17　花绒寄甲卵和成虫室内对云斑天牛的寄生结果（山西榆次）

不同处理		卵				成虫			
		接种天牛数	寄生死亡数	寄生率/%	平均寄生率/%	接种天牛数	寄生死亡数	寄生率/%	平均寄生率/%
直接接天敌	重复1	10	4	40.00		10	2	20.00	
	重复2	10	4	40.00	36.67 ± 3.33^{a}	10	2	20.00	26.67 ± 6.67^{b}
	重复3	10	3	30.00		10	4	40.00	

续表

不同处理		卵				成虫			
		接种天牛数	寄生死亡数	寄生率/%	平均寄生率/%	接种天牛数	寄生死亡数	寄生率/%	平均寄生率/%
模拟自然木段	重复1	10	6	60.00		10	4	40.00	
	重复2	10	5	50.00	50.00±5.77[ab]	10	3	30.00	40.00±5.77[ab]
	重复3	10	4	40.00		10	5	50.00	
自然危害木段	重复1	12	7	58.33		14	8	57.14	
	重复2	11	6	54.55	59.85±3.58[b]	10	4	40.00	47.76±5.01[a]
	重复3	12	8	66.67		13	6	46.15	

注：平均寄生率的数值为平均值±标准误，小写字母表示在 0.05 水平上的差异显著性，显著性检验为 LSD 法。各处理对照均无试虫死亡。花绒寄甲卵寄生试验时间为 2007 年 5 月 30 日至 6 月 14 日，成虫寄生试验时间为 2007 年 5 月 30 日至 6 月 30 日

5.2.3.4　林间释放花绒寄甲卵的防治效果

（1）左权牛耳沟样点为矮化密植林，树体小，树冠紧凑，平均胸径为 11.84 cm，管理精细，危害不重，仅在树体的基部有危害。2007 年 5 月 30 日释放花绒寄甲卵前受害株率达 17.14%，株均虫口数为 0.23 头/株。

释放花绒寄甲卵后的防治效果见表 5-18。2007 年 7 月 26 日调查防治效果，受害株率降为 11.43%，株均粪孔数降为 0.15 个/株，受害株减退率为 33.33%，校正受害株减退率为 33.33%；虫口减退率为 34.38%，校正虫口减退率为 23.44%。2008 年 8 月 4 日调查防治效果，受害株率降为 9.29%，株均粪孔数降为 0.12 个/株，受害株减退率为 45.83%，校正受害株减退率为 54.86%；虫口减退率为 46.88%，校正虫口减退率为 53.52%。2009 年 8 月 20 日调查防治效果，受害株率降为 9.29%，株均粪孔数降为 0.10 个/株，受害株减退率为 45.83%，校正受害株减退率为 45.83%；虫口减退率为 56.25%，校正虫口减退率为 48.96%。2010 年 8 月 4 日调查防治效果，受害株率降为 5.00%，株均粪孔数降为 0.06 个/株，受害株减退率为 70.83%，校正受害株减退率为 63.54%；虫口减退率为 71.88%，校正虫口减退率为 50.78%。2011 年 8 月 17 日调查防治效果，受害株率降为 4.29%，株均粪孔数降为 0.06 个/株，受害株减退率为 75.00%，校正受害株减退率为 68.75%；虫口减退率为 75.00%，校正虫口减退率为 65.00%。

表 5-18　释放花绒寄甲卵和成虫对核桃树的防治效果

防治方法	试验地点	调查时间	防治区		对照区		受害株		株虫口	
			受害株率/%	株均虫口	受害株率/%	株均虫口	减退率/%	校正减退率/%	减退率/%	校正减退率/%
释放卵	左权牛耳沟	2007.5.30	17.14	0.23	16.67	0.23	—	—	—	—
		2007.7.26	11.43	0.15	16.67	0.20	33.33	33.33	34.38	23.44

续表

防治方法	试验地点	调查时间	防治区		对照区		受害株		株虫口	
			受害株率/%	株均虫口	受害株率/%	株均虫口	减退率/%	校正减退率/%	减退率/%	校正减退率/%
释放卵	左权牛耳沟	2008.8.4	9.29	0.12	20.00	0.27	45.83	54.86	46.88	53.52
		2009.8.20	9.29	0.10	16.67	0.20	45.83	45.83	56.25	48.96
		2010.8.4	5.00	0.06	13.33	0.13	70.83	63.54	71.88	50.78
		2011.8.17	4.29	0.06	13.33	0.17	75.00	68.75	75.00	65.00
	左权下武	2007.5.30	53.33	2.70	40.00	2.30	—	—	—	—
		2007.7.26	40.00	2.03	50.00	2.10	25.00	40.00	24.69	17.52
		2008.8.4	30.00	1.77	40.00	2.50	43.75	43.75	34.57	39.80
		2009.8.20	26.67	1.37	50.00	2.30	50.00	60.00	49.38	49.38
		2010.8.4	23.33	0.90	40.00	2.00	56.25	56.25	66.67	61.67
		2011.8.17	23.33	0.77	50.00	1.80	56.25	65.00	71.60	63.72
	左权秦家岭南	2009.8.20	53.33	2.40	50.00	2.30	—	—	—	—
		2009.9.24	46.67	2.07	50.00	2.20	12.50	12.50	13.89	9.97
		2010.8.5	33.33	1.23	40.00	2.00	37.50	21.88	48.61	40.90
		2011.8.17	20.00	0.73	50.00	1.80	62.50	62.50	69.44	60.96
	林州东岗东沟	2009.8.23	70.00	2.10	60.00	2.30	—	—	—	—
		2009.9.26	60.00	1.73	60.00	2.20	14.29	14.29	17.46	13.71
		2010.8.6	46.67	1.33	50.00	2.20	33.33	20.00	36.51	33.62
		2011.8.19	36.67	0.77	50.00	2.40	47.62	37.14	63.49	65.01
释放成虫	左权西黄漳	2007.5.30	46.67	2.53	40.00	2.30	—	—	—	—
		2007.7.26	36.67	1.87	50.00	2.10	21.43	37.14	26.32	19.30
		2008.8.4	26.67	1.40	40.00	2.50	42.86	42.86	44.74	49.16
		2009.8.20	20.00	1.27	50.00	2.30	57.14	65.71	50.00	50.00
		2010.8.4	13.33	0.70	40.00	2.00	71.43	71.43	72.37	68.22
		2011.8.17	13.33	0.53	50.00	1.80	71.43	77.14	78.95	73.10
	林州东岗西沟	2009.8.23	76.67	2.40	60.00	2.30	—	—	—	—
		2009.9.26	60.00	1.93	60.00	2.20	21.74	21.74	19.44	15.78
		2010.8.6	36.67	1.17	50.00	2.20	52.17	42.61	51.39	49.18
		2011.8.19	20.00	0.70	50.00	2.40	73.91	68.70	70.83	72.05
	左权秦家岭北	2009.8.20	56.67	2.70	50.00	2.30	—	—	—	—
		2009.9.24	46.67	2.10	50.00	2.20	17.65	17.65	22.22	18.69
		2010.8.4	36.67	1.13	40.00	2.00	35.29	19.12	58.02	51.73
		2011.8.17	16.67	0.67	50.00	1.80	70.59	70.59	75.31	68.45
	左权寺平	2010.8.4	63.33	2.53	50.00	2.30	—	—	—	—
		2010.9.24	53.33	2.07	50.00	2.20	15.79	15.79	18.42	14.71
		2011.8.17	26.67	1.03	40.00	2.00	57.89	47.37	59.21	53.09

续表

防治方法	试验地点	调查时间	防治区		对照区		受害株		株虫口	
			受害株率/%	株均虫口	受害株率/%	株均虫口	减退率/%	校正减退率/%	减退率/%	校正减退率/%
释放成虫	左权骆驼村	2010.8.4	56.67	2.73	50.00	2.30	—	—	—	—
		2010.9.24	50.00	2.37	50.00	2.20	11.76	11.76	13.41	9.48
		2011.8.17	26.67	1.17	40.00	2.00	52.94	41.18	57.32	50.91
	林州任村	2010.8.6	63.33	1.40	50.00	2.30	—	—	—	—
		2010.9.26	46.67	1.03	50.00	2.20	26.32	26.32	26.19	22.84
		2011.8.19	23.33	0.47	40.00	2.00	63.16	53.95	66.67	61.67
	四川广元	2010.8.8	40.00	1.27	50.00	1.70	—	—	—	—
		2010.9.18	33.33	0.97	50.00	1.60	16.67	16.67	23.68	18.91
		2011.8.22	13.33	0.47	40.00	1.70	66.67	58.33	63.16	63.16

注:"—"表示无数据

（2）左权下武样点为多年生零星散植林，树体高大，有的已近百年，平均胸径为43.73 cm，管理粗放，部分危害严重，树体的基部至端部以及主枝均有危害。2007年5月30日释放花绒寄甲卵前受害株率达53.33%，株均虫口数为2.70头/株。

释放花绒寄甲卵后的防治效果见表5-18。2007年7月26日调查防治效果，受害株率降为40.00%，株均粪孔数降为2.03个/株，受害株减退率为25.00%，校正受害株减退率为40.00%；虫口减退率为24.69%，校正虫口减退率为17.52%。2008年8月4日调查防治效果，受害株率降为30.00%，株均粪孔数降为1.77个/株，受害株减退率为43.75%，校正受害株减退率为43.75%；虫口减退率为34.57%，校正虫口减退率为39.80%。2008年8月20日调查防治效果，受害株率降为26.67%，株均粪孔数降为1.37个/株，受害株减退率为50.00%，校正受害株减退率为60.00%；虫口减退率为49.38%，校正虫口减退率为49.38%。2010年8月4日调查防治效果，受害株率降为23.33%，株均粪孔数降为0.90个/株，受害株减退率为56.25%，校正受害株减退率为56.25%；虫口减退率为66.67%，校正虫口减退率为61.67%。2011年8月17日调查防治效果，受害株率降为23.33%，株均粪孔数降为0.77个/株，受害株减退率为56.25%，校正受害株减退率为65.00%；虫口减退率为71.60%，校正虫口减退率为63.72%。

（3）左权秦家岭南样点为多年生零星散植林，树体高大，管理粗放，部分危害严重。2009年8月20日释放花绒寄甲卵前受害株率达53.33%，株均虫口数为2.40头/株。

释放花绒寄甲卵后的防治效果见表5-18。2009年9月24日调查防治效果，受害株率降为46.67%，株均粪孔数降为2.07个/株，受害株减退率为12.50%，校正受害株减退率为12.50%；虫口减退率为13.89%，校正虫口减退率为9.97%。2010

年 8 月 5 日调查防治效果，受害株率降为 33.33%，株均粪孔数降为 1.23 个/株，受害株减退率为 37.50%，校正受害株减退率为 21.88%；虫口减退率为 48.61%，校正虫口减退率为 40.90%。2011 年 8 月 17 日调查防治效果，受害株率降为 20.00%，株均粪孔数降为 0.73 个/株，受害株减退率为 62.50%，校正受害株减退率为 62.50%；虫口减退率为 69.44%，校正虫口减退率为 60.96%。

（4）林州东岗东沟样点为多年生零星散植林，树体高大，管理粗放，部分危害严重。2009 年 8 月 23 日释放花绒寄甲卵前受害株率达 70.00%，株均虫口数为 2.10 头/株。

释放花绒寄甲卵后的防治效果见表 5-18。2009 年 9 月 26 日调查防治效果，受害株率降为 60.00%，株均粪孔数降为 1.73 个/株，受害株减退率为 14.29%，校正受害株减退率为 14.29%；虫口减退率为 17.46%，校正虫口减退率为 13.71%。2010 年 8 月 6 日调查防治效果，受害株率降为 46.67%，株均粪孔数降为 1.33 个/株，受害株减退率为 33.33%，校正受害株减退率为 20.00%；虫口减退率为 36.51%，校正虫口减退率为 33.62%。2011 年 8 月 19 日调查防治效果，受害株率降为 36.67%，株均粪孔数降为 0.77 个/株，受害株减退率为 47.62%，校正受害株减退率为 37.14%；虫口减退率为 63.49%，校正虫口减退率为 65.01%。

综上可见，在山西左权县和河南林州市释放花绒寄甲卵防治云斑天牛的 4 个核桃林地，在左权牛耳沟、左权下武于 2007 年首次释放花绒寄甲卵，释放后当年防治效果，左权牛耳沟的校正受害株减退率为 33.33%，株虫口校正减退率为 23.44%，第二年（2008 年）调查时防效分别为 54.86% 和 53.53%，第三年（2009 年）为 45.83% 和 48.96%。左权下武的校正受害株减退率为 40.00%，株虫口校正减退率为 17.52%，第二年（2008 年）调查时防效分别为 43.75% 和 39.80%，第三年（2009 年）为 60.00% 和 49.38%。第四年和第五年，这两个样点的校正受害株减退率为 56.25%～68.75%，株虫口校正减退率为 50.78%～65.00%，波动不大，防治效果较为稳定。

花绒寄甲卵释放后，从历年防治效果看，当年防效不明显，第二年防效明显，从第三年开始防效进一步显现，并逐步趋于稳定，第四年和第五年防效变化不大，这一调查结果初步证明花绒寄甲卵可持续控制云斑天牛的危害。

左权秦家岭南和林州东港东沟于 2009 年首次释放花绒寄甲卵，释放后当年防治效果，左权县秦家岭南的校正受害株减退率为 12.50%，株虫口校正减退率为 9.97%，第二年（2010 年）防效分别为 21.88% 和 40.90%，第三年（2011 年）调查时防效分别为 62.50% 和 60.96%。林州市东港东沟的校正受害株减退率为 14.29%，株虫口校正减退率为 13.71%，第二年（2010 年）防效分别为 20.00% 和 33.62%，第三年（2011 年）调查时防效分别为 37.14% 和 65.01%。

截至 2011 年的调查数据显示，4 个实验点释放花绒寄甲卵后的防治效果，从受害株率看，左权牛耳沟最低为 4.29%，林州东港东沟最高为 36.67%；从株均虫

口看，左权牛耳沟最低为 0.06 个/株，林州东港东沟和左权下武最高均为 0.77
个/株。主要原因为左权牛耳沟为矮化密植林，本身危害较轻，虫口密度低，危害
部位集中主要在接近地面处的主干，天敌释放时位置准确，加之种植户管理较好，
因此防治效果好。其他样点为多年生零星散植林地，树体较大，危害部位分散，
加之管理粗放，因此其防治效果不及左权县牛耳沟。

5.2.3.5　林间释放花绒寄甲成虫防治效果

（1）左权西黄漳样点为多年生零星散植林，树体高大，部分数龄已近百年，
平均胸径为 48.46 cm，管理粗放，部分危害严重，树体的基部至端部以及主枝均
有危害。2007 年 5 月 30 日释放花绒寄甲卵前受害株率达 46.67%，株均虫口数为
2.53 头/株。

释放花绒寄甲卵后的防治效果见表 5-18。2007 年 7 月 26 日调查防治效果，
受害株率降为 46.67%，株均粪孔数降为 2.53 个/株，受害株减退率为 21.43%，校
正被害株减退率为 37.14%；虫口减退率为 26.32%，校正虫口减退率为 19.30%。2008
年 8 月 4 日调查防治效果，受害株率降为 36.67%，株均粪孔数降为 1.87 个/株，受
害株减退率为 42.86%，校正受害株减退率为 42.86%；虫口减退率为 44.74%，校
正虫口减退率为 49.16%。2009 年 8 月 20 日调查防治效果，受害株率降为 20.00%，
株均粪孔数降为 1.27 个/株，受害株减退率为 57.14%，校正受害株减退率为
65.71%；虫口减退率为 50.00%，校正虫口减退率为 50.00%。2010 年 8 月 4 日调
查防治效果，受害株率降为 13.33%，株均粪孔数降为 0.70 个/株，受害株减退率
为 71.43%，校正受害株减退率为 71.43%；虫口减退率为 72.37%，校正虫口减退
率为 68.22%。2011 年 8 月 17 日调查防治效果，受害株率降为 13.33%，株均粪孔
数降为 0.53 个/株，受害株减退率为 71.43%，校正受害株减退率为 77.14%；虫口
减退率为 78.95%，校正虫口减退率为 73.10%。

（2）林州东岗西沟样点为多年生零星散植林，树体高大，管理粗放，部分危
害严重。2009 年 8 月 23 日释放花绒寄甲卵前受害株率达 76.67%，株均虫口数为
2.40 头/株。

释放花绒寄甲卵后的防治效果见表 5-18。2009 年 9 月 26 日调查防治效果，受
害株率降为 60.00%，株均粪孔数降为 1.93 个/株，受害株减退率为 60.00%，校正
受害株减退率为 37.14%；虫口减退率为 26.32%，校正虫口减退率为 19.30%。2010
年 8 月 6 日调查防治效果，受害株率降为 36.67%，株均粪孔数降为 1.17 个/株，
受害株减退率为 52.17%，校正受害株减退率为 42.61%；虫口减退率为 51.39%，
校正虫口减退率为 49.18%。2011 年 8 月 19 日调查防治效果，受害株率降为
20.00%，株均粪孔数降为 0.70 个/株，受害株减退率为 73.91%，校正受害株减退
率为 68.70%；虫口减退率为 70.83%，校正虫口减退率为 72.05%。

（3）左权秦家岭北样点为多年生零星散植林，树体高大，管理粗放，部分危
害严重。2009 年 8 月 20 日释放花绒寄甲卵前受害株率达 56.67%，株均虫口数为

2.70 头/株。

释放花绒寄甲卵后的防治效果见表 5-18。2009 年 9 月 24 日调查防治效果，受害株率降为 46.67%，株均粪孔数降为 2.10 个/株，受害株减退率为 17.65%，校正受害株减退率为 17.65%；虫口减退率为 22.22%，校正虫口减退率为 18.69%。2010 年 8 月 4 日调查防治效果，受害株率降为 36.67%，株均粪孔数降为 1.13 个/株，受害株减退率为 35.29%，校正受害株减退率为 19.12%；虫口减退率为 58.02%，校正虫口减退率为 51.73%。2011 年 8 月 17 日调查防治效果，受害株率降为 16.67%，株均粪孔数降为 0.67 个/株，受害株减退率为 70.59%，校正受害株减退率为 70.59%；虫口减退率为 75.31%，校正虫口减退率为 68.45%。

（4）左权寺平样点为多年生零星散植林，树体高大，管理粗放，部分危害严重。2010 年 8 月 4 日释放花绒寄甲卵前受害株率达 63.33%，株均虫口数为 2.53 头/株。

释放花绒寄甲卵后的防治效果见表 5-18。2010 年 9 月 24 日调查防治效果，受害株率降为 53.33%，株均粪孔数降为 2.07 个/株，受害株减退率为 15.79%，校正受害株减退率为 15.79%；虫口减退率为 18.42%，校正虫口减退率为 14.71%。2011 年 8 月 17 日调查防治效果，受害株率降为 26.67%，株均粪孔数降为 1.03 个/株，受害株减退率为 57.89%，校正受害株减退率为 47.37%；虫口减退率为 59.21%，校正虫口减退率为 53.09%。

（5）左权骆驼村样点为多年生零星散植林，树体高大，管理粗放，部分危害严重。2010 年 8 月 4 日释放花绒寄甲卵前受害株率达 56.67%，株均虫口数为 2.73 头/株。

释放花绒寄甲卵后的防治效果见表 5-18。2010 年 9 月 24 日调查防治效果，受害株率降为 50.00%，株均粪孔数降为 2.37 个/株，受害株减退率为 11.76%，校正受害株减退率为 11.76%；虫口减退率为 13.41%，校正虫口减退率为 9.48%。2011 年 8 月 17 日调查防治效果，受害株率降为 26.67%，株均粪孔数降为 1.17 个/株，受害株减退率为 52.94%，校正受害株减退率为 41.18%；虫口减退率为 57.32%，校正虫口减退率为 50.91%。

（6）林州任村样点为多年生零星散植林，树体高大，管理粗放，部分危害严重。2010 年 8 月 6 日释放花绒寄甲卵前受害株率达 63.33%，株均虫口数为 1.40 头/株。

释放花绒寄甲卵后的防治效果见表 5-18。2010 年 9 月 26 日调查防治效果，受害株率降为 46.67%，株均粪孔数降为 1.03 个/株，受害株减退率为 26.32%，校正受害株减退率为 26.32%；虫口减退率为 26.19%，校正虫口减退率为 22.84%。2011 年 8 月 19 日调查防治效果，受害株率降为 23.33%，株均粪孔数降为 0.47 个/株，受害株减退率为 63.16%，校正受害株减退率为 53.95%；虫口减退率为 66.67%，校正虫口减退率为 61.67%。

（7）四川广元样点为多年生零星散植林，树体高大，管理粗放，部分危害严重。

2010 年 8 月 8 日释放花绒寄甲卵前受害株率达 40.00%，株均虫口数为 1.27 头/株。

释放花绒寄甲卵后的防治效果见表 5-18。2010 年 9 月 18 日调查防治效果，受害株率降为 33.33%，株均粪孔数降为 0.97 个/株，受害株减退率为 16.67%，校正受害株减退率为 16.67%；虫口减退率为 23.68%，校正虫口减退率为 18.91%。2011 年 8 月 22 日调查防治效果，受害株率降为 13.33%，株均粪孔数降为 0.47 个/株，受害株减退率为 66.67%，校正受害株减退率为 58.33%；虫口减退率为 63.16%，校正虫口减退率为 63.16%。

综上可见，在左权县西黄漳于 2007 年首次释放花绒寄甲成虫，释放后当年防治效果的校正受害株减退率为 37.14%，株虫口校正减退率为 19.30%，第二年（2008 年）调查时防效分别为 42.86%～49.16%，第三年（2009 年）为 65.71%～50.00%。第四年和第五年，校正受害株减退率为 71.43%和 77.14%，株虫口校正减退率为 68.22%～73.10%，防治效果较为稳定并持续提高。这一结果与前面释放花绒寄甲卵时的效果类似，初步证明花绒寄甲成虫对云斑天牛也有较好的可持续控制效果。

林州市东港西沟、左权县秦家岭北于 2009 年首次释放花绒寄甲成虫，释放后，林州市东港西沟当年防治效果的校正受害株减退率为 21.74%，株虫口校正减退率为 15.78%，第二年（2010 年）调查时防效分别为 42.61%和 49.18%，第三年（2010 年）为 68.70%和 72.05%。左权县秦家岭北当年防治效果的校正受害株减退率为 17.65%，株虫口校正减退率为 18.69%，第二年（2010 年）调查时防效分别为 19.12%和 51.73%，第三年（2010 年）为 70.59%和 68.45%。

左权县寺平、左权县骆驼村、林州市任村和四川广元市于 2010 年首次释放花绒寄甲成虫，释放后，左权县寺平当年防治效果的校正受害株减退率 15.79%，株虫口校正减退率为 14.71%，第二年（2011 年）调查时防效分别为 47.37%和 53.09%。左权县骆驼村当年防治效果的校正受害株减退率 11.76%，株虫口校正减退率为 9.48%，第二年（2011 年）调查时防效分别为 41.18%和 50.91%。林州市任村当年防治效果的校正受害株减退率为 26.32%，株虫口校正减退率为 22.84%，第二年（2011 年）调查时防效分别为 53.95%和 61.67%。四川广元市当年防治效果的校正受害株减退率为 16.67%，株虫口校正减退率为 18.91%，第二年（2011 年）调查时防效分别为 58.33%和 63.16%。

截至 2011 年的调查数据显示，7 个样点释放花绒寄甲成虫后的防治效果，从受害株率看，左权县西黄漳和四川广元市最低为 13.33%，左权县寺平和左权县骆驼最高为 26.67%；从株均虫口看，林州市任村和四川广元市最低为 0.47 个/株，左权县骆驼村最高均为为 1.17 个/株。

5.2.3.6　释放卵和成虫防治效果的比较

1. 不同年度防治效果的比较

从表 5-19 可见，释放花绒寄甲卵后第三年、第二年和第一年调查的各样地校正受害株减退率平均值分别为 51.37%、35.12% 和 25.03%，校正株虫口减退率平均值分别为 56.08%、41.96% 和 16.16%；释放花绒寄甲成虫后第三年、第二年和第一年调查的各样点校正受害株减退率平均值分别为 68.33%、43.63% 和 21.01%，校正株虫口减退率平均值分别为 63.50%、54.13% 和 17.10%，可知，花绒寄甲卵和成虫释放后的防治效果逐年提高：第三年＞第二年＞第一年，且不同年份间的防治效果差异显著（图 5-3，不同年份的平均校正受害株减退率和平均校正株虫口减退率基本符合的差异显著，只有释放卵第一年和第二年的平均校正受害株减退率差异不显著，释放成虫第二年和第三年的平均校正株虫口减退率差异不显著）。这一结果与在杨树和白蜡树上的调查结论一致。

表 5-19　释放花绒寄甲卵和成虫的防治效果比较

释放方法	调查年度	试验地点	受害株减退率/%	平均值	校正受害株减退率/%	平均值	株均虫口减退率/%	平均值	校正株均虫口减退率/%	平均值
释放卵	当年	左权牛耳沟	33.33		33.33		34.38		23.44	
		左权下武	25.00		40.00		24.69		17.52	
		左权县秦家岭南	12.50	21.28	12.50	25.03	13.89	22.61	9.97	16.16
		林州东岗东沟	14.29		14.29		17.46		13.71	
	第二年	左权牛耳沟	45.83		54.86		46.88		53.52	
		左权下武	43.75		43.75		34.57		39.80	
		左权县秦家岭南	37.50	40.10	21.88	35.12	48.61	41.64	40.90	41.96
		林州东岗东沟	33.33		20.00		36.51		33.62	
	第三年	左权牛耳沟	45.83		45.83		56.25		48.96	
		左权下武	50.00		60.00		49.38		49.38	
		左权县秦家岭南	62.50	51.49	62.50	51.37	69.44	59.64	60.96	56.08
		林州东岗东沟	47.62		37.14		63.49		65.01	
释放成虫	当年	左权西黄漳	21.43		37.14		26.32		19.30	

续表

释放方法	调查年度	试验地点	受害株减退率/%	平均值	校正受害株减退率/%	平均值	株均虫口减退率/%	平均值	校正株均虫口减退率/%	平均值
释放成虫	当年	林州东岗西沟	21.74		21.74		19.44		15.78	
		左权秦家岭北	17.65		17.65		22.22		18.69	
		左权寺平	15.79	18.77	15.79	21.01	18.42	21.38	14.71	17.10
		左权骆驼村	11.76		11.76		13.41		9.48	
		林州任村	26.32		26.32		26.19		22.84	
		四川广元	16.67		16.67		23.68		18.91	
	第二年	左权西黄漳	42.86		42.86		44.74		49.16	
		林州东岗西沟	52.17		42.61		51.39		49.18	
		左权秦家岭北	35.29		19.12		58.02		51.73	
		左权寺平	57.89	53.00	47.37	43.63	59.21	57.22	53.09	54.13
		左权骆驼村	52.94		41.18		57.32		50.91	
		林州任村	63.16		53.95		66.67		61.67	
		四川广元	66.67		58.33		63.16		63.16	
	第三年	左权西黄漳	57.14		65.71		50.00		50.00	
		林州东岗西沟	73.91	67.21	68.70	68.33	70.83	65.38	72.05	63.50
		左权秦家岭北	70.59		70.59		75.31		68.45	
		左权寺平	—		—		—		—	
		左权骆驼村	—		—		—		—	
		林州任村	—		—		—		—	
		四川广元	—		—		—		—	

注："—"表示无数据

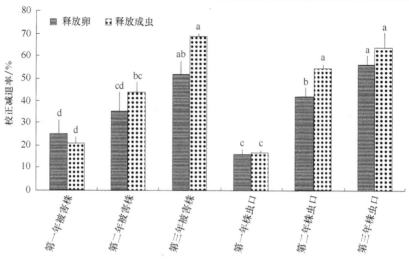

图 5-3　释放花绒寄甲卵和释放成虫防治效果比较

小写字母表示在 0.05 水平上的差异显著性，差异显著性检验方法为 LSD 法，校正受害株减退率多重比较的 $F=$
9.09、$P=0.0001$，校正株虫口减退率多重比较的 $F=41.95$、$P=0.0001$

从各样地的平均防治效果看，释放花绒寄甲卵和成虫后第三年的防治效果好于第二年，第二年好于当年，这基本可以说明花绒寄甲释放后具有可持续控制云斑天牛危害的效果，而且随着天敌花绒寄甲在释放地点逐步适应并建立种群后，对云斑天牛的长期控制作用逐步显现。

2. 不同释放方法防治效果的比较

由表 5-19 和图 5-3 可见，释放花绒寄甲卵和成虫均可有效控制云斑天牛的危害，防治效果均较好。释放花绒寄甲成虫后同一年份的校正受害株和株虫口减退率的平均值均高于释放花绒寄甲卵的平均值，只有天敌释放后第一年调查的卵的受害株减退率平均值高于成虫，这主要是因为释放卵的左权牛耳沟样点为矮化密植林，树体小，容易防治且管理好，受害株减退率高，抬高其所在组分的平均值，其他样点均为多年生散植林，树体高大，危害部位分散，防治难度大，相同情况下受害株减退率要低。

释放花绒寄甲成虫防治效果好于卵，这一结果与在防治杨树云斑天牛和白蜡树云斑天牛的结果基本一致，主要是因为成虫具有较强的扩散能力，更容易在释放地定居并建立种群。对释放花绒寄甲成虫和卵的第一年、第二年和第三年所调查的校正受害株减退率和校正株虫口减退率的平均值进行了多重比较，结果显示，释放卵和成虫后同一年份的防治效果差异均不显著，只有释放卵和成虫后第二年平均校正株虫口减退率差异之间显著（图 5-3）。

5.2.4　花绒寄甲在杨树、白蜡树和核桃树上的防治效果比较

5.2.4.1　花绒寄甲卵和成虫的室内寄生结果比较

花绒寄甲的卵和成虫在杨树、白蜡树、核桃树的危害木段上的室内寄生率表

现一定的差异。由图 5-4 可见，直接危害杨树木段上的寄生率最高，白蜡木段次之，直接危害核桃木段上的寄生率最低。

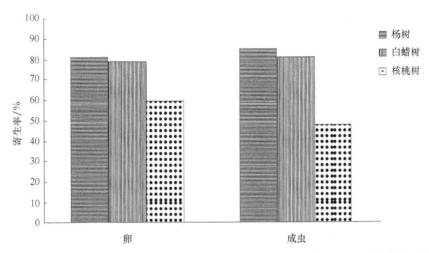

图 5-4　花绒寄甲的卵和成虫在杨树、白蜡树和核桃树自然危害木段上的寄生率比较

5.2.4.2　花绒寄甲卵和成虫的防治效果比较

释放花绒寄甲的卵在杨树、白蜡树和核桃树上的防治效果表现一定的差异。由图 5-5 可见，受害株防治效果、株均粪孔防治效果和株均虫口防治效果基本表现为在杨树上防治效果最好，白蜡树次之，核桃树上的防治效果明显低于杨树和白蜡树。

释放花绒寄甲的成虫在杨树、白蜡树和核桃树上的防治效果表现的差异与卵基本一致（图 5-6），受害株防治效果、株均粪孔防治效果和株均虫口防治效果在杨树上防治效果最好，白蜡树次之，核桃树上的防治效果明显低于杨树和白蜡树。

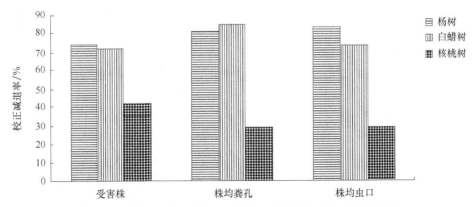

图 5-5　花绒寄甲卵在杨树、白蜡树和核桃树上的防治效果比较

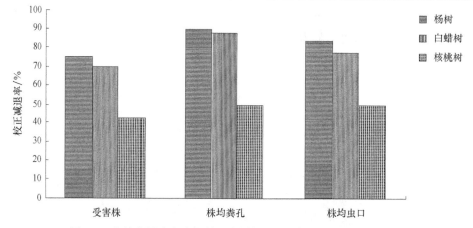

图 5-6　花绒寄甲成虫在杨树、白蜡树和核桃树上的防治效果比较

花绒寄甲的卵和成虫的防治效果，在杨树上防治效果最好，白蜡树次之，核桃树最低，其原因可能为，花绒寄甲是寄主专一性比较强的天敌，有较强的寄主选择性，本研究所释放的花绒寄甲最早是从杨树上采到的并逐步扩大繁育而来，因此林间释放后在杨树上防治效果最好。

5.3　讨　　论

周嘉熹等最早开展了利用花绒寄甲防治天牛的研究，他们从陕西洋县野外采集花绒寄甲成虫，引入到甘肃陇县、清水等地防治黄斑星天牛，防治效果较好，但未开展人工饲料研究。后来，宁夏森林保护研究中心与日本森林综合研究所先后对花绒寄甲成虫、幼虫的室内人工饲养开展了联合研究，并开发出了花绒寄甲的一些人工饲料，但繁育成功率较低，而且在日本所做的防治试验也不成功（Kayoko et al.，2000；Miura et al.，2003；Urano et al.，2004）。利用花绒寄甲防治云斑天牛的研究以前未见报道，本研究首次在野外同时大面积释放人工繁殖的花绒寄甲的卵和成虫来防治云斑天牛，并且取得不错的防治效果，这对花绒寄甲的生产应用和生物防治无疑具有重大意义。

本研究采用了受害株、株均粪孔和株均虫口3个指标来调查防治效果，受害株反映树体受害率，受害较重的树体一般有多个虫口，因此，一般在受害较重的林地，受害株防治效果要低于株均粪孔防治效果。株均虫口为直接调查所得，最为直观，随时都可调查，多数研究都采用这一指标来调查防治效果。但由于云斑天牛的特殊生物学习性（2年一代，跨3个年度），因此部分准备化蛹和已化蛹直至羽化出孔前的虫口不再排粪，以排粪孔为统计指标时这些虫口不在统计之中。株均虫口为当年8月、10月调查所得粪孔和次年7月调查所得羽化孔相加而来，不直观，调查周期长，但对防治效果的反映最准确。这3个调查指标中的株均粪孔这一指标是因为具有两代幼虫同时并存危害、危害期内只有 1 个排粪孔、在危害期内部分幼虫化蛹不排粪的特点而采用的，其他天牛可根据其危害特点采取适宜的防治调查指标。

　　在天敌释放过程中，释放花绒寄甲成虫，简单易行，直接将成虫释放在林间即可，释放卵则比较复杂，首先要将卵制成卵卡然后才能释放。结合在释放天敌过程中遇到的一些问题，提出以下需注意的事项：①卵运达试验地点后要及时尽快释放至林间的受害树上，以免时间较长卵孵化后爬行逃逸；②要做好卵卡，保护好卵，防止雨淋和蚂蚁等其他动物的捕食；③卵卡的方位，要放在排粪孔附近，最好固定于排粪孔的上方，可防止受伤排粪孔树液侵蚀和虫粪的冲撞；④卵卡尽量固定于树体的遮阴处，防止卵被阳光暴晒致死；⑤成虫释放时尽量选择傍晚的日落时刻进行，因为成虫在傍晚有个活动高峰期，释放后会立刻活动寻找适宜的生活场所并寻找寄主。

第6章 花绒寄甲的生态习性及防治效果的影响因子

花绒寄甲是目前所发现的大型天牛的最有效的天敌，自发现以来，就不断开展其人工繁殖研究，以期利用其防治天牛类害虫，但是一直没有很好解决其人工大量饲养的问题。近年来，以中国林业科学研究院杨忠岐教授为首的课题组，经过多年研究，找到了花绒寄甲人工繁殖的有效替代寄主，攻克了花绒寄甲的人工大量繁殖技术。考虑到花绒寄甲成虫的繁育成本较高，本课题组又提出了释放花绒寄甲卵来控制天牛危害的新策略，并开展了在野外释放花绒寄甲卵防治天牛的相关试验，试验结果已初步证明释放花绒寄甲的卵防治天牛是可行的。

利用花绒寄甲防治云斑天牛的研究以前未见其他人员开展相关研究，本研究首次开展利用人工繁殖的花绒寄甲的成虫和卵来防治云斑天牛，并在洞庭湖平原和江汉平原地区的杨树、黄河三角洲地区的白蜡树和太行山区的核桃树上作了野外大面积释放试验，取得了较好的防治效果，为今后更好地开展利用花绒寄甲防治云斑天牛的推广应用工作奠定了基础。本研究还对花绒寄甲的一些生物学习性及与生物防治效果相关的一些影响因子作了调查研究，现总结如下。

6.1 花绒寄甲初孵幼虫爬行能力观察

将花绒寄甲初孵幼虫用毛笔分别移至培养皿、纸面和白蜡木段上，观察其在三种不同介质上的爬行能力和速度，通过观察发现：花绒寄甲初孵幼虫体小，胸足发达，爬行很快，四处寻找寄主。本研究对其在不同介质上的爬行能力作了研究，观察了在培养皿内6头花绒寄甲幼虫在1 min内的爬行距离，在光滑的玻璃上平均爬行速度可达1.18 cm/min。3头幼虫纸面上的平均爬行速度可达5.6 cm/min，最高的为7.9 cm/min。3头幼虫在光滑的白蜡木段上平均爬行速度为1.66 cm/min，最高为2.32 cm/min。

结果显示，在纸面上爬行速度最快，白蜡木段上次之，玻璃上爬行速度最慢。主要原因可能是玻璃表面光滑；纸面粗糙平整，没有障碍物，花绒寄甲幼虫为尽快找到寄主往往以最快速度爬行，所以爬行最快；而在白蜡木段上，表面高低不平，为其自然生活环境，边爬行边寻找寄主，故其爬行速度不是最快。本研究观察了其爬行过程，在白蜡木段上爬行路线弯曲，爬行中经常停下来，爬爬停停，估计是在寻找寄主，而在纸面和玻璃上爬行时，基本呈直线状。

将 6 头花绒寄甲初孵幼虫转移至放有幼虫的培养皿内，观察发现，有 5 头花绒寄甲幼虫能够感应并搜索到幼虫，能够爬行到幼虫身体上，在云斑天牛幼虫身体上四处活动、积极爬行，寻找适宜寄生部位（多在幼虫的体节间停栖）。由于云斑天牛的爬行、蠕动、紧缩身体等抵抗活动，有 2 头花绒寄甲幼虫先后被迫脱离幼虫，但是均又再次成功爬至天牛身体上。这说明，花绒寄甲幼虫有较强的搜索和进攻天牛幼虫的能力。

6.2　花绒寄甲成虫释放后的扩散能力观察

6.2.1　在平地上的扩散能力

在湖南君山茂源林业集团的科研中心选择了一处铺设有水泥、地表平坦、无障碍物的平地，选定一点为圆心，每隔 1 m 画 1 个同心圆，最外面的圆的半径为 14 m。取 30 头活花绒寄甲成虫，于 2007 年 6 月 21 日晚 8:00 在圆心处释放（此时天气晴朗无风，为成虫活动高峰期），然后 4 个人分别在东、西、南、北用带有红光源的手电筒观察成虫的活动、扩散情况。

观察发现，30 头花绒寄甲成虫被释放于同心圆处后，即开始四处爬行，最快 1 头在 15 min 内爬行了 9.0 m，爬行速度为 0.60 m/min。到晚上 9:00 时，在地上爬行活动的仅有 7 头，其余 23 头均在爬行不足 2 m 后起飞，飞出了 14 m 的观察范围，起飞率 1 h 内达到了 76%，且成虫从展翅到起飞很快，时间不足 1 s。到 9:30 时，观察范围内只剩 3 头成虫，2 头在距离释放点 7.0 m 和 5.0 m 处的地面上缝隙处栖息，另 1 头仍在 10 m 处向外爬行。结果说明，花绒寄甲成虫具有较强的飞行扩散能力，成虫一次性飞行距离大于 14 m。

6.2.2　在释放树木上的扩散能力

6 月 22 日傍晚 6:40 在湖南君山茂源林业集团的科研中心的受害杨树上释放花绒寄甲成虫 20 头，释放方法与在林间释放方法一样，将其放于放蜂盒中用图钉钉在树干上，然后观察不同时间成虫从放蜂盒中爬出的数量以及爬出后的转移扩散能力。

观察发现，释放后 10 min 内爬出 11 头，多数花绒寄甲从放蜂盒上部开口处爬出，爬出后，先在树皮裂缝中休息 4～5 min，休息时多数聚集在一起，然后开始分散，大多数沿树干向上爬行，少数个体（试验中观察到 2 头）向下爬行。花绒寄甲在爬行过程中遇到产卵刻槽或排粪孔，一般会爬向排粪孔并在此驻留一段时间，经探测为空槽时便立刻爬走，若为有卵刻槽或有虫粪孔，往往驻留时间很长，估计在此产卵。30 min 后全部爬出，这时多数栖居在树皮裂缝中，时而爬出活动，也有部分展翅飞走，若掉落地上，再自行爬至树上。1 h 后调查，在放蜂盒附近栖居仅剩 4 头，在树皮表面爬行 3 头，在排粪孔周围 5 头，另外的 8 头则扩散隐蔽。第二天早上 8:00 调查时，仅发现了 2 头，其余已经充分扩散。

结果可见，花绒寄甲成虫在释放树具有较强的扩散能力，30 min 内即可从放蜂盒中全部爬出，1 h 后，近 80% 的成虫已从释放地点扩散至周边地方，近 50% 的成虫已经扩散至较远的地点或找到合适的栖居地点，很难发现了。

6.3　花绒寄甲寄生能力观察

花绒寄甲初孵幼虫爬行能力、识别和搜索寄主的能力较强，但其虫体娇嫩，体壁很薄，受干扰时容易致死。本研究发现，人为将花绒寄甲初孵幼虫转移至虫体上，能观察到花绒寄甲在天牛虫体上爬行寻找寄生部位，但成功寄生的极少，主要原因可能是毛笔转移花绒寄甲初孵幼虫时，可能对其造成了不同程度的损伤，使其生存能力下降，最终不能成功寄生而死去。因此，研究花绒寄甲寄生率时，应用自然孵化的初孵幼虫去寄生幼虫，且不可人为接种花绒寄甲幼虫。

室内试验和野外剖树，观察到花绒寄甲幼虫可寄生云斑天牛的幼虫（图 6-1 和图 6-2）和蛹（图 6-3），1 头云斑天牛幼虫可寄生多头花绒寄甲，因虫体较大，多数可寄生 2～5 头，寄生 1 头也可将其致死，此时有部分营养剩余，花绒寄甲发育极好，虫体乳白肥大，相应孵出的成虫个体也大；寄生数量超过 5 头时，天牛虫体消耗很快，多数花绒寄甲不能完成正常发育，最终能够成功化蛹的一般也是 5 头以内。试验中观察到，1 头幼虫刚开始，最多有 35 头寄甲幼虫进攻并寄生天牛幼虫，但 2 d 以后能够成功入侵并正常发育的减少为 12 头，最终能够成功化蛹的仅剩 5 头。试验中还观察到，云斑天牛的老熟幼虫寄生率较低，可能是因为其体壁较厚，花绒寄甲幼虫入侵较难，但其蜕皮进入下一龄期或化蛹时，往往很容易被寄生。试验过程中发现，30 头云斑天牛幼虫中蜕皮的 3 头幼虫均被多头花绒寄甲幼虫寄生，1 头蜕皮化蛹的也被寄生。因此，云斑天牛被花绒寄甲寄生的敏感期为蜕皮期，若在其蜕皮期间或刚刚蜕完皮，此时若有花绒寄甲入侵，寄生率可达 100%。

花绒寄甲幼虫对云斑天牛的寄生部位主要是两体节之间、腹部的气孔等（图 6-1），这些位置体壁相对较薄，容易入侵。多数情况下是一个入侵部位仅有 1 头花绒寄甲幼虫，但有时同一入侵部位也可能有 2～3 头寄甲幼虫，但最终可能只有 1 头能够完成发育，这主要与寄主天牛的营养多少有关。寄甲幼虫寄生云斑天牛幼虫时开始时将头部插入天牛体内取食，随着寄甲幼虫个体的变大和天牛营养的消耗，钻入天牛体内部分逐渐增加至将大半个身体或全部身体钻入天牛体内取食（图 6-4）。

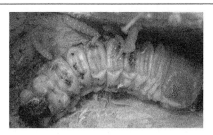

图 6-1　花绒寄甲幼虫寄生的
云斑天牛幼虫（湖南君山）

图 6-2　释放花绒寄甲杨树剖查出的
被寄生云斑天牛幼虫（湖南君山）

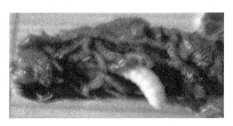

图 6-3　花绒寄甲幼虫寄生云斑天牛的
蛹（湖南君山）

图 6-4　花绒寄甲幼虫钻入
幼虫体内取食（湖南君山）

　　云斑天牛幼虫被寄生后，身体紧缩、不停地翻滚、上颚来回摆动撕咬，可能是对寄生入侵的一种应激反应，企图通过紧缩身体挤死从节间入侵的花绒寄甲。花绒寄甲幼虫成功入侵后，云斑天牛幼虫逐渐被麻痹，不再反抗，停止取食，基本不活动，任由花绒寄甲取食，但并不立即死亡，虫体不腐烂。随花绒寄甲的取食，云斑天牛幼虫身体日益缩短，最终整个身体的内部组织全部被蛀食已空，只剩空壳表皮（图 6-5）。

　　花绒寄甲成虫食性比较杂，取食量不大，耐饥饿能力较强，比较喜欢取食死亡天牛尸体；在数量较大时，一夜之间可将一条刚死亡的老熟幼虫的表皮及大部分组织取食殆尽，仅剩头壳在内的很小一部分（图 6-6）。

图 6-5　云斑天牛幼虫体内组织被花绒寄甲
幼虫取食殆尽只剩空壳（湖南君山）

图 6-6　花绒寄甲成虫取食
云斑天牛幼虫（湖南君山）

6.4 花绒寄甲卵卡防治效果的影响因子

2007 年 5 月 16 日在东营图书馆、东营宾馆和东营品酒厂三个试验点释放花绒寄甲卵，5 月 24 日检查三个试验点的卵卡中卵的存活情况。2007 年 6 月 17～20 日在湖南五一、湖南城陵矶和湖南新洲三个试验点释放花绒寄甲卵，6 月 24 日检查三个试验点的卵卡中卵的存在情况。卵卡中卵的存在情况分三种：部分存在、不存在和全部存在。检查卵卡中卵的存在情况，并统计卵卡中的存在的捕食动物，若卵卡中有蜘蛛活动或蜘蛛丝，则统计为该卵卡的捕食者为蜘蛛；若卵卡中有鼠妇活动或鼠妇的虫粪，则统计为该卵卡的捕食者为鼠妇；若卵卡中没有任何动物，也没有虫粪和蜘蛛丝，则统计为不明捕食者，因此，不明捕食者包含范围较大，可能是蚂蚁等其他捕食者，也可能是鼠妇和蜘蛛取食后立刻转移了。

观察发现：花绒寄甲的卵在林间释放后，是否被其他捕食者取食，卵的被捕食量是否对其防治效果造成影响，本研究对此作了调查。白蜡树上释放后花绒寄甲卵后卵卡中的卵被取食情况的调查结果见表 6-1，其中卵未被取食的卵卡在 86.67%以上，平均为 87.89%；卵完全被取食的卵卡低于 10.67%，平均为 9.11%；卵部分被取食的卵卡低于 3.33%，平均为 3.00%。杨树上释放后花绒寄甲卵后卵卡中的卵被取食情况的调查结果见表 6-2，其中卵未被取食的卵卡在 88.67%以上，平均为 90.22%；卵完全被取食的卵卡低于 8.00%，平均为 7.11%；卵部分被取食的卵卡低于 4.00%，平均为 2.67%。由此可见，卵完全被取食的卵卡所占比例较低，低于 10%，卵未被取食的所占比例最高接近 90%。因此，尽管捕食者对卵存在的数量造成了一定影响，但对总体防治效果影响不大（后来对卵卡又作了改进，大大降低了被鼠妇和蜘蛛捕食的概率）。

表 6-1 白蜡树上释放花绒寄甲卵卡后卵存在情况统计

调查地点	卵卡所占百分比/%			调查卵卡数
	卵部分存在	卵不存在	卵全部存在	
东营图书馆	2.67	10.67	86.67	150
东营宾馆	3.33	8.67	88.00	150
东营品酒厂	3.00	8.00	89.00	100

表 6-2 杨树上释放花绒寄甲卵卡后卵存在情况统计

调查地点	卵卡所占百分比/%			调查卵卡数
	卵部分存在	卵不存在	卵全部存在	
湖南五一	4.00	7.33	88.67	150
湖南城陵矶	1.33	6.00	92.67	150
湖南新洲	2.67	8.00	89.33	150

在调查中发现，卵卡中主要捕食者是鼠妇和蜘蛛。从表 6-3 可见，在白蜡树上释放的卵卡调查时卵卡中发现鼠妇的在 25.00% 以上，平均 26.68%；发现蜘蛛的在 9.09% 以上，平均 11.73%；不明捕食者在 63.64% 以上，平均 65.29%。从表 6-4 可见，在杨树上释放的卵卡调查时卵卡中发现鼠妇的在 17.65% 以上，平均 18.19%；发现蜘蛛的在 18.18% 以上，平均 28.36%；不明捕食者在 43.75% 以上，平均 53.44%。不明捕食者包括可能为其他捕食动物，如蚂蚁等，也可能为鼠妇或蜘蛛将卵取食完后转移了，故其所占比例高。同时发现，北方白蜡树上卵卡中卵的捕食者以鼠妇居多，而南方杨树上卵卡中卵的捕食者以蜘蛛居多，其原因可能为南方多雨、林间植被丰富、物种多样性高，鼠妇在当地的分布数量比北方要小得多，而北方白蜡林间植被较少，物种也少，鼠妇的分布数量较高。此外，蚂蚁可能也是卵的捕食者，但是在调查中没有发现正在取食卵的蚂蚁，可能是蚂蚁活动能力强，取食完后很快就转移的缘故。鼠妇捕食花绒寄甲的卵以前未见报道，释放卵时也未曾考虑该捕食因子，作者在室内试验证实了其捕食寄甲的能力，在室内试验观察发现，1 头鼠妇 1 个晚上可取食寄甲卵 68 粒。

表 6-3　白蜡树上卵被取食卵卡的位置和卵卡中捕食动物情况统计表

调查地点	距地面不同高度卵卡所占百分比/%			存在不同食卵动物的卵卡所占百分比/%			调查的卵被取食的卵卡数
	20 cm 以下	20~50 cm	50 cm 以上	鼠妇	蜘蛛	不明捕食者	
东营图书馆	60.00	40.00	0.00	25.00	15.00	60.00	20
东营宾馆	50.00	38.89	11.11	27.78	11.11	72.22	18
东营品酒厂	72.73	27.27	0.00	27.27	9.09	63.64	11

表 6-4　杨树上卵被取食的卵卡的位置和卵卡中捕食动物情况统计表

调查地点	距地面不同高度卵卡所占百分比/%			存在不同食卵动物的卵卡所占百分比/%			调查的卵被取食的卵卡数
	20 cm 以下	20~50 cm	50 cm 以上	鼠妇	蜘蛛	不明捕食者	
湖南五一	70.59	29.41	0.00	17.65	29.41	52.94	20
湖南城陵矶	81.82	27.27	0.00	18.18	18.18	63.64	18
湖南新洲	68.75	18.75	12.50	18.75	37.50	43.75	11

卵卡距地面的高度是影响卵被捕食的重要因子，因为卵的重要捕食者——鼠妇为土壤动物，多生活在地表的枯枝落叶层中，在夜晚时才爬行至树干上，取食近地表处释放卵卡中的卵。从表 6-3 统计结果看，白蜡树上卵被取食的卵卡在距地面 20 cm 以下位置的平均占 60.91%，20~50 cm 位置的平均占 35.38%，50 cm 位置的卵被取食的卵卡很少，平均仅占 0.66%；表 6-4 可见，杨树上卵被取食的卵卡在距地面 20 cm 以下位置的平均占 73.72%，20~50 cm 位置的平均占 25.14%，

50 cm 位置的卵被取食的卵卡很少，平均仅占 4.17%。

6.5 讨　　论

释放花绒寄甲卵后对防治效果的影响因子主要是卵捕食者和卵卡的释放位置。在释放过程中要想排除鼠妇和蜘蛛对卵的捕食影响，可对卵卡进行改进，将原先的卵卡对折改为四面折叠，然后用订书钉钉住，即可很好地防止鼠妇、蜘蛛等捕食者对卵的捕食。卵卡的释放位置，在林间释放过程中要综合考虑各种因子，考虑到释放位置距地面近时容易被其他捕食者取食这一因子对防治效果的影响，在综合考虑其他因子的基础上可适当将卵卡的位置钉在树干相对较高的位置上。

第7章　技术集成和研究结论

云斑天牛是我国重要的林木蛀干害虫，本研究利用天敌昆虫花绒寄甲，基本到达可持续控制云斑天牛危害的目的，收到了较好的防治效果。以花绒寄甲防治云斑天牛为例进行总结集成，以期对其他蛀干害虫的生物防治提供参考借鉴。

本研究的主要技术集成如下：首先对云斑天牛作了风险评估，调查了不同寄主种群的危害状况和空间分布，在此基础上释放花绒寄甲，统计比较防治效果，最后对生物防治效果的影响因子进行调查，以改进生物防治技术，提高防治效果。

现将技术集成及研究结论总结如下。

1. 风险评价

本研究为防范云斑天牛在我国境内的进一步扩散蔓延，通过有害生物危险性分析方法，对云斑天牛的风险性做出综合评价并提出相关防控对策。定性分析表明，云斑天牛寄主范围比较广，适生范围较大，存活率高，根除困难，对林业生产危害严重；定量分析确定的云斑天牛风险性 R 值为 2.00，在我国属高度危险性林业有害生物。必须通过检疫、加强防治等措施，控制其危害和防止进一步传播。

2. 不同寄主种群危害调查

在洞庭湖平原和江汉平原地区云斑天牛主要危害杨树、在黄河三角洲地区主要危害白蜡树、在太行山区主要危害核桃树。调查发现，在不同地区、不同寄主上危害时，云斑天牛在食性、补充营养、生态习性等方面具有明显差异，这应该是在不同地理区域由于对取食寄主专一性后所引发的寄主分化现象。

通过对雌雄成虫形态特征的观察，发现两个比较容易识别的性别特征：雄虫腹部末节端部平截，基本不向下弯曲，且腹板末端中间有一弧形凹陷；雌虫腹部末节端部管状延伸，突出，向下弯曲，腹部末节腹板基部中间有一瘦长的"V"形区域，黑色光亮。

3. 不同寄主种群空间分布

通过传统的生物统计方法和地统计学统计方法，分别对云斑天牛在杨树和白蜡树上危害时种群的空间分布和抽样技术做了研究，可为其危害情况的调查与防治提供理论依据和技术支撑。

应用频次统计法对云斑天牛的刻槽、排粪孔、羽化孔和蛀孔进行了统计。结果表明，云斑天牛的刻槽、排粪孔、羽化孔和蛀孔在杨树和白蜡树上的空间分布型均符合负二项分布，即在杨树和白蜡树上的云斑天牛卵、幼虫、成虫或蛹为聚集分布。

应用 Taylor 的幂法则、Iwao m^*-m 回归分析法及 6 个聚集指标，通过调查不同样点的刻槽、排粪孔、羽化孔和蛀孔的数量，分别对危害杨树和白蜡树的云斑天牛种群的卵、幼虫、蛹或成虫的空间分布型做了分析。结果表明，云斑天牛的卵、幼虫、蛹或成虫在杨树和白蜡树上均呈聚集分布，分布的基本成分是个体群，其聚集性随密度的增加而增大。聚集原因除与自身习性和环境因素有关外，还与卵、幼虫、蛹或成虫的虫口密度有密切关系，随虫口密度的增大聚集原因与自身习性的关系越明显。

应用地统计学的方法，通过调查不同样点云斑天牛的刻槽、排粪孔、羽化孔和蛀孔的数量和分布，拟合出了半变差异函数和拟合模型。结果表明，云斑天牛的卵、幼虫、蛹或成虫在杨树和白蜡树上的空间分布拟合模型有球形模型、指数模型和高斯模型，以球形模型居多，指明空间分布均为聚集分布。这也表明，地统计学和传统生物统计方法得出的结论是一样的，即云斑天牛的卵、幼虫、蛹或成虫在杨树和白蜡树上均呈聚集分布。

运用 Iwao m^*-m 回归中的两个参数 α 和 β 值，分别确定了在危害杨树和白蜡树时云斑天牛在不同精度下以刻槽、排粪孔、羽化孔和蛀孔为防治调查指标时的理论抽样数及序贯抽样数。

4. 天敌释放和防治效果评价

在洞庭湖平原和江汉平原地区的杨树、在黄河三角洲地区的白蜡树和在太行山区的核桃树上分别释放寄生性天敌花绒寄甲的卵和成虫对云斑天牛进行生物防治，并通过调查天敌释放前后受害株数、株粪孔数和株虫口数 3 个指标的变化，对防治效果进行了分析和评价。各个试验点防治效果如下。

在湖南省的洞庭湖平原和湖北省的江汉平原地区选取 9 个云斑天牛危害的杨树林作为试验林，其中 3 个试验林释放花绒寄甲卵，释放后第二年的平均株虫口减退率为 86.36%，平均校正减退率为 83.27%；平均受害株减退率为 76.08%，平均校正减退率为 74.33%；6 个试验林释放花绒寄甲成虫，释放后第二年的平均株虫口减退率为 88.26%，平均校正减退率为 84.23%；平均受害株减退率为 76.32%，平均校正减退率为 75.65%。

在山东省黄河三角洲地区的东营市和滨州市选取 8 个云斑天牛危害的白蜡林作为试验林，其中 5 个试验林释放花绒寄甲卵，释放后第二年的平均株虫口减退率为 73.70%，平均校正减退率为 73.16%；平均受害株减退率为 78.69%，平均校正减退率为 72.36%；3 个试验林释放花绒寄甲成虫，释放后第二年的平均株虫口减退率为 76.62%，平均校正减退率为 77.20%；平均受害株减退率为 65.42%，平均校正减退率为 69.68%。

在山西省左权县、河南省林州市和四川省广元市，选择 11 个云斑天牛危害的核桃林作为试验林，在释放花绒寄甲卵的 4 个试验林中，天敌释放后当年的校正株虫口减退率和校正受害株减退率平均值分别为 16.16%、25.03%，释放后第二年分别为 41.96%、35.12%，第三年分别为 56.08%、51.37%；在释放花绒寄甲成虫的 7 个试验林中，天敌释放后当年的校正株虫口减退率和校正受害株减退率平均值分别为 17.10%、21.01%，释放后第二年分别为 54.13%、43.63%，第三年分别为 63.50%、68.33%。

以上防治试验结果表明，林间释放花绒寄甲卵和成虫均对云斑天牛有良好的控制效果。通过对释放花绒寄甲卵和成虫后当年和第二年调查的防治结果进行比较，表明释放天敌成虫的防治效果略好于释放卵的林分，但二者差异不显著。由于人工繁殖花绒寄甲成虫的成本远高于卵，因此，建议在生产中大面积防治时，采用释放花绒寄甲卵的方法更为经济。

5. 防治效果影响因子

花绒寄甲幼虫具有较强的爬行能力和搜索寄主的能力，初步发现，1 头中龄云斑天牛幼虫上可寄生 2～5 头花绒寄甲，其寄主发育良好。云斑天牛幼虫蜕皮进入下一龄或化蛹的时间段，为花绒寄甲幼虫寄生敏感期，此时最容易成功寄生。花绒寄甲成虫在其活动高峰期具有较强的扩散飞行能力，成虫一次性飞行距离大于 14 m，1 h 内近 80% 的成虫可从释放地点扩散至周边区域。花绒寄甲的卵卡林间释放后，鼠妇和蜘蛛是其卵的主要捕食者，但其捕食量对总体防治效果影响不大，也可以通过改进卵卡的制作方法来避免其捕食。

本研究表明，天敌昆虫花绒寄甲寄生控制云斑天牛幼虫的效果明显，无论是释放花绒寄甲卵，还是释放其成虫，释放当年均有较好的控制效果。本研究的实例再次证明了天敌昆虫在控制害虫方面具有较好的应用前景，但天敌昆虫的应用受到环境条件，特别是人工化学防治等因素的影响，实际防治效果可能与试验条件下的防治效果不一致。无论如何，天敌昆虫作为自然界中生物平衡因素的重要一环，绿色、环保、可持续，是任何其他因素都不可代替的，应不断加大天敌昆虫的应用研究，使其为我们的生态环境保护和建设发挥更大的作用。

主要参考文献

白义，周自翔，许升全. 2005. 基于 GIS 的陕西蝗虫地理分布及区划分析 [J]. 动物学研究，26（5）：473-478.

鲍金星，高明，秦建成. 2006. 重庆市植烟土壤基础环境信息空间变异性分析[J]. 西南农业学报，19（3）：409-413.

北京林业大学杨树天牛研究课题组. 1995. 杨树天牛综合控制技术研究 [C]. "八五"国家科技攻关 85-021 项目工作会议材料.

毕守东，刘丽，高彩球，等. 2005. 枣园中枣瘿蚊和草间小黑蛛的空间分布格局及空间依赖性 [J]. 应用生态学报，16（11）：2126-2129.

毕守东，邹运鼎，耿继光，等. 2000. 棉蚜及龟纹瓢虫空间格局的地学统计学研究 [J]. 应用生态学报，11（3）：421-424.

卞敏，杨志敏. 1988. 花绒坚甲研究初报 [J]. 山东林业科技（林木病虫专集），2：31-32.

彩万志，庞雄飞，花保祯，等. 2001. 普通昆虫学 [M]. 北京：中国农业大学出版社.

蔡世民，黄一平，黄竞芳. 1989. 侧柏提取物对双条杉天牛引诱作用的初步研究（Ⅰ）——提取物引诱活性测定 [J]. 北京林业大学学报，11（3）：71-78.

蔡玉根，张剑锋，陈月茂. 2001. 桑云斑天牛发生规律及综合防治措施 [J]. 蚕桑通报，32（2）：58-59.

柴承佑. 1996. 五种常见杨树天牛生物学特性比较 [J]. 安徽农业科学，24：31-33.

长有德，康乐. 2002. 昆虫在多次交配与精子竞争格局中的雌雄对策 [J]. 昆虫学报，45（6）：833-839.

陈克，范晓虹，李尉民. 2002. 有害生物的定性与定量风险分析 [J]. 植物检疫，16（5）：257-261.

陈鹏，刘宏屏，赵涛，等. 2005. 云南省松墨天牛危险性分析评估 [J]. 中国森林病虫，24（4）：14-16.

陈强，吴伟坚，张振飞，等. 2007. 越北腹露蝗若虫空间格局的地学统计学分析 [J]. 应用生态学报，18（2）：467-470.

陈伟，吴伟坚，陈伟洲，等. 2004. 越北腹露蝗卵块空间格局的研究 [J]. 华南农业大学学报，25（4）：47-49.

陈宝强. 2005. 云斑天牛在核桃树上的发生规律及无公害防治 [J]. 山西林业科技，2：38，封四.

陈桂芳. 2002. 南抗杨、常绿杨对云斑天牛抗性的初步研究 [J]. 四川林业科技，23（4）：22-25.

陈洪俊，范晓虹，李尉民. 2002. 我国有害生物风险分析（PRA）的历史与现状 [J]. 植物检疫，16（1）：28-32.

陈洪俊. 2005. 西花蓟马和三叶草斑潜蝇在中国的风险评估及管理对策研究 [D]. 北京：北京林业大学硕士学位论文.

陈继成. 1987. 云斑天牛生物学特性及防治试验研究 [J]. 湖北林业科技，2：19-20.

陈京元，罗治建. 2001. 江汉平原杨树天牛的危害特点与防治对策 [J]. 林业科技开发，16（6）：46-48.

陈顺立，王玲萍，黄金聪，等. 2001. 松墨天牛幼虫在马尾松树上垂直分布的研究[J]. 福建林学院学报，21（4）：297-300.

陈向阳，邹运鼎，丁玉洲，等. 2006. 不同松树上松墨天牛和花绒坚甲种群及白僵菌自然寄生率动态 [J]. 安徽农业大学学报，33（2）：200-203.

陈向阳，邹运鼎，丁玉洲，等. 2006. 松墨天牛及其天敌花绒坚甲种群的三维空间分布格局 [J]. 应用生态学报，17（8）：1547-1550.

陈志麟. 2000. 进口木材检疫截获的坚甲科昆虫 [J]. 植物检疫，14（2）：90-93.

程红. 2006. 青杨脊虎天牛触角感器类型及其对植物挥发物的反应 [D]. 哈尔滨：东北林业大学硕士学位论文.

程惠珍. 1997. 天牛肿腿蜂防治核桃蛀茎性害虫试验初报 [J]. 中国中药杂志，22（11）：659-660.

程立超，迟德福. 2007. 10 种杨属植物树皮挥发油的化学成分分析 [J]. 林业科学研究，20（2）：267-271.

戴罗. 1986. 杨树云斑天牛的生活习性和有效防治 [J]. 湖南林业科技，1：32-34.

戴小枫，丁红建. 1996. 寄主植物挥发性它感信息物质与害虫行为的关系 [J]. 植物保护，（12）：27-28.

邓铁军. 2004. 国外有害生物风险分析（PRA）的研究发展 [J]. 广西农学报，1：46-50.

刁志娥，丁福波. 2004. 云斑天牛在白蜡树上的发生与防治研究 [J]. 华东昆虫学报，13（2）：49-52.

刁志娥. 2005. 白蜡树害虫发生危害及其防治研究 [D]. 泰安：山东农业大学硕士学位论文.

丁铋，黄金水，黄海清. 1995. 星天牛成虫行为及其机制的初步研究 [J]. 林业科学研究，8：53-57.

丁程成，邹运鼎，毕守东，等. 2005. 李园桃蚜和草间小黑蛛种群空间格局的地学统计学研究 [J]. 应用生态学报，16（7）：1308-1312.

丁岩钦. 1994. 昆虫数学生态学 [M]. 北京：科学出版社.

董必慧. 2006. 盐城沿海湿地美国白蜡树引种造林试验 [J]. 东北林业大学学报，34（2）：22-23.

杜承. 1986. 筒天牛属外生殖器的比较解剖研究 [J]. 西南农业大学学报，（3）：122-137.

杜家纬. 2001. 植物-昆虫间的化学通讯及其行为控制 [J]. 植物生理学报，27（3）：193-200.

杜永均，严福顺. 1994. 植物挥发性次生物质在植食性昆虫、寄主植物和昆虫天敌关系中的作用机理 [J]. 昆虫学报，37（2）：233-250.

段志坤. 2003. 栗瘿蜂、云斑天牛对南方板栗的危害及其防治 [J]. 果农之友，12：31.

樊慧，金幼菊，李继泉，等. 2004. 引诱植食性昆虫的植物挥发性信息化合物的研究进展 [J]. 北京林业大学学报，26（3）：76-81.

樊建庭，韦卫，孙江华. 2007. 松墨天牛是否存在雌性接触信息素 [J]. 昆虫知识，44（1）：125-129.

范爱保，宋春平，郭淑霞，等. 2003. 利用成虫取食习性防治3种杨树天牛技术的推广应用 [J]. 河北林业科技，5：42-44.

范京安，赵学谦. 1997. 农作物外来有害生物风险评估体系与方法研究 [J]. 植物检疫，11（2）：57-62.

冯斌. 2006. 云斑天牛综合防治技术的研究 [D]. 太谷：山西农业大学硕士学位论文.

付新华，Nobuyoshi OHBA，王余勇，等. 2005. 条背萤的闪光求偶行为 [J]. 昆虫学报，48（2）：227-231.

甘海华，彭凌云. 2005. 江门市新会区耕地土壤养分空间变异特征 [J]. 应用生态学报，16（8）：1437-1442.

高峻崇，山广茂，赵海滨，等. 2003. 吉林省首次发现捕食栗山天牛的天敌——花绒坚甲 [J]. 吉林林业科技，32（1）：45.

高瑞桐，王宏乾，徐邦新，等. 1995. 云斑天牛补充营养习性及与寄主树关系的研究 [J]. 林业科学研究，8（6）：619-623.

高瑞桐，郑世锴. 1998. 利用成虫取食习性防治三种杨树天牛的研究 [J]. 北京林业大学学报，20（1）：43-46.

葛剑平，郭海燕，仲莉娜. 1995. 地统计学在生态学中的应用（Ⅰ）[J]. 东北林业大学学报，23（2）：88-94.

耿继光，邹运鼎，毕守东，等. 2002. 地理统计学表达的麦二叉蚜及蚜茧蜂空间格局特征 [J]. 应用生态学报，13（10）：1307-1310.

谷奉天，刘振元，姚志刚. 2003. 黄河三角洲野生经济植物资源 [M]. 济南：山东省地图出版社.

贵州省林科所森保研究室. 1977. 杨树云斑天牛生活史及其研究防治研究初报 [J]. 贵州林业科技，（2）：32-34.

郭丽. 2006. 桑树对桑天牛引诱机制的研究 [D]. 保定：河北农业大学硕士学位论文.

郭线茹，原国辉，蒋金炜，等. 2005. 不同季节黑杨萋蒿叶片挥发物的化学成分分析 [J]. 应用生态学报，16（10）：1822-1825.

韩一凡. 1997. 美洲黑杨南抗1号、2号新品种选育 [J]. 林业科技开发，3：18-20.

韩颖，张青文，路大光. 2005. 松褐天牛触角感器的扫描电镜观察 [J]. 昆虫知识，6：681-685.

郝德君，马凤林，王焱，等. 2007. 松墨天牛对马尾松挥发物的触角电位和行为反应 [J]. 昆虫知识，44（4）：541-544.

郝德君，马凤林，王焱，等. 2006. 松墨天牛对不同生理状态黑松挥发物的触角电生理和行为反应 [J]. 应用生态学报，17（6）：1070-1074.

何兴东，高玉葆，赵文智，等. 2004. 科尔沁沙地植物群落圆环状分布成因地统计学分析 [J]. 应用生态学报，15（9）：1512-1516.

贺平，黄竞芳. 1993. 光肩星天牛成虫的行为 [J]. 昆虫学报，36（1）：51-55.

洪健，高其康，徐正，等. 2001. 扫描电镜在昆虫学研究中的应用 [J]. 电子显微学报，20（4）：489-490.

侯景儒，尹镇南，李维明，等. 1998. 实用地质统计学 [M]. 北京：中国地质出版社.

胡斌. 2005. 云斑天牛在西阳县杨树上的发生及防治 [J]. 植物医生，18（3）：24-25.

胡江，李义龙，刘剑虹，等. 2001. 麻点豹天牛成虫感器的扫描电镜研究 [J]. 电子显微学报，（4）：499-500.

胡阳，杨洪，李志宇，等. 2010. 昆虫多次交配的策略和利益 [J]. 昆虫知识，47（1）：16-23.

胡长效. 2005. 侧柏林双条杉天牛初期幼虫空间分布及抽样技术研究 [J]. 中国植保导刊，25（6）：36-37.

胡春祥，黄咏槐，李成军，等. 2004. 青杨脊虎天牛幼虫空间分布格局 [J]. 昆虫知识，41（3）：241-244.

黄锋. 1998. 云斑天牛 *Batocera horsfieldis* 生物学特性及其防治研究 [J]. 武夷科学，14（12）：132-135.

黄保宏，邹运鼎，毕守东，等. 2003. 朝鲜球坚蚧及黑缘红瓢虫空间格局的地统计学研究 [J]. 应用生态学报，14（3）：413-417.

黄大庄，杨忠岐，贝蓓，等. 2008. 花绒寄甲在中国的地理分布区 [J]. 林业科学，44（6）：171-175.

黄焕华，许再福，杨忠岐，等. 2003. 松褐天牛的重要天敌——花绒坚甲 [J]. 广东林业科技，19（4）：76-77，封底.

黄金水，何学友，叶剑雄，等. 2001. 苦楝引诱防治星天牛研究 [J]. 林业科学，37（4）：58-64.

黄同陵. 1986. 白条天牛属三种蛹记述 [J]. 西南农业大学学报，3：35-39.

黄振裕，胡艳红，石全秀，等. 2005. 外来入侵有害生物加拿大一枝黄花在福建省的风险性分析 [J]. 福建林业科技，32（14）：146-150.

黄振裕. 2001. 森林有害生物松突圆蚧的危险性分析 [J]. 华东昆虫学报，10（2）：101-104.

嵇保中，陈京元，刘曙雯，等. 1998a. 灭幼脲对云斑天牛成虫寿命和取食活动的影响 [J]. 南京林业大学学报，22（2）：97-101.

嵇保中，宫小玉，刘曙雯. 1991. 天牛成虫小眼密度与活动时间及趋光行为的关系 [J]. 森林病虫通讯，（2）：15-17.

嵇保中，刘曙雯，戴德渭，等. 1998b. 灭幼脲对云斑天牛不育作用的效应期 [J]. 南京林业大学学报，22（2）：93-96.

嵇保中，钱范俊，严敖金. 1996. 云斑天牛研究方法的改进 [J]. 森林病虫通讯，1：45-46.

嵇保中，钱范俊. 1995. 云斑天牛生殖系统研究 [J]. 南京林业大学学报，19（4）：14-19.

嵇保中，魏勇，黄振裕. 2002. 天牛成虫行为研究现状与展望 [J]. 南京林业大学学报（自然科学版），26（2）：79-83.

季良. 1994. 检疫性有害生物危险性评价 [J]. 植物检疫，2：100-105.

贾宇平. 2003. 地统计学在地理因子空间变异研究中的应用 [J]. 太原师范学院学报（自然科学版），2（3）：78-86.

江望锦，嵇保中，刘曙雯，等. 2005. 天牛成虫信息素及嗅觉感受机制研究进展 [J]. 昆虫学报，48（3）：427-436.

江望锦. 2005. 松墨天牛成虫与寄主间化学信息联系机制的初步研究 [D]. 南京：南京林业大学硕士学位论文.

江忠寿，彭海花，熊光灿. 1999. 杨树云斑天牛种群动态及综合治理研究 [J]. 四川林业科技，20（3）：32-35.

姜勇，梁文举，张玉革. 2005. 田块尺度下土壤磷素的空间变异性 [J]. 应用生态学报，16（11）：2086-2091.

蒋青，梁忆冰，王乃扬，等. 1995. 有害生物危险性评价的定量分析方法研究 [J]. 植物检疫，9（4）：208-211.

蒋青，梁忆冰，王乃扬. 1994. 有害生物危险性评价指标体系的初步确立 [J]. 植物检疫，8（6）：331-334.

蒋丽雅，朋金和，周健生，等. 1997. 松褐天牛引诱剂 Mat-1 号的研究 [J]. 森林病虫通讯，3：5-7.

蒋书楠，蒲富基，华立中. 1985. 中国经济昆虫志（第三十五册），鞘翅目 天牛科（三）[M]. 北京：科学出版社.

蒋书楠. 1989. 中国天牛幼虫 [M]. 重庆：重庆出版社.

焦荣斌. 2003. 核桃云斑天牛的发生规律及综合防治 [J]. 河北林业科技，5：21.

金凤，嵇保中，刘曙雯，等. 2009. 天牛产卵分泌物的研究概述 [J]. 金陵科技学院学报，25（1）：74-77.

金轶伟，刘又高，柴一秋，等. 2008. 2%武夷菌素水剂防治黄瓜白粉病药效试验 [J]. 安徽农业科学，36（16）：6839-6840.

巨云为，赵博光，成量，等. 2003. 印楝提取物对云斑天牛成虫选择取食的影响 [J]. 南京林业大学学报（自然科学版），27（5）：85-87.

孔凡真. 2000. 营养保健食品核桃 [J]. 中国食物与营养，6：44.

孔晓凤，孙玉荣，赵军. 2002. 花绒穴甲不会飞处理对产卵数量的影响试验 [J]. 宁夏农林科技，6：25-26.

孔晓凤，赵军. 2002. 花绒穴甲幼虫、蛹的饲养试验 [J]. 宁夏农学院学报，23（3）：80-82.

寇文正. 2006. 我国杨树产业已步入和谐发展的康庄大道 [J]. 中国林业产，11：14-16.

兰星平，刘正忠. 2006. 云南木蠹象在贵州的危害及危险性分析 [J]. 贵州林业科技，34（3）：45-48.

雷琼，陈建锋，黄娜，等. 2005. 花绒坚甲成虫人工饲料研究的筛选研究 [J]. 中国农学通报，21（3）：259-261，271.

雷琼，李孟楼，杨忠岐. 2003. 花绒坚甲的生物学特性研究 [J]. 西北农林科技大学学报（自然科学版），31（2）：62-66.

雷琼. 2003. 花绒坚甲的人工饲养技术研究 [D]. 杨凌：西北农林科技大学硕士学位论文.

雷桂林，段兆尧，冯志伟，等. 2003. 华山松木蠹象的危险性分析 [J]. 东北林业大学学报（自然科学版），

31（3）：62-63.

李慧，王满囷，张国安．2010. 昆虫对气味分子的感受机制［J］．昆虫知识，47（1）：29-38.

李娟，王满囷，张志春，等．2008. 云斑天牛成虫对植物气味的行为反应［J］．林业科学，44（6）：165-170.

李娟．2007. 不同植物对云斑天牛行为、酶活力及生殖的影响［D］．武汉：华中农业大学硕士学位论文.

李磊，邹运鼎，毕守东，等．2004. 棉蚜和草间小黑蛛种群空间格局的地统计学研究［J］．应用生态学报，15（6）：1043-1046.

李鸣，秦吉强．1998. 有害生物危险性综合评价方法的研究［J］．植物检疫，12（1）：52-55.

李艳．2006. 白蜡树属树种的园林应用探讨［J］．湖北林业科技，1：48-52.

李媛，邓和平．2006. 湖南省林业资源可持续发展产业化对策［J］．企业家天地（理论版），（8）：15-18.

李春喜，姜丽娜，邵云，等．2005. 生物统计学［M］. 3版．北京：科学出版社.

李德家，刘益宁．1997. 光肩星天牛成虫性发育同日龄、补充营养以及交配之间的关系［J］．西北林学院学报，12（4）：19-23.

李德家，所雅彦，中岛忠一．1999. 光肩星天牛成虫交配行为机制研究［J］．北京林业大学学报，21（4）：33-36.

李东鸿．1993. 熏杀毒签防治云斑天牛试验［J］．陕西农业科学，1：26.

李红亮，楼兵干，程家安，等．2007. 中华蜜蜂化学感受蛋白cDNA克隆、定位及其表达［J］．科学通报，52（8）：903-910.

李建光．2001. 光肩星天牛对寄主植物挥发性物质的行为反应及作用机理的研究［D］．北京：北京林业大学硕士学位论文.

李建庆，梅增霞．2016. 杨树云斑白条天牛的危害特点及空间分布［J］．福建林业科技，43（1）：116-125.

李建庆，梅增霞，杨忠岐，等．2008. 白僵菌代谢物对杨树云斑天牛毒性生测方法的比较［J］．安徽农业科学，36（2）：630-631.

李建庆，梅增霞，杨忠岐．2015. 危害白蜡树的云斑白条天牛种群空间格局及抽样技术［J］．林业科学研究，28（6）：877-882.

李建庆，梅增霞，杨忠岐．2016. 不同林分白蜡树云斑白条天牛种群空间格局地统计学分析［J］．生态学报，36（7）：4540-4547.

李建庆，杨忠岐，梅增霞，等．2009. 云斑天牛的风险分析及其防控对策［J］．林业科学研究，22（1）：148-153.

李建庆，杨忠岐，梅增霞，等．2013. 释放花绒寄甲对核桃云斑天牛的防治效果［J］．中国生物防治学报，29（2）：194-199.

李建庆，杨忠岐，张雅林，等．2009a. 利用花绒寄甲防治杨树云斑天牛的研究［J］．林业科学，45（9）：94-100.

李建庆，杨忠岐，张雅林，等．2009b. 杨树上云斑天牛种群的空间格局及抽样技术［J］．昆虫学报，52（8）：860-866.

李孟楼，李有忠，薛思林，等．2007a. 花绒坚甲的分布型及其在天牛虫道内的生态位研究［J］．西北林学院学报，22（2）：97-100.

李孟楼，王培新，马蜂，等．2007b. 花绒坚甲对光肩星天牛的寄生效果研究［J］．西北农林科技大学学报（自然科学版），35（6）：152-156，162.

李孟楼，杨忠岐，Michael T S．2002. 花绒坚甲的种群动态及成虫的分布格局研究［A］．中美蛀干害虫研讨会论文集［C］．银川：126-127.

李生梅，王福海，李孟楼．2005. 气相色谱法分析花绒坚甲脂肪酸成份［J］．西北农业学报，14（6）：119-120，124.

李水清，张钟宁．2007. 马尾松枝条挥发性组分的鉴定及松墨天牛对其触角电生理反应［J］．昆虫知识，44（3）：385-389.

李松岗．2003. 实用生物统计［M］．北京：北京大学出版社.

李文杰，邬承先．1993. 杨树天牛综合管理［M］．北京：中国林业出版社.

李新岗，张克斌．1991. 黄斑星天牛成虫下颚须和下唇须的化学感受器［J］．昆虫知识，（6）：357-358.

李雪梅．1999. 木犀科与北方园林［J］．辽宁师专学报，1（1）：104-106.

李友常，夏乃斌，屠泉洪，等．1997. 杨树光肩星天牛种群空间格局的地统计学研究［J］．生态学报，17（4）：393-401.

李月文．2005. 核桃资源的综合加工与利用［J］．四川林业科技，（4）：78.

李正西, Zhou J J. 2004. 冈比亚按蚊嗅觉结合蛋白候选基因 cDNA 的克隆、鉴定及其表达型分析 [J]. 昆虫学报, 47（4）: 417-423.

李志辉, 罗平. 2005. SPSS for Windows 统计分析教程 [M]. 2版. 北京: 电子工业出版社.

李忠诚. 1987. 白条天牛属 Batocera 三个常见种的幼虫鉴别 [J]. 绵阳农专学报,（13）: 36-40.

梁潇予, 杨伟, 杨远亮, 等. 2008. 云斑天牛对补充营养寄主的选择性 [J]. 昆虫知识, 45（1）: 78-82.

梁潇予. 2007. 云斑天牛对补充营养寄主的选择性研究 [D]. 雅安: 四川农业大学硕士学位论文.

廖定熹, 李学骝, 庞雄飞, 等. 1987. 中国经济昆虫志（第 34 册）膜翅目: 小蜂总科（Ⅰ）[M]. 北京: 科学出版社.

林伟. 1994. 苹果蠹蛾在中国的危险性初步研究 [D]. 北京: 中国农业大学硕士学位论文.

林巧娥, 吕南楠, 别立臻, 等. 1998. 灭幼膏防治云斑天牛试验初报 [J]. 山东林业科技,（4）: 34-35.

凌育赵, 刘经亮. 2007. 核桃果实各部位脂肪酸的组成与含量分析 [J]. 食品研究与开发, 28（10）: 139-142.

刘芳, 娄永根, 程家安. 2003. 虫害诱导的植物挥发物: 植物与植食性昆虫及其天敌相互作用的进化产物 [J]. 昆虫知识, 40（6）: 481-486.

刘旭, 肖筠, 姚革, 等. 2003. 大渡河上游核桃害虫种类调查及主要害虫生物学特性研究 [J]. 四川农业大学学报, 21（2）: 119-121.

刘远. 2002. 锈色粒肩天牛幼虫空间分布及应用研究 [J]. 安徽农业大学学报, 29（3）: 233-236.

刘海军, 骆有庆, 温俊宝, 等. 2005. 北京地区红脂大小蠹、美国白蛾和锈色粒肩天牛风险评价 [J]. 北京林业大学学报（自然科学版）, 27（2）: 81-87.

刘海军, 温俊宝, 骆有庆. 2003. 有害生物风险分析研究进展评述 [J]. 中国森林病虫, 22（3）: 24-28.

刘海军. 2003. 北京地区林木外来重大有害生物风险分析 [D]. 北京: 北京林业大学硕士学位论文.

刘海军. 2006. 中国输美木包装携带重要钻蛀性害虫的风险评价 [D]. 北京: 北京林业大学博士学位论文.

刘红霞, 温俊宝, 骆有庆, 等. 2001. 森林有害生物分析研究进展 [J]. 北京林业大学学报, 23（6）: 46-51.

刘金香, 钟国华, 谢建军, 等. 2005. 昆虫化学感受蛋白研究进展 [J]. 昆虫学报, 48（3）: 418-426.

刘庆年, 刘俊展, 刘京涛, 等. 2007. 二代棉铃虫种群动态的地统计学分析 [J]. 生态学杂志, 26（3）: 378-382.

刘庆年, 刘俊展, 张路生, 等. 2006. 沾化冬枣浆烂果病空间分布型及抽样技术研究 [J]. 植物保护, 32（6）: 122-124.

刘庆年, 王小梦, 巴秀成, 等. 2008. 冬枣枣尺蛾卵块空间格局的地统计学分析 [J]. 中国植保导刊, 28（2）: 5-8.

刘素云. 2003. 云斑天牛在核桃树上的为害特性及人工防治技术 [J]. 河北林业科技, 1: 29.

刘兴平, 彭接辉, 何海敏, 等. 2008. 多次交配对昆虫适应性的影响 [J]. 江西农业大学学报, 30（4）: 592-600.

刘玉双, 石福明. 2005. 红缘吉丁（鞘翅目: 吉丁虫科）触角感器的扫描电镜观察 [J]. 昆虫学报, 58（3）: 469-472.

柳林俊. 2005. 雁北地区青杨天牛空间分布型的地统计学研究 [J]. 陕西林业科技, 3: 28-30, 33.

娄永根, 程家安. 2000. 虫害诱导的植物挥发物的基本特性、生态学功能及释放机制 [J]. 生态学报, 20（6）: 10972-21106.

卢巧英, 张文学, 郭卫龙, 等. 2006. 韭菜迟眼蕈蚊幼虫田间分布型及抽样技术研究初报 [J]. 西北农业学报, 15（2）: 75-77.

卢绍辉. 2002. 黑杨 Populus nigra L. 气味物质诱集鳞翅目成虫生物学机理的研究 [D]. 郑州: 河南农业大学硕士学位论文.

卢希平, 朱传祥, 刘玉, 等. 1996. 应用斯氏线虫防治云斑天牛 [J]. 植物保护, 4: 43-44.

鲁玉杰, 张孝羲. 2001. 信息化合物对昆虫行为的影响 [J]. 昆虫知识, 38（4）: 262-266.

陆群, 张玉凤, 张宏世. 1998. 光肩星天牛求偶、交尾及产卵行为的研究 [J]. 内蒙古林业科技, 3: 7-8, 12.

陆群, 张玉凤. 2002. 光肩星天牛成虫头部附器超微结构的研究分析 [J]. 内蒙古林业科技, 1: 16-19.

陆水田, 康建新, 马新华. 1993. 新疆天牛图志 [M]. 乌鲁木齐: 新疆科技卫生出版社.

陆永跃, 梁广文. 2002. 棉铃虫卵空间分布的地理统计学分析 [J]. 华中农业大学学报, 21（1）: 13-17.

吕昭智, 包安明, 陈曦, 等. 2003. 地统计学软件灾害中管理中的应用 [J]. 生态学杂志, 22（6）: 132-136.

罗河山. 1973. 防浪林害虫及其防治 [M]. 武汉: 湖北人民出版社.

罗治建, 陈京元, 吴高云, 等. 2004. "绿色威雷"保护性防治杨树云斑天牛试验研究 [J]. 湖北林业科技,（增刊）: 66-69.

骆有庆，黄竞芳，李建光．2000．我国杨树天牛研究的主要成就、问题及展望［J］．昆虫知识，37（2）：116-122．

骆有庆，李建光．1999．控制杨树天牛灾害的有效措施——多树种合理配置［J］．森林病虫通讯，3：45-48．

马晓光．2000．西北三省区部分地区杨树天牛风险分析初步研究［D］．北京：北京林业大学硕士学位论文．

梅爱华，陈京元，吴高云，等．1998．江汉平原杨树害虫种类调查、发生原因及主要害虫防治对策［J］．森林病虫通讯，（2）：35-39．

梅爱华．1997．云斑天牛空间分布型及抽样技术［J］．昆虫知识，34（2）：94-95．

潘文斌，邓红兵，唐涛，等．2003．地统计学在水生植物群落格局研究中的应用［J］．生态学报，14（10）：1692-1696．

潘佑找，皮美桂．2005．云斑天牛在无花果上的发生危害及防治研究［J］．安徽农业科学，33（10）：1840-1841．

庞保平，程家安．1998．植物体表与昆虫的关系［J］．生态学杂志，17（4）：52-58．

彭自主，胡章桃，张了公，等．1989．云斑天牛生活史观察和防治技术试验研究［J］．湖南林业科技，4：31-34．

钱范俊，杜夕生，梅爱华，等．1994．云斑天牛成虫在杨树林带中扩散特性研究［J］．南京林业大学学报，18（1）：21-25．

钱范俊，杜夕生，杨天军．1994．菊酯油剂点涂产卵刻槽防治云斑天牛［J］．林业科技开发，4：34．

钱范俊，稽保中，严敖金，等．1998．几种昆虫生长调剂剂对云斑天牛成虫产卵量及子代卵孵化的影响［J］．南京林业大学学报，22（1）：91-95．

钱范俊，袁俊杰，杜夕生．1997．云斑天牛产卵刻槽在杨树树干上的分布规律［J］．中南林学院学报，17（3）：82-85．

钱范俊，袁俊杰，叶中亚，等．1996．云斑天牛成虫补充营养源对扩散危害影响的研究［J］．中南林学院学报，16（2）：62-64，89．

钱向明．2002．核桃加工技术探讨［J］．西部粮油科技，3：25-27．

钦俊德．1987．昆虫与植物的关系［M］．北京：科学出版社．

秦光华，姜岳忠．2006．中国和外来杨属种质资源［J］．山东林业科技，6：60-63．

秦锡祥，高瑞桐，李吉震．1985．不同杨树品种对光肩星天牛抗虫性的调查研究［J］．林业科学，21（3）：310-314．

秦锡祥，高瑞桐，李吉震，等．1996．以杨树抗虫品种为主综合防治光肩星天牛技术研究［J］．林业科学研究，9（2）：201-205．

秦锡祥，高瑞桐．1988．花绒坚甲生物学特性及其应用研究［J］．昆虫知识，25（2）：109-112．

仇兰芳．2003．天牛卵长尾啮小蜂生物学及寄主选择性研究［D］．泰安：山东农业大学硕士学位论文．

冉俊祥．2001．进口原木传带大小蠹Dendroctonus spp. 风险分析［J］．检验检疫科学，11（3）：27-30．

赛道建，徐成钢，张永艳，等．1994．黄河林场三种啄木鸟繁殖期生态位研究［J］．山东林业科技，1：24-26．

沈佐锐，马晓光，高灵旺，等．2003．植保有害风险分析研究进展［J］．中国农业大学学报（自然科学版），8（3）：51-55．

石根生，李典谟．1997．马尾松毛虫空间格局的地学统计学分析［J］．应用生态学报，8（6）：612-616．

石根生，周立阳，张孝羲．1998．稻纵卷叶螟种群动态的地统计学分析［J］．南京农业大学学报，21（3）：26-31．

石宗佑，陈绪忠，叶中亚．1989．杨树蛀干害虫云斑天牛初步研究［J］．湖北林业科技，1：22-26．

宋玉双．2000．森林有害生物松材线虫的危险性综合评价［J］．林业科学研究，（专刊）：69-74．

宋玉双，王明旭，宋金秀，等．2001．森林有害生物萧氏松茎象的危险性分析［J］．中国森林病虫，3：3-5．

宋玉双，杨安龙，何嫩江．2000．森林有害生物红脂大小蠹的危险性分析［J］．森林病虫通讯，6：34-37．

孙红霞，李强，张长波，等．2007．大棚草莓斜纹夜蛾的空间分布型［J］．果树学报，24（5）：663-668．

孙金钟，赵忠懿，茹桃勤，等．1990．栽植苦楝隔离带和糖槭诱饵树防治光肩星天牛试验［J］．森林病虫通讯，2：10-12．

孙丽艳，韩一凡．1995．对云斑天牛有不同抗性的杨树品种中化学物质的分析［J］．林业科学，31（4）：338-345．

孙龙生．2007．核桃的经济价值［J］．新农业，1：50．

孙巧云，赵自成．1991．云斑天牛初步研究［J］．江苏林业科技，2：22-25．

汤玉喜，吴敏，吴立勋．2006．滩地林业血防工程抑螺效应及其成因研究［J］．湿地科学与管理，2（4）：8-13．

唐成，潘武全，龙万辉，等．2005．德阳市杨树云斑天牛发生情况及防治措施［J］．四川林业科技，26（6）：62-64．

唐桦，刘益宁，马国骅．1996．宁夏地区光肩星天牛天敌种类调查初报［J］．森林病虫通讯，1：30-31．

唐桦，郑哲民，李恺．2004．光肩星天牛与黄斑星天牛分类地位研究［J］．南京林业大学学报，28（6）：67-72．

唐桦, 杨忠岐, 张翌楠. 2007. 天牛主要寄生性天敌花绒寄甲活体雌雄性成虫的无损伤鉴别 [J]. 动物分类学报, 32 (3): 649-654.

唐启义, 冯明光. 2007. DPS 数据处理系统——试验设计、统计分析及数据挖掘 [M]. 北京: 科学出版社.

滕兆乾, 张青文. 2006. 昆虫精子竞争及其避免机制 [J]. 中国农业大学学报, 11 (6): 7-12.

王洁, 孙建云, 李玉琴. 2003. 七里香蔷薇精油化学成分的研究 [J]. 分析测试技术与仪器, 9 (1): 34-37.

王丽, 徐排胜, 张承敏, 等. 2006. 美国白蜡、绒毛白蜡引种育苗试验初报 [J]. 江苏林业科技, 33 (6): 26-27.

王大洲, 康月兰, 张丽莉. 2000. 云斑天牛的一新危害寄主——火炬树 [J]. 河北林业科技, 5: 25.

王福贵, 周嘉熹, 杨雪彦. 2000. 混交林中黄斑星天牛选择寄主的行为与寄主抗虫性关系的研究 [J]. 林业科学, 36 (1): 58-65.

王福利, 陈庆. 1992. 桃红颈天牛幼虫种群空间分布型及应用研究 [J]. 河北林学院学报, 7 (3): 214-217.

王根宪. 2000. 云斑天牛在核桃树上的发生与防治 [J]. 山西果树, 4: 29-30.

王桂荣, 郭予元, 吴孔明. 2002. 昆虫触角气味结合蛋白的研究进展 [J]. 昆虫学报, 45 (1): 131-137.

王桂荣, 吴孔明, 苏宏华, 等. 2005. 棉铃虫嗅觉受体基因的克隆及组织特异性表达 [J]. 昆虫学报, 48 (6): 823-828.

王克胜, 卞学瑜, 李淑梅, 等. 1995. 杨树抗云斑天牛的纤维材无性系选育 [J]. 林业科学研究, 8 (4): 429-436.

王立红. 2007. 一品红花卉上烟粉虱的序贯抽样技术研究 [J]. 植物保护, 33 (4): 74-76.

王丽芳. 2002. 保健食品核桃 [J]. 食品与生活, 5: 16.

王利华. 2007. 核桃的营养保健功能及加工利用 [J]. 中国食物与营养, (8): 28-30.

王玲萍, 陈顺立, 武福华, 等. 2002. 松墨天牛幼虫空间格局的研究 [J]. 福建林学院学报, 22 (1): 1-3.

王牧原, 迟德富, 左彤彤, 等. 2009. 青杨脊虎天牛成虫交配行为及化学通讯方式 [J]. 东北林业大学学报, 37 (5): 105-107, 111.

王绍林, 王宏琦, 夏明辉, 等. 2004. 核桃树云斑天牛的发生规律与防治技术 [J]. 中国果树, 2: 11-13.

王胜永, 胡长效. 2005. 双条杉天牛初期幼虫空间分布及抽样技术研究 [J]. 安徽农业科学, 33 (1): 31-32.

王四宝, 周弘春, 苗雪霞, 等. 2005. 松褐天牛触角感器电镜扫描和触角电位反应 [J]. 应用生态学报, 16 (02): 317-322.

王卫东, 刘益宁, 宝山, 等. 1999a. 宁夏光肩星天牛、黄斑星天牛天敌昆虫的研究 [J]. 北京林业大学学报, 21 (4): 90-93.

王卫东, 小仓信夫. 1999. 花绒穴甲室内发育研究 [J]. 北京林业大学学报, 21 (4): 43-47.

王卫东, 赵军, 小仓信夫. 1999b. 花绒穴甲幼虫人工饲料的开发研究 [J]. 北京林业大学学报, 21 (4): 48-51.

王文凯. 2000. 云斑天牛的学名及有关问题的讨论 [J]. 昆虫知识, 37 (3): 191-192.

王西南, 范迪, 褚秀梅. 2000. 我国杨树天牛研究现状成就及展望 [J]. 山东林业科技, (增刊): 33-38.

王希蒙, 吕文, 张真. 1987. 杨树对黄斑星天牛抗性的初步研究 [J]. 林业科学, 23 (1): 96-99.

王希蒙, 任国栋, 马峰. 1996. 花绒穴甲的分类地位及应用前景 [J]. 西北农业学报, 5 (2): 75-78.

王小东, 黄焕华, 许再福, 等. 2004. 花绒坚甲的生物学和生态学特性研究初报 [J]. 昆虫天敌, 26 (2): 60-65.

王小东. 2004. 花绒坚甲生物学特性、种群动态及其饲养方法研究 [D]. 泰安: 山东农业大学硕士学位论文.

王小艺, 杨忠岐. 2005. 白蜡窄吉丁幼虫及其天敌在空间格局上的关系 [J]. 应用生态学报, 16 (8): 1427-1431.

王小艺. 2005. 白蜡窄吉丁的生物学及其生物防治研究 [D]. 北京: 中国林业科学研究院博士后论文.

王艳平. 2006. 中西部地区关肩性天牛风险分析 [D]. 北京: 北京林业大学硕士学位论文.

王荫长. 2001. 昆虫生物化学 [M]. 北京: 中国农业出版社.

王玉刚. 2002. 红脂大小蠹信息素及其应用技术的研究 [D]. 北京: 中国林业科学研究院森林生态环境和保护研究所硕士学位论文.

王玉嬿, 舒超然, 孙永春. 1991. 松褐天牛引诱试验初报 [J]. 林业科学, 27 (2): 186-189.

王玉珍. 2005. 盐碱地速生白蜡树育苗技术 [J]. 特种经济动植物, 10: 35.

王贞文, 宋呈祥, 王韶林. 2001. 无公害防治云斑天牛幼虫试验初报 [J]. 山东林业科技, (增刊): 47.

王正军, 程家安, 史舟. 2000. 早稻二化螟一代卵块的区域性空间分布格局及动态 [J]. 浙江大学学报, 26 (5): 465-473.

王正军, 李典谟, 商晗武, 等. 2002. 地统计学理论与方法及其在昆虫生态学中的应用 [J]. 昆虫知识, 39 (6):

405-411.

魏初奖, 杨开兴, 张嘉生. 2002. 松突圆蚧等5种松树有害生物在福建省潜在危险性的定量分析 [J]. 华东昆虫学报, 11（2）: 57-62.

魏建荣, 王传珍, 杨隽, 等. 2004. 美国白蛾卵块及幼虫网幕空间格局研究 [J]. 林业科学研究, 17（4）: 500-504.

魏建荣, 杨忠岐, 马建海, 等. 2007. 花绒寄甲研究进展 [J]. 中国森林病虫, 26（3）: 23-25.

魏建荣, 杨忠岐, 苏智. 2003. 利用生命表评价白蛾周氏啮小蜂对美国白蛾的控制作用 [J]. 昆虫学报, 46（3）: 318-324.

魏建荣, 杨忠岐, 唐桦, 等. 2008. 花绒寄甲成虫的行为观察 [J]. 林业科学, 44（7）: 50-55.

温硕洋. 1991. 粗鞘双条杉天牛交配行为生物学及雌性识别信息素研究 [J]. 植物保护学报, 18（2）: 167-172.

邬祥光. 1985. 昆虫生态学的常用数学分析方法 [M]. 北京: 农业出版社.

巫厚长, 徐光曙, 房明惠, 等. 2004. 烟蚜及其捕食性天敌草间小黑蛛种群空间结构分析 [J]. 应用生态学报, 15（6）: 1039-1042.

吴国新, 刘玉卿. 1999. 杨树主要蛀干害虫天牛的防治 [J]. 河南林业, 4: 15.

吴建梁, 刘双才, 杨明祥, 等. 2004. 光肩星天牛的综合防治 [J]. 河北林果研究,（增刊）: 493-495, 503.

吴开明, 张建国, 代方银, 等. 1995. 云斑天牛危害桑树及生物学特性研究 [J]. 蚕业科学, 21（3）: 53-54.

吴森生. 1994. 桑天牛卵粒空间分布型及取样方法探讨 [J]. 江西植保, 17（4）: 19-20.

吴少会, 向群, 薛芳森. 2006. 昆虫的行为节律 [J]. 江西植保, 29（4）: 147-157.

吴永波, 薛建辉. 2006. 盐胁迫对3种白蜡树幼苗生长与光合作用的影响 [J]. 南京林业大学学报（自然科学版）, 26（3）: 19-22.

吾中良, 朱建国, 梁细弟, 等. 2001. 饵木诱集松墨天牛的研究 [J]. 中国森林病虫, 2: 33-34.

仵均祥, 周伟平, 成为宁, 等. 2006. 温度对中华锉叶蜂发育和存活的影响及药剂防治效果 [J]. 昆虫知识, 43（3）: 316-318.

夏剑萍, 戴均华, 刘立德, 等. 2005. 云斑天牛研究进展 [J]. 湖北林业科技, 2: 42-44.

肖刚柔. 1992. 中国森林昆虫 [M]. 2版. 北京: 中国林业出版社: 472-473.

肖刚柔. 1995. 天牛的2种新寄生天敌——川硬皮肿腿蜂及海南硬皮肿腿蜂（膜翅目: 肿腿蜂科）[J]. 林业科学研究, 8: 1-5.

肖银波, 周建华, 肖玉贵, 等. 2003. 川硬皮肿腿蜂防治云斑天牛试验初报 [J]. 四川林业科技, 24（4）: 37-41.

辛淑亮, 蔡秋芳. 1999. 现代农业试验统计 [M]. 北京: 中国计量出版社.

徐福元. 1998. 国内外松褐天牛天敌的研究利用进展 [J]. 世界林业研究,（3）: 41-45.

徐或. 2006. 成县核桃主要病虫害及其防治 [J]. 甘肃农业, 11: 376.

徐洁, 邓洪平, 宋琴芝, 等. 2006. 紫茎泽兰对重庆市农林业危害的风险分析 [J]. 西南农业大学学报（自然科学版）, 28（5）: 794-797.

徐汝梅, 成新跃. 2005. 昆虫种群生态学——基础与前沿 [M]. 北京: 科学出版社.

徐素芬. 1998. 杨树蛀干害虫——云斑天牛 [J]. 江西林业科技, 1: 12-13, 16.

徐卫建, 王铁, 陆进, 等. 2007. 枇杷潜蛾幼虫空间分布型及抽样技术研究 [J]. 西南农业学报, 20（5）: 1016-1019.

徐志宏, 陈为民, 余伟, 等. 2005. 松树皮下节肢动物群落动态初步研究 [J]. 华东昆虫学报, 14（2）: 105-108.

徐志宏, 何俊华. 1998. 寄生天牛卵的跳小蜂一新种（膜翅目: 跳小蜂科）[J]. 林业科学研究, 11（1）: 86-88.

许福金. 2002. 绒毛白蜡栽培研究 [J]. 宁夏农林科技, 3: 5-6.

许翔, 李琳一, 洪晓月, 等. 2008. 番茄刺皮瘿螨空间格局及抽样技术研究 [J]. 上海农业学报, 24（3）: 72-75.

闫卫明, 柴洲洋, 葛红霞. 2005. 黄斑星天牛危险性分析和风险性管理 [J]. 甘肃科技, 21（1）: 170-171.

严敖金, 嵇保中, 钱范俊, 等. 1997. 云斑天牛 Batocera horsfieldi（Hope）的研究 [J]. 南京林业大学学报, 21（1）: 1-6.

严敖金, 谭青安. 1998. 桉叶精油对三种天牛的忌避效果 [J]. 南京林业大学学报, 22（1）: 87-90.

严善春, 程红, 杨慧, 等. 2006. 青杨脊虎天牛对植物源挥发物的 EAG 和行为反应 [J]. 昆虫学报, 49（5）: 759-767.

严贤春. 2003. 核桃保健食品的开发利用研究 [J]. 食品研究与开发, 12: 86.

阎嵩斌, 朱小清, 罗兰, 等. 2008. 几种药剂对十字花科小菜蛾的药效试验 [J]. 安徽农业科学, 36（16）: 6843-6844.

杨芳，贺达汉，张大治. 2008. 甘草种子害虫的幼虫空间分布与抽样技术研究 [J]. 中国沙漠，28（4）：712-716.

杨洪，王进军，赵志模，等. 2006. 多次交配对松褐天牛精子数量消耗、产卵量和孵化率的影响 [J]. 动物学研究，27（3）：286-290.

杨洪，王进军，赵志模，等. 2007. 松褐天牛的交配行为 [J]. 昆虫学报，50（8）：807-812.

杨洪. 2006. 松褐天牛 *Monochamus alternatus* Hope 生物学特性和交配行为的研究 [D]. 重庆：西南大学博士学位论文.

杨虎清，席玙芳. 2002. 核桃的营养价值及其加工技术 [J]. 粮油加工与食品机械，2：47.

杨雪彦，燕新华，周嘉熹. 1991. 杨树对黄斑星天牛的抗性研究 [J]. 西北林学院学报，6（2）：30-38.

杨轶中，陈顺立，黄炜东，等. 2006. 萧氏松茎象幼虫空间格局的地统计学分析 [J]. 福建林学院学报，26（2）：123-126.

杨振德，朱麟，赵博光. 2003. 昆虫化学生态与植物保护 [J]. 南京林业大学学报（自然科学版），27（5）：93-98.

杨忠岐，李孟楼，Michael T S. 2002. 花绒坚甲的生物学特性及种群动态研究 [C]. 中美蛀干害虫研讨会. 银川：126-127.

杨忠岐，王小艺，王传珍，等. 2005. 白蛾周氏啮小蜂可持续控制美国白蛾的研究 [J]. 林业科学，41（5）：72-80.

杨忠岐. 2004. 利用天敌昆虫控制我国重大林木害虫研究进展 [J]. 中国生物防治，20（4）：221-227.

姚万军. 2001. 管氏肿腿蜂的人工繁殖与生物防治光肩星天牛技术研究 [D]. 北京：中国林业科学研究院硕士学位论文.

尹新明. 1994. 狭胸天牛成虫下颚须和下唇须化感器研究 [J]. 西南农业大学学报，16（3）：270-271.

尹新明. 1996. 狭胸天牛生殖行为的研究 [J]. 河南农业大学学报，30（4）：347-349.

尤文忠，曾德慧，刘明国，等. 2005. 黄土丘陵区林草景观界面雨后土壤水分空间变异规律 [J]. 应用生态学报，16（9）：1591-1596.

于新文，况荣平. 1997. 咖啡天牛幼虫种群的空间分布型及应用 [J]. 动物学研究，18（1）：39-44.

于鑫，陆永跃，梁广文，等. 2006. 桔小实蝇雄成虫空间分布的地理统计学分析 [J]. 华南农业大学学报（自然科学版），27（2）：28-31.

余昊，王登元，王运兵，等. 2006. 春尺蠖种群空间格局的地质统计学分析 [J]. 云南农业大学学报，21（3）：303-306，319.

俞云祥，徐任余，陆贤明. 1999. 6种化学农药防治云斑天牛幼虫试验 [J]. 江西植保，22（2）：25-26.

袁莹华. 2006. 金龟甲对不同植物叶片的趋向反应和引诱剂的筛选 [D]. 郑州：河南农业大学硕士学位论文.

袁哲明，柏连阳，王奎武，等. 2004a. 二化螟种群密度的克立格估值及其模拟抽样 [J]. 应用生态学报，15（7）：1166-1170.

袁哲明，付威，李方一. 2004b. 二化螟种群空间布局的经典分析与地统计学比较研究 [J]. 应用生态学报，15（4）：610-614.

袁哲明，李方一，胡湘粤，等. 2006. 基于地统计学的二化螟种群时间格局分析 [J]. 应用生态学报，17：673-677.

袁哲明，徐惠清，贺智勇，等. 2003. 二化螟种群空间格局的地统计学分析 [J]. 湖南农业大学学报（自然科学版），29（2）：154-157.

袁哲明，张中霏，胡湘粤. 2005. 基于地统计学的三化螟种群时间格局分析 [J]. 中国水稻科学，19（4）：366-370.

张波，刘益宁，白杨，等. 1999. 宁夏天牛病原真菌的种类和致病力研究 [J]. 北京林业大学学报，21（4）：67-72.

张锋，陈志杰，张淑莲，等. 2006. 柳厚壁叶蜂幼虫空间格局及抽样技术 [J]. 应用生态学报，17（3）：477-482.

张力. 2005. 重庆市黄斑星天牛风险性分析 [J]. 植物医生，18（5）：23-24.

张炳峰，严敖金. 1991. 触破式微胶囊剂对光肩星天牛和黄斑星天牛的防治试验 [J]. 南京林业大学学报，1：75-79.

张连芹，宋世涵，黄焕华. 1990. 松墨天牛引诱剂的筛选和林间大面积应用 [J]. 林业科技通讯，41（6）：15-20.

张龙娃，柏立新，韩召军，等. 2005. 转 Bt 基因棉田害虫和天敌组成及优势类群时序动态 [J]. 棉花学报，17（4）：222-226.

张平清，陈桂林. 2006. 有害生物风险分析评估的量化分析方法探讨 [J]. 检验检疫科学，16（4）：68-70.

张清泉，张雪丽，陆温，等. 2009. 棉大卷叶野螟繁殖特性研究 [J]. 广西农业科学，40（3）：258-261.

张润杰，周强，陈翠贤，等. 2003. 普通克立格法在昆虫生态学中的应用 [J]. 应用生态学学报，14（1）: 90-92.

张世权，杨宝祥，郑丽芳. 1992. 云斑天牛空间分布型与种群密度估计的研究 [J]. 河北林学院学报，3: 210-213.

张秀梅，刘小京，杨振江，等. 2006. 绿盲蝽越冬卵在枣树上的空间分布型研究 [J]. 中国生态农业学报，3: 163-165.

张彦周，黄大为. 2004. 中国跳小蜂科属的厘订及分属检索表 [M]. 北京: 科学出版社.

张翌楠. 2006. 松褐天牛的天敌昆虫调查及生物防治技术研究 [D]. 北京: 中国林业科学研究院博士学位论文.

张永慧，郝德君，王焱，等. 2006. 松墨天牛成虫交配与产卵行为的观察 [J]. 昆虫知识，43（1）: 47-49.

张咏洁. 2007. 萜烯类物质在油松、红脂大小蠹和天敌三重营养关系中的作用研究 [D]. 北京: 北京林业大学硕士学位论文.

张玉凤，陆群，田润民. 1997a. 光肩星天牛成虫对不同阔叶树选择性试验研究 [J]. 内蒙古林学院学报（自然科学版），19（3）: 17-23.

张玉凤，陆群，张宏世，等. 1997b. 光肩星天牛成虫特性及其行为的研究 [J]. 内蒙古林业科技，4: 7-9.

张玉铭，毛任钊，胡春胜，等. 2004. 华北太行山前平原农田土壤养分的空间变异性研究 [J]. 应用生态学报，15（11）: 2049-2054.

张振刚. 1998. 云斑天牛在苹果树上的发生及防治 [J]. 中国果树，2: 54.

张志春，王满囷，张国安. 2009. 小菜蛾化学感受蛋白基因 PxylCSP1 的克隆和表达 [J]. 昆虫学报，52（2）: 140-146.

张仲信. 1986. 大斑啄木鸟在杨树林内的食性研究 [J]. 森林病虫通讯，4: 4-6.

赵建兴. 2006. 红脂大小蠹生物防治研究 [D]. 北京: 中国林业科学研究院博士学位论文.

赵锦年，林长春，姜礼元，等. 2001. M99-1 引诱剂诱捕松墨天牛等松甲虫的研究 [J]. 林业科学研究，14（5）: 523-529.

赵晓红，严善春，迟德富，等. 2002. 小青×黑杨树皮中挥发油化学成分分析 [J]. 东北林业大学学报，30（6）: 18-20.

赵秀莲，原中岳，唐士军. 2005. 辽宁栗山天牛综合防治对策 [J]. 林业科技，30（4）: 30-31.

郑华，赵宇翔. 2005. 外来有害生物红火蚁风险分析及防控对策 [J]. 林业科学研究，18（4）: 479-483.

郑福山，杜予州，许佳君，等. 2006. 菱角萤叶甲种群抽样技术研究 [J]. 生物数学学报，21（3）: 459-465.

郑纪勇，邵明安，张兴昌，等. 2005. 坡地土壤溶质迁移参数的空间变异特性 [J]. 应用生态学报，16（7）: 1285-1289.

郑世锴，高瑞桐. 1996. 杨树丰产栽培与病虫害防治 [M]. 北京: 金盾出版社.

郑元捷，陈顺立，余培旺，等. 2006. 杨树粒肩天牛幼虫的空间格局 [J]. 华东昆虫学报，15（3）: 206-210.

钟海雁. 2002. 核桃生产加工利用研究的现状与前景 [J]. 食品与机械，4: 4.

周福才，任顺祥，杜予洲，等. 2006. 棉田烟粉虱种群的空间格局 [J]. 应用生态学报，17（7）: 1239-1244.

周国娜，高宝嘉，黄选瑞，等. 2003. 地理信息系统在植物病虫害研究中的应用 [J]. 河北农业大学学报（自然科学版），26（增刊）: 212-216.

周嘉熹，鲁新政，逯玉中. 1985. 引进花绒坚甲防治黄斑星天牛试验报告 [J]. 昆虫知识，22（2）: 84-86.

周嘉熹，杨雪彦. 1992. 树木对蛀干害虫的抗性序列研究 [J]. 西北林学院学报，7（3）: 51-55.

周琳，马志卿，冯岗，等. 2006. 天牛性信息素、引诱植物和植物性引诱剂的研究与应用 [J]. 昆虫知识，43（2）: 433-438.

周强，张润杰，古德祥. 1998. 地质统计学在昆虫种群空间结构研究中的应用概述 [J]. 动物学研究，19（6）: 482-48.

周强，张润杰，古德祥，等. 2001. 大尺度下褐飞虱种群空间结构初步分析 [J]. 应用生态学报，12（2）: 249-252.

周秋菊，潘贤丽. 2004. 应用生物防治技术控制天牛危害 [J]. 植物保护，30（1）: 12-16.

周亚君. 1989. 花绒寄甲幼虫形态简介 [J]. 昆虫知识，26（2）: 300.

周章宜，刘文蔚，刘志柏. 1994. 高抗光肩星天牛的杨树优良品种 [J]. 北京林业大学学报，16（1）: 28-34.

朱俊玲，郝利平，卢智. 2003. 核桃的加工利用现状 [J]. 食品工业，3: 47.

朱正昌，唐进根，夏民洲，等. 1995. 混合型农药微胶囊剂生产工艺设计及药效试验 [J]. 西南林学院学报，1: 44-52.

诸葛飘飘. 2009. 杨树云斑天牛成虫寄主定位中的信息化学物质 [D]. 武汉: 华中农业大学硕士学位论文.

诸葛飘飘，葛红梅，王满困，等. 2009. 桑天牛头部附器感器的扫描电镜观察［J］. 昆虫知识，46（2）：238-243.

竹常明仁. 1982. 天牛的天敌花绒坚甲［J］. 森林防疫，31（2）：68.

宗世祥，贾峰勇，许志春，等. 2004. 沙棘木蠹蛾幼虫空间分布和抽样技术研究［J］. 昆虫知识，41（6）：552-555.

宗世祥，骆有庆，许志春. 2005. 沙棘木蠹蛾卵和幼虫空间分布的地统计学分析［J］. 生态学报，25（4）：184-190.

宗世祥. 2006. 沙棘木蠹蛾生物生态学特性研究［D］. 北京：北京林业大学博士学位论文.

邹运鼎，毕守东，王祥胜，等. 2001. 麦长管蚜及茧蜂空间格局的地学统计学研究［J］. 应用生态学报，12（6）：887-891.

邹运鼎，毕守东，周夏芝，等. 2002. 桃一点叶蝉及草间小黑蛛空间格局的地统计学研究［J］. 应用生态学报，13（12）：1645-1648.

Agelopoulos N G, Chamberlain K, Pickett J A. 2002. Factors effecting volatile emissions of intact potato plants, *Solanum tuberosum*: Variability of Quantities and Stability of Ratios［J］. *Chemical Ecology*, 26(2): 497-511.

Allision J D, Borden J H, Seybold S J. 2004. A review of the chemical ecology of the Cerambycidae (Coleoptera)［J］. *Chemoecology*, 14: 123-150.

Allison J D, Morewood W D, Borden J H, et al. 2003. Differential bio-activity of *Ips* and *Dendroctonus* (Coleoptera: Scolytidae) pheromone components for *Monochamus clamator* and *M. scutellatus* (Coleoptera: Cerambycidae)［J］. *Chemical Ecology*, 32(1): 23-30.

Amornsak W, Cribb B, Gordh G. 1998. External morphology of antennal sensilla of *Trichogramma australicum* Girault (Hymenoptera: Trichogrammatidae)［J］. *Insect Morphol Embryol*, 27: 67-82.

Angeli S, Ceron F, Scaloni A, et al. 1999. Purification, structural characterization, cloning and immunocytochemical localization of chemreception proteins from *Schistocerca gregaria*［J］. *Eur J Biochem*, 262: 745-754.

Ann L H, Richard B R. 1996. Colonization of host patches following long-distance dispersal by a goldenrod beetle, *Trirhabda virgata*［J］. *Ecological Entomology*, 21: 344-351.

Anton S, Dufour M C, Gadenne C. 2007. Plasticity of olfactory-guided behaviour and its neurobiological basis: lessons from moths and locusts［J］. *Entomol Exp Appl*, 123: 1-11.

Arbogast R T. 1998. Implications of spatial distribution of insect populations in storage ecosystems［J］. *Environ Entomol*, 27(2):202-216.

Arnqvist G, Nilsson T. 2000. The evolution of polyandry: Multiple mating and female fitness in insects［J］. *Animal Behaviour*, 60: 145-164.

Badi H N, Yazdani D, Ali S M, et al. 2004. Effects of Spacing and Harvesting time on Herbage Yield and Quality/Quantity of Oil in Thyme, *Thymus vulgaris* L［J］. *Industrial Crops and Products*, 19: 231-236.

Barata E N, Araújo J. 2001. Olfactory orientation responses of the eucalyptus woodborer, *Phoracantha semipunctata* to host plant in a wind tunnel［J］. *Physiol Entomol*, 26: 26-37.

Barata E N, Mustaparta H, Pickett J A, et al. 2002. Encoding of host and non-host plant odours by receptor neurones in the eucalyptus woodborer, *Phoracantha semipunctata* (Coleoptera: Cerambycidae)［J］. *Comp Physiol*, 188: 121-133.

Barbour J D, Lacey E S, Hanks L M. 2007. Cuticular hydrocarbons mediate mate recognition in a species of longhorned beetle (Coleoptera: Cerambycidae) of the primitive subfamily prioninae［J］. *Entomological Society of America*, 100: 333-338.

Bertschy C, Turlings T C J, Bellotti A C, et al. 1991. Chemically-mediated attraction of three parasitoid species to mealy bug-infested cassava leaves［J］. *Florida Entomologist*, 80(3): 383-395.

Brewster C C. 1997a. Simulating the dynamics of *Bemisia argentifoli* (Homoptera: Aleyrodidae) in an organic cropping system with a spatio-temporal model［J］. *Environ Entomol*, 26(3): 603-616.

Brewster C C. 1997b. Spatio-temporal model for studying insect dynamics in large-scale cropping systems［J］. *Environ Entomol*, 26(3):473-482.

Briand L, Swasdipan N, Nespoulous C, et al. 2002. Characterization of a chemosensory protein (ASP3c) from honeybee (*Apis mellifera* L.) as a brood pheromone carrier［J］. *Eur J Biochem*, 269(18): 4586-4596.

Cambardella C A, Moorman A T, Novak J M, et al. 1994. Field-scale variability of soil properties in central Iowa soils［J］. *Soil Sci Soc Am J*, 58:1501-1511.

Cesar G, Walter S L, Kenji M, et al. 2003. Behavioral and electrophysiological responses of the Brownbanded Cockroach, *Supella longipalpa*, to stereoisomers of its sexpheromone, supellapyrone [J]. *Chemical Ecology*, 29(8): 1797-1811.

Cesar R N, Daniel R P. 2001. Host marking behavior in phytophagous insects and parasitoids [J]. *Entomologia Experimentalis et Applicata*, 99: 273-293.

Chi D F, Rafael O R, Yan S C, et al. 2002. Wen Z H. Foraging behavior of parasitoid chalcid to the essential oil from bark of *Populus pseudo-simonii×P. nigra* and *Quadraspidiotus gigas* [J]. *Forestry Research*, 13(4): 255-259.

Chnng K H, Moon M J. 2006. Fine structure of the antennal sensilla of the millipede *Orthomorphella pekuensis* (Polydesmida:Paradoxosomatidae) [J]. *Entomological Research*, 36: 172-178.

Colazza S, Mcelfresh J S, Millar J G. 2004. Identification of Volatile Synomones, Induced by *Nezara viridula* Feeding and Oviposition on *Bean* spp., that Attract the Egg Parasitoid *Trissolcus basalis* [J]. *Chemical Ecology*, 30(5): 945-964.

Cristofaro M, Lecce F, Campobasso G, et al. 2000. Insect-Plant Relationships and Behavioral Observations of the Stem-Feeding Bettle *Thamnurgus euphorbiae* Kuster (Coleoptera: Scolytidae), a New Biocontrol Agent from Italy to Control Leafy Spurge in the U.S.J. *Proceedings of the X International Symposium on Biological Control of Weeds*, 1: 615-619.

Dai H, Honda H. 1990. Sensilla on the Antennal Flagellum of the Yellow Spotted Longicorn Beetle, *Psacothea hilaris* (Pascoe) (Coleoptera:Cerambycidae) [J]. *Appl Entomol Zool*, 25: 273-282.

Daniel R M. 2007. Limonene: Attractant Kairomone for White Pine Cone Beetles (Coleoptera: Scolytidae) in an Eastern White Pine Seed Orchard in Western North Carolina [J]. *Economic Entomology*, 100(3): 815-822.

Dunning J B. 1995. Spatially explicit population models: current forms and future uses [J]. *Ecological Applications*, 5(1):3-11.

Dyer L J, Seabrook W D. 1975. Sensilla on the Antennal Flagellum of the Sawyer Beetles *Monochamus notatus* (Druey) and *Monochamus scutellatus* (Say) (Coleoptera: Cerambycidae) [J]. *Morphol*, 146: 513-532.

Faimaire L. 1881. Descriptions de quelques coleoptera de syie [J]. *Ann Soc Ent Fr*, 1: 81-82.

FAO. 1996. International Standards for Phytosanitary Measures. Part 1: Import Regulations: Guidelines for Pest Risk Analysis (Draft Standard) [M]. Rome: Secretariate of the International Plant Protection Convention, Food and Agriculture Organization of the United Nations.

Faucheux M J, Kristensen N P, Yen S H. 2006. The antennae of neopseustid moths: Morphology and phylogenetic implications, with special reference to the sensilla (Insecta, Lepidoptera, Neopseustidae) [J]. *Zool Anz*, 245: 131-142.

Faucheux M J. 1994. Distribution and abundance of antennal sensilla from two populations of the pine engraver beetle, *Ips pini* (Say) (Coleoptera: Scolytidae) [J]. *Ann Sci Nat Zool*, 15: 15-31.

Fauziah B A, Hidaka T, Tabata K. 1987. The reproductive behavior of *Monochamus alternatus* Hope (Coleoptera: Cerambycidae) [J]. *Appl Entomol Zool*, 22: 272-285.

Ferriere C. 1936. Two new egg parasites of Batocera (Col. Lamiid.) [J]. *Bulletin of Entomological Research*, 27(2): 331-333.

Fettkother R, Dettner K, Schroder F. 1995. The male sex pheromone of the old house borer *Hylotrupes bajulus* (Coleoptera: Cerambycidae): identification and female response [J]. *Experientia*, 51: 270-277.

Fettköther R, Reddy G V P. 2000. Effect of Host and Larval Frass Volatiles on Behavioural Response of the old House Borer, *Hylotrupes bajulus* (L.) (Coleoptera: Cerambycidae), in a Wind Tunnel Bio-Assay [J]. *Chemoecology*, 10: 1-10.

Fukaya M, Honda H. 1992. Reproductive biology yellow-spotted longicorn beetle, *Psacothea hilaris* (Pascoe) (Coleoptera: Cerambycidae). I. Male mating behaviors and female sex pheromones [J]. *Applied Entomology and Zoology*, 27: 89-97.

Fukaya M. 2003. Recent advances in sex pheromone studies on the white-spotted longicorn beetle, *Anoplophora malasiaca* [J]. *Japan Agricultural Research Quarterly*, 37: 83-88.

Ginsel M D, Hanks L M. 2005. Role of host plant volatiles in mate location for three species of longhorned beetles [J].

Chemical Ecology, 31: 213-217.

Ginzel M D, Blomquist G J, Millar J G, et al. 2003a. Role of Contact Pheromones in Mate Recognition in *Xylotrechus colonus* [J]. *Journal of Chemical Ecology*, 29(3): 533-545.

Ginzel M D, Hanks L M. 2003. Contact pheromones as mate recognition cues of four species of longhorned beetles (Coleoptera: Cerambycidae) [J]. *Journal of Insect Behavior*, 16(2): 181-187.

Ginzel M D, Millar J G, Hanks L M. 2003b. (Z)-9-Pentacosene-contact sex pheromone of the locust borer, *Megacyllene robiniae* [J]. *Chemoecology*, 13: 135-141.

Ginzel M D, Moreira J A, Ray A M, et al. 2006. (Z)-9-Nonacosene-Major component of the contact sex pheromone of the beetle *Megacyllene caryae* [J]. *Journal of Chemical Ecology*, 32(2): 435-451.

Gorton Linsley E. 1959. Ecology of Cerambycidae [J]. *Ann Rev Entomology*, (4):99-138.

Groot P D E. 1999. Green Leaf Volatiles Inhibit Response of Red Pin Cone Beetle *Conophthorus resinosae* (Coleoptera: Scolylidae) to a Sex Pheromone [J]. *Naturwissenschaften*, 86(2): 81-85.

Hallberg E, Hansson B S, Steinbrecht R A. 1994. Morphological characteristics of antennal sensilla in the European cornborer *Ostrinia nubilalis* (Lepidoptera: Pyralidae) [J]. *Tissue Cell*, 26: 489-502.

Hammack L, Ma M, Burkholder W E. 1976. Sex pheromone-releasing behaviour in females of the dermestid beetle, *Trogoderma glabrum* [J]. *J Insect Physiol*, 22: 555-561.

Hanks L M, Millar J G, et al. 1996a. Body size influences mating success of the eucalyptus longhorned borer (Coleoptera: Cerambycidae) [J]. *Insect Behavior*, 9: 369-382.

Hanks L M, Millar J G, et al. 1996b. Mating behavior of the eucalyptus longhorned borer (Coleoptera: Cerambycidae) and the adaptive significance of long "horns" [J]. *Insect Behavior*, 9: 383-393.

Hanks L M. 1999. Influence of the larval host plant on reproductive strategies of *Cerambycid beetles* [J]. *Annu Rev Entomol*, 44: 483-505.

Hedin P A. 1976. Seasonal variaton in the emission of volatiles by cotton plants growing in the field [J]. *Environmental Entomology*, 5: 1234-1238.

Hiebeler D. 1997. Stochastic spatial models from simulations to mean field and local structure approximations [J]. *J Theor Biol*, 187: 307-319.

Hiroe Y, Tetsuya Y, Midori F, et al. 2007. Host plant chemicals serve intraspecific communication in the white-spotted longicorn beetle, *Anoplophora malasiaca* (Thomson) (Coleoptera: Cerambycidae) [J]. *Appl Entomol Zool*, 42(2): 255-268.

Hohn M E, Liebhold A M, et al. 1993. Geostatistics model for forecasting spatial dynamics of defoliation caused by the gypsy moth (Lepidoptera: Lymantriidae) [J]. *Environ Entomol*, 22 (5):1066-1075.

Holt R D. 1995. Linking contemporary vegetation models with spatially explicit animal population models [J]. *Ecological Applications*, 5(1):20-27.

Huber D P W, Gries R, et al. 1999. Two pheromones of coniferophagous bark beetles found in the bark of nonhost angiosperms [J]. *Chemical Ecology*, 25: 805-816.

Hughes A L, Hughes M K. 1982. Male size, mating success, and breeding habitat partitioning in the whitespotted sawyer, *Monochamus scutellatus* (Say) (Coleoptera: Cerambycidae) [J]. *Oecologia*, 55: 258-263.

Hughes A L. 1981. Differential male mating success in the whitespotted sawyer *Monochamus scutellatus* (Coleoptera: Cerambycidae) [J]. *Ann Entomol Soc Am*, 74: 180-184.

Ibeas F, Díez J J, Pajares J A. 2008. Olfactory sex attraction and mating behaviour in the pine sawyer *Monochamus galloprovincialis* (Coleoptera: Cerambycidae) [J]. *Journal of Insect Behavior*, 21: 101-110.

Ibeas F, Gallego D, Diez J J, et al. 2007. An operative kairomonal lure for managing pine sawyer beetle *Monochamus galloprovincialis* (Coleoptera: Cerymbycidae) [J]. *Appl Entomol*, 131(1): 13-20.

Ikeda T, Ohya E, Makihara H, et al. 1993. Olfactory responses of *Anaglyptus subfasciatus* PIC and *Demonax transilis* BATES (Coleoptera:Cerambycidae) to flower scents [J]. *Jap Forestry Soc*, 75(2): 108-112.

Imai T, Maekawa M, Tsuchiya S, et al. 1998. Field attraction of *Hoplia communis* to 2-Phenylethanol, a major volatile component from host flowers, *Rosa* spp [J]. *Chemical Ecology*, 24(9): 1491-1497.

Inoue E. 1991. Studies on the natural enemy of *Monochamus alternatus* Hope, *Dastarcus longulus* Sharp (Coleoptera: Colydiidae) [J]. *Bull Okayama Prefectural Forest Experiment Station*, 10 : 40-47.

Inoue E. 1993. 4 *Dastarcus longulus*, a natural enemy of the Japanese pine sawyer [J]. *Forest Pest*, 2:171-175.

IPPC. 1997. Guidelines on Pest Risk Analysis, Pest Risk Assessment scheme [J]. *Bulletin OEPP/ EPPO Bulletin*, 27: 281-305.

Isaaks E H. 1989. Srivastava R.M. An Introduction to Applied Geostatistics [M]. New York: Oxford University Press.

Isidoro N, Solinas M. 1992. Functional morphology of the antennal chemosensilla of *Ceutorhynchus assimilis* Payk. (Coleoptera: Curculionidae) [J]. *Entomologica (Bari)* , 27: 69-84.

Iwabuchi K, Takahashi J, Nakagava Y, *et al.* 1986. Behavioral responses of female grape borer *Xylotrechus pyrrhoderus* (Coleoptera: Cerambycidae) to synthetic male sex pheromone components [J]. *Appl Entomol Zool*, 21: 21-27.

Jin Y J, Li J Q, Li J G, *et al.* 2004. Olfactory response of *Anoplophora glabripennis* to volatile compounds from ash leaf maple (*Acer negundo*) under drought stress [J]. *Scientla Silvae Sinicae*, 40(1): 99-105.

Johnson D L. 1988. Spatial and temporal computer analysis of insects and weather grasshoppers and rainfall in Alberta [J]. *Mem Ent Soc Can*, 146:33-48.

Kaissling K E. 1986. Chemo-electrical transduction in insect olfactory receptors [J]. *Annu Rev Neurosci*, 9: 121-145.

Kawai A, Haque M M. 2004. Distribution pattern of *Alcopers lycopersici* (Massee) in tomato leaf and estimation mathod for the population density on leaf [J]. *J Acarological Soc Jpn*, 139(1):31-39.

Kayoko M,Takatoshi A, Yasuyori O, *et al.* 2000. Experiments of parasitism of *Scleroderma nipponica* Yussa and *Dastarcus helophoroides* Fairmaire on the Japanese pine sawyer, *Monchamus alternatus* Hope [J]. *App For Sci*, 9(2):71-73.

Kim G H, Takabayashi J, Takahashi S, *et al.* 1992. Function of pheromones in mating behavior of the Japanese pine sawyer beetle, *Monochamus alternatus* Hope [J]. *Appl Entomol Zool*, 27: 489-497.

Kim J L, Yamasaki T. 1996. Sensilla of Carabus (Isiocarabus) fiduciarius saishutoicus Csiki (Coleoptera: Carabidae) [J]. *Insect Morphol Embryol*, 25: 153-172.

Kitron U. 1996. Spatial analysis of the distribution of testes flies in the Lambwe valleys, Kenya, using Landsat TM satellite imagery and GIS [J]. *J Animal Ecology*, 65:371-380.

Kobayashi F, Yamane A, Ikeda T. 1984. The Japanese pine sawyer beetle as the vector of pine wilt disease [J]. *Ann Rev Entomol*, 29: 115-135.

Kobayashi H, Yamane A, Iwata R. 2003. Mating behavior of the pine sawyer, *Monochamus saltuarius* (Coleoptera: Cerambycidae) [J]. *Appl Entomol Zool*, 38(1): 141-148.

Larsson M C, Leal W S, Hansson B S. 2001. Olfactory receptorneurons detecting plant odours and male volatiles in *Anomala cuprea* beetles (Coleoptera: Scarabaeidae) [J]. *Insect Physiology*, 47: 1065-1076.

Lartigue A, Campanacci V, Roussel A, *et al.* 2002. X-ray structure and ligand binding study of a moth chemosensory protein [J]. *J Biol Chem*, 277(35): 32094-32098.

Lawrence J F. 1982. Synopsis and Classification of Living Organisms [M]. New York: McGraw Hill Coleoptera: 482-553.

Leather S R, Watt A D, Forrest G I. 1987. Insect-induced chemical in young Lodgepole Pine (*Pine conzorta*): the effect of defoliation on oviposition, growth and survival of the pine beauty moth, *Panolis flammea* [J]. *Ecological Entomology*, 12: 275-281.

Lefko S A. 1998. Spatial modeling of preferred wireworm (Coleoptera: Elateridae) habitat [J]. *Pest Management and Sampling*, 27(2): 184-190.

Li J G, Jin Y J, Luo Y Q, *et al.* 2003. Leaf Volatiles from host tree *Acer negundo*: Diuranl Rhythm and Behavior Responses of *Anoplophora glabripennis* to Volatiles in Field [J]. *Acta Botanica Sinica*, 45(2): 177-182.

Liebhold A M. 1993. Geostatistics and geographic information systems in applied insect ecology [J]. *Ann Rev Entomol*, 38: 303-327.

Liebhold A M. 1991. Geostatistical analysis of gypsy moth (Lepidoptera:Lymantridae) egg mass populations [J]. *Environ Entomol*, 20(5): 1407-1417.

Lopes O, Barata E N, Mustaparta H, *et al.* 2002. Fine structure of antennal sensilla basiconica and their detection of plant volatiles in the eucalyptus woodborer. *Phoracantha semipunctata* Fabricius (Coleoptera: Cerambycidae) [J].

Arthropod Struct, 31: 1-13.

Lopes O, Marques P C, Araujo J. 2005. The role of antennae in mate recognition in *Phoracantha semipunctata* (Coleoptera: Cerambycidae) [J]. *Journal of Insect Behavior*, 18: 243-257.

Lu Y J, Zhang X X. 2001. Effect of in fochemicals on insect behavior [J]. *Entomological Knowledge*, 38(4): 262-266.

Lynch R E, Smmons A M. 1993. Distribution of immature and monitoring of adult sweet potato whitefly, *Benissia tabaci*, in peanut, *Arachis hypogeaea* [J]. *Environmental entomogy*, 22:375-380.

Maleszka R, Stange G. 1997. Molecular cloning, by a novel approach, of a cDNA encoding a putative olfactory protein in the labial palps of the moth *Cactoblastis cactorum* [J]. *Gene*, 202(1-2): 39-43.

Matthew D G, Lawrence M H. 2005. Role of Host Plant Volatiles in Mate Location for Three Species of Longhorned Beetles [J]. *Chemical Ecology*, 31(1): 213-217.

Meijerink J, Braks M A H, Brack A A, *et al.* 2000. Identification of olfactory stimulants for *Anopheles gambiae* from human sweat samples [J]. *Chemical Ecology*, 26 (6): 1367-1382.

Merivee R E M, Bresciani J, Ravn H P, *et al.* 1998. Antennal sensilla of the click beetle, *Limonius aeruginosus* (Olivier) (Coleoptera: Elateridae) [J]. *Insect Morphol and Embryol*, 27(4): 311-318.

Merivee R E M, Luik A. 1999. Antennal sensilla of the click beetle, *Melanotus villosus* (Geoffroy) (Coleoptera: Elateridae) [J]. *Insect Morphology*, 28: 41-51.

Miura K, Abe T, Nakashima Y, *et al.* 2003. Field release of parasitoid *Dastarcus helophoroides* (Fairmaire) (Coleoptera: Bothrideridae) on pine logs infested with *Monochamus alternatus* Hope (Coleoptera: Cerambycidae) and their dispersal [J]. *Journal of the Japanese Forestry Society*, 85(1): 12-17.

Miura K. 2000. Parasitism of *Monchamus alternatus* Hope by *Scleroderma nipponica* Yuasa and *Dastarcus helophorides* (Fairmaire) [J]. *Forest Pests*, 49: 225-230.

Morewood W D, Simmondas K E, Gries R, *et al.* 2003. Borden disruption by conophthorin of the kairomonal response of sawyer beetles to bark beetle pheromones [J]. *Chemical Ecology*, 29: 2115-2129.

Nakamuta K, Leal W S, Nakashima T, *et al.* 1997. Increase of trap catches by a combination of male sex pheromones and floral attractant in longhorn beetle, *Anaglyptus subfasciatus* [J]. *Chemical Ecology*, 23: 1635-1640.

Naranjo S E, Flant H M. 1995. Spatial distribution of adult *Benisia tabaci* in cotton and devlopment and validation of fixed-precision sampling plans for estimating population density [J]. *Environmental Entomology*, 24:261-270.

Nestel D, Klein M. 1991. Geostatistical analysis of leafhopper (Homoptera: Cieadellidae) colonization and spread in deciduous orchards [J]. *Environ Entomol*, 20(5):1407-1417.

Ochieng S A, Park K C, Zhu J W, *et al.* 2000. Functional morphology of antennae chemoreceptors of the parasitoid *Microplitis croceipes* (Hymenoptera: Braconidae) [J]. *Arthropod Struct*, 29: 231-240.

Ogura N, Tabata K, Wang W. 1999. Rearing of the colydiid beetle predator, *Dastarcus helophoroides*, on artificial diet [J]. *BioControl*, 44: 291-299.

Ogura N. 2002. Preoviposition period of the colydiid beetle predator, *Dastarcus helophoroides* [J]. *Trans Ann Meet J For Soc Kanto Br*, 53: 165-166.

Okamoto Y. 1999. Field Parasitism and some information on bionomy of *Dastarcus helophorides*, (Fairmaire) parasitizes on the Japanese pine sawyer, *Monchamus alternatus* Hope [J]. *Appl Sci*, 8:229-232.

Onagbola E O. 2008. Scanning electron microscopy studies of antennal sensilla of *Pteromalus cerealellae* (Hymenoptera: Pteromalidae) [J]. *Micron*, 39: 526-535.

Parker G A. 1970. Sperm competition and its evolutionary consequences in the insects [J]. *Biol Rev*, 45: 525-567.

Peter F R, Matthew D G, Lawrence M H. 2002. Aggregation and mate location in the red milkweed beetle (Coleoptera Cerambycidae) [J]. *Insect Behavior*, 15(6): 811-830.

Peter J L, Thomas W P. 1997. Host Plant Influences On Sex Pheromone Behavior of Phytophagous Insects [J]. *Annu Rev Entomol*, 42: 371-393.

Phillips T W, Wilkening A J, Atkinson T H, *et al.* 1988. Synergism of turpentine and ethanol as attractants for certain pine-infesting beetles (Coleoptera) [J]. *Environmental Entomology*, 17(3): 456-462.

Picimbon J F, Dietrich K, Angeli S, *et al.* 2000. Purification and molecular cloning of chemosensory proteins from

Bombyx mori [J]. *Arch Insect Biochem*, 44: 120-129.

Picimbon J F, Dietrich K, Kriger J, *et al.* 2001. Identity and expression pattern of chemosensory proteins in *Heliothis virescens* (Lepidoptera, Noctuidae) [J]. *Insect Biochem Molec*, 31: 1173-1181.

Piel S T. 1938. Note sur Le Parasitisme de *Dastarcus helophoroides* Fairmaire (Coleoptera: Colydiidae) [J]. *Mus Heude Notes D' Entomol Chin*, 5(1): 1-5.

Podleckis E V. 1991. An introduction to plant pest risk analysis [J]. *Plant Protection and Quarantine*, 26: 1-3.

Rhainds M, Chin C L, King S, *et al.* 2001. Pheromone communication and mating behaviour of coffee white stem borer, *Xylotrechus quadripes* Chevrolat (Coleoptera: Cerambycidae) [J]. *Applied Entomology and Zoology*, 36: 299-309.

Roux O, van Baaren J, Gers C, *et al.* 2005. Antennal structure and ovipostion behavior of the *Plutella xylostella* specialist parasitoid Cotesia plutellae [J]. *Micro Res Technol*, 68: 36-44.

Royer M H. 1989. Integrating computerized decisions aids into the pest risk analysis process [C]. NAPPO Annual Meeting,October, 16-20.

Saïd I, Tauban D, Renou M, *et al.* 2003. Structure and function of the antennal sensilla of the palm weevil *Rhynchophorus palmarum* (Coleoptera: Curculionidae) [J]. *Insect Physiol*, 49: 857-872.

Sakai T, Nakagawa Y, Takahashi J, *et al.* 1984. Isolation and identification of the male sex pheromone of the grape borer *Xylotrechus pyrrhoderus* Bates (Coleoptera: Cerambycidae) [J]. *Chemistry Letters*, 261: 263-264.

Schell S P. 1997a. Spatial analysis of ecological factors related to rangeland grasshopper (Orthoptera: Acrididae) outbreaks in Wyoming [J]. *Environ Entomol*, 26(6):1343-1353.

Schell S P. 1997b. Spatial characteristics of rangeland grasshopper (Orthoptera:Acrididae) population dynamics in Wyoming: implications for pest management [J]. *Environ Entomol*, 26 (5): 1056-1065.

Schotzko D J, O' Keeffe L E. 1989. Geostatistical description of the spatial distribution of *Lygus hesperus* (Heteroptera:Miridae) in lentils [J]. *J Eco Entomol*, 82(5):1277-1288.

Shapas T J, Burkholder W E. 1978. Diel and age-dependent behavioral patterns of exposure-concealment in three species of *Trogoderma* [J]. *J Chem Ecol*, 4: 409-423.

Sharp M B. 1885. On the Colydiidae collected by Mr. G. Lewis in Japan [J]. *Jour Linn Soc London*, 19:68-84.

Slipinski S A, Pope R D, Aldridge R J W. 1989. A review of the world Bothriderini (Coleoptera: Bothrideridae) [J]. *Polskie Pismo Entomologiczne* , 59 : 131-202.

Smid H M, van Loon J J A, Posthumus M A, *et al.* 2002. GC-EAG analysis of Volatiles from Brussels Sprouts Plants Damaged by two species of *Pieris caterpillars*: Olfactory Receptive Rang of a Specialist and a Generalist Parasitoid Wasp Species [J]. *Chemoecology*, 12: 169-179.

Smith M T. 1996. The potential for biological control of Asian longhorned beetle in the U.S. [J]. *Midwest Biological Control News*, 6:1-7.

Souissi R, Nenon J P, LeRu B. 1998. Olfactory Responses of Parasitoid *Apoanagyrus lopezi* to Oder of Plants, Mealybugs, and Plant-mealybug Complexes [J]. *Chemical Ecology*, 24(1): 37-48.

Steinbrecht R A, Laue M, Ziegelberger G. 1995. Immunolocalization of pheromone-binding protein and general odorant-binding protein in olfactory sensilla of the silk moths *Antheraea* and *Bombyx* [J]. *Cell Tissue Res*, 282(2): 203-217.

Stelter C. 1998. Modeling persistence in dynamic landscapes: lessons from a metapopulation of the grasshopper *Bryodema tuberculata* [J]. *J Animal Ecology*, 66:508-518.

Suckling D M, Gibb A R, Daly J M, *et al.* 2001. Behavioral and Electrophysiological Responses of *Arhopalus tristis* to Burnt Pine and other Stimuli [J]. *Chemical Ecology*, 27(6): 1091-1104.

Takaomi S, Norio I. 2001. Circadian rhythms of female mating activity governed by clock genes in *Drosophila* [J]. *Genetics*, 98: 9221-9225.

Togashi K, Itabshi M. 2005. Maternal size dependency of ovariole number in *Dastarcus helophoides* (Coleoptera: Colydiidae) [J]. *J For Res*, 10:373-376.

Tonhasca A J R, Palumbo J C, Byrne B N. 1994. Distribution patterns of *Benisia tabaci* in cantaloupe fields in Arizona [J]. *Environmental Entomology*, 23:949-954.

Torsten M, Monika H. 1997. Host location in *Oomyzus gallerucae* (Hymenoptera: Eulophidae), an egg parasitoid of the elm leaf beetle *Xanthogaleruca luteola* (Coleoptera: Chrysomelidae) [J]. *Oecologia*, 112: 87-93.

Urano T. 2003. Preliminary release experiments in laboratory and outdoor cages of *Dastarcus helophoroides* (Fairmaire) (Coleoptera: Bothrideridae) for biological control of *Monochamus alternatus* Hope (Coleoptera: Cerambycidae) [J]. *Bulletin of FFPRI*, 2(4): 255-262.

Urano T. 2004. Experimental release of a parasitoid, *Dastarcus helophoroides* (Coleoptera: Bothrideridae), on *Monochamus alternatus* (Coleoptera: Cerambycidae) infesting *Pinus densifora* in the field [J]. *Bull FFPRI*, 3:205-221.

Vick K W, Drummond P C, Coffelt J A. 1973. *Trogoderma inclusum* and *T. glabrum*: Effects of time of day on production of female pheromone, male responsiveness and mating [J]. *Ann Entomol Soc Am*, 66: 1001-1004.

Virtanen T. 1998. Modeling topclimatic patterns of egg mortality of *Epirrita autumnata* (Lepidoptera: Geometridae) with a geographic information system prediction for current climate and warmer climate scenarios [J]. *J Applied Ecology*, 35:311-322.

Vogt R G, Rogers M E, Franco M D, *et al.* 2002. A comparative study of odorant binding protein genes: Differential expression of the PBP1- GOBP2 gene cluster in *Manduca sexta* (Lepidoptera) and the organization of OBP genes in *Drosophila melanogaster* (Diptera) [J]. *J Exp Biol*, 205: 719-744.

Walsh K D, Linit M J. 1985. Oviposition biology of the pine sawyer, *Monochamus carolinensis* (Coleoptera: Cerambycidae) [J]. *Ann Entomol Soc Am*, 78: 81-85.

Wang Q, Davis L K. 2005. Mating behavior of *Oemona hirta* (F.) (Coleoptera: Cerambycidae: Cerambycinae) in laboratory conditions [J]. *Journal of Insect Behavior*, 18: 187-191.

Wang Q, Zeng W Y, Chen L Y, *et al.* 2002. Circadian reproductive rhythms, pair-bonding, and evidence for sex-specific pheromones in *Nadezhdiella cantori* (Coleoptera: Cerambycidae) [J]. *Journal of Insect Behavior*, 15(4): 527-539.

Wang Q. 1998. Evidence for a contact female sex pheromone on *Anoplophora chinensis* (Forster) (Coleoptera: Cerambycidae: Lamiinae) [J]. *Coleopt Bull*, 52: 363-368.

Werner R A. 1995. Toxicity and repellency of 4-allylanisole and monoterpenes from white spruce and tamarack to the spruce beetle and eastern larch beetle (Coleoptera: Scolytidae) [J]. *Environmental Entomology*, 24: 372-379.

Wittko F, Konrad D. 2005. Chemical signalling in beetles [J]. *Topics in Current Chemistry*, 240: 85-166.

Wright R J, Devries T A, Young L J, *et al.* 2002. Geostatistical analysis of the small-scale distribution of European corn borer (Lepidoptera: Crambidae) larvae and damage in whorl stage corn [J]. *Environ Entomol*, 31(1): 160-167.

Yamasaki T, Sato M, Sakoguchi H. 1997. Germacrene D: Masking substance of attractants for the cerambycid beetle, *Monochamus alternatus* (Hope) [J]. *Appl Entomol Zool*, 32(3): 423-429.

Yang Z Q, Wei J R, Wang X Y, *et al.* 2006. Mass rearing and augmentative releases of the native parasitoid Chouioia cunea for biological control of the introduced fall webworm *Hyphantria cunea* in China [J]. *BioCotrol*, (51): 401-418.

Zeringue H J. 1987. Changes in cotton leaf chemistry induced by volatile elicitors [J]. *Phycochem*, 26: 1357-1360.

Zhang A J, Oliver J E, Chauhan K, *et al.* 2003. Evidence for contact sex recognition pheromone of the Asian longhorned beetle, *Anoplophora glabripennis* (Coleoptera: Cerambycidae) [J]. *Naturwissenschaften*, 90: 410-413.

Zhang Q H, Birgersson G, Zhu J W, *et al.* 1999. Leaf volatiles from nonhost deciduous trees: variation by tree species, season and temperature and electrophysiological activity in *Ips typographus* [J]. *Chemical Ecology*, 25: 1923-1943.

Zhang X, Linit M J. 1998. Comparison of oviposition and longevity of *Monochamus alternatus* and *M. carolinensis* (Coleoptera: Cerambycidae) under laboratory conditions [J]. *Environmental Entomology*, 27: 885-891.